올레핀 중합용
유기금속 촉매

Organometallic Catalysts for Olefin Polymerization

윤근병 지음

사이플러스
Science plus

머리말

폴리올레핀과 디엔계 고분자는 세계 석유화학업계에서 생산되는 합성고분자 중 가장 큰 비중을 차지하고 있다. 이러한 고분자를 생산하기 위해서는 유기금속 중합촉매가 필요불가결한 요소이고, 새로운 구조와 기능을 가진 폴리올레핀을 제조하기 위해서는 중합촉매의 기능을 이해하고 새로운 구조의 촉매를 설계 · 합성해야 가능하기 때문에 석유화학 및 고분자 산업에서 차지하는 유기금속촉매의 역할이 점차 중요시되고 있다. 하지만 폴리올레핀 중합촉매에 관련된 국내 전문서적이 거의 소개되지 않아 이를 연구하고 공부하는 데 도움이 되고자 집필을 시작하였다.

이 저서는 폴리올레핀 산업에 종사하는 엔지니어뿐만 아니라 고분자를 전공하는 학생들이 폴리올레핀 중합에 관하여 쉽게 이해할 수 있도록 촉매 종류 및 구성 성분에 따른 중합 메커니즘과 중합 특성을 체계적으로 서술하여 보다 쉽게 폴리올레핀의 구조와 유기금속촉매의 기능을 이해할 수 있다. 공업적으로 가장 많이 사용되고 있는 담지촉매 및 국내에서도 연구개발이 활발히 진행되고 있는 메탈로센과 후전이금속 중합촉매에 관하여 보다 상세히 기술하였다. 최근 연구되고 있는 다양한 종류의 담지촉매 및 메탈로센과 비메탈로센 촉매를 리간드 구조에 따른 활성점의 형성 메커니즘을 소개함으로써 그 연구동향과 중합촉매의 특성을 이해하는 데 많은 도움이 되고자 노력하였다.

끝으로 이 책은 경북대학교 저술지원사업의 도움으로 출판되었으며, 특히 지난 30여 년간 폴리올레핀 중합촉매에 대한 많은 업적을 남기신 이동호 교수님의 연구결과를 기반으로 정리하였다. 교수님의 격려와 따뜻한 지도에 깊이 감사를 표한다.

2012년 1월 윤근병 씀

차 례

제2장 Ziegler-Natta계 중합촉매

제3장 $MgCl_2$ 담지 Ziegler-Natta계 중합촉매

제4장 메탈로센계 중합촉매

제5장 담지메탈로센 중합촉매

제6장 비메탈로센 중합촉매

제7장 공업적 현황과 전망

제 1 장

중합반응

ORGANOMETALLIC CATALYSTS FOR OLEFIN POLYMERIZATION

1. 개요

화학 반응이 가능한 기능기를 가지고 있는 단량체(monomer)를 여러 가지 방법으로 반응시켜 고분자(polymer)를 만드는 것을 중합(polymerization)이라고 한다. 즉 분자량이 작은 단량체가 공유결합으로 분자량이 큰 분자를 형성하게 되어 고분자가 되는 것이다. 이때 중합반응을 일으키기 위해서 필요한 물질을 중합촉매(polymerization catalyst) 또는 개시제(initiator)라고 한다.

$$\text{단량체} \xrightarrow{\text{중합촉매}} \text{고분자}$$

고분자 재료의 특성은 그 분자의 크기와 관련이 있으며, 메틸렌계 탄화수소에서 탄소 원자수에 따른 성질의 변화를 살펴봄으로써 분자 크기의 영향을 알아볼 수 있다.

표 1.1에 나타내었듯이, 탄화수소 화합물에서 적은 수의 탄소원자를 가지고 있는 메탄, 에탄, 프로판, 부탄은 실온에서 기체 상태이며, 그보다 많은 탄소수를 가진 것은 액체 또는 고체 상태이다. 각각의 탄화수소 분자는 각각의 메틸렌기가 가지고 있는 분산력(dispersive force)과 말단기력에 의해 서로 묶여 있으며, 분산력의 총합이 각 사슬이 가지는 탄소−탄소 결합력보다 더 크면 휘발성이 약하게 됨에 따라 끓는점이 단계적으로 증가하게 되어 점성 액체나 밀랍과 같은 왁스형의 물질이 된다. 분자량이 커짐에 따라 결국

표 1.1 • 선형 탄화수소 화합물의 전형적인 특징

탄소원자수	끓는점(℃)	이름	물리적 상태(상온)	용 도
1~4	<30	Gas	기체	난방유
5~10	30~180	Gasoline	액체	자동차연료
11~12	180~230	Kerosene	액체	제트연료, 난방유
13~17	230~300	Light gas oil	액체	디젤유, 난방유
18~25	305~400	Heavy gas oil	점성 액체	난방유
26~50	없음	Wax	왁스	양초용 왁스
50~1000	없음	Hard Wax	고체에 가까운 왁스	식품보관용 왁스코팅
1000~5000	없음	Polyethylene	고체	병, 포장재, 필름
>5000	없음	Polyethylene	고체	쓰레기봉투, 방탄복, 섬유, 자동차부품

에는 사슬길이가 충분히 길어져서 딱딱하고 질긴 고체 상태로 되는데 이러한 고분자를 폴리에틸렌이라 한다.

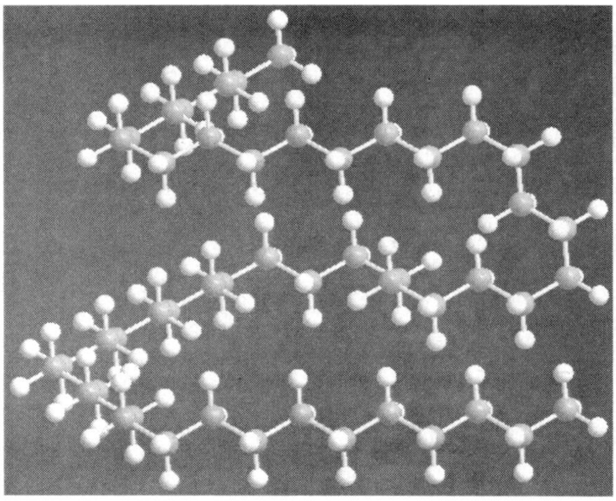

Polyethylene (PE)

n-Decane

그림 1.1 • 폴리에틸렌(PE)과 데칸(n-Decane)의 구조 모형

주목할만한 흥미로운 점은 긴 사슬, 곧은 사슬의 탄화수소는 매우 강하나 깨어지기 쉬운 성질을 가지게 된다는 것이다. 그러나 다행히도 합성 폴리에틸렌에는 사슬들이 배향되어 있는 결정(crystalline) 부분과 그렇지 않은 무정형(amorphous) 부분이 같이 존재하고 있는데, 그 이유는 폴리에틸렌 사슬에서 선형 고분자 주사슬 이외에 가지사슬이 생성되기 때문이다. 무정형 부분으로 인하여 폴리에틸렌은 약간의 유연성(flexibility)을 가지며, 대부분의 고분자들이 무정형과 결정형 부분을 함께 가지기 때문에 유연성과 강성

(strength)을 동시에 가진다. 폴리에틸렌 사슬은 그림 1.1에서 묘사되어 있는데, 저분자 폴리에틸렌은 가지사슬을 가져 일반적으로 녹는점이 100°C 이하이나 선형의 고분자량 폴리에틸렌은 가지사슬이 아주 적게 존재하므로 녹는점이 145°C까지 높게 나타난다.

저압 폴리에틸렌 $[H(CH_2CH_2)_nH]$, 또는 알칸 $[H(CH_2)_nH]$이라 표현되는 고밀도폴리에틸렌(High Density Polyethylene, HDPE)은 고분자 구조를 설명할 때 많이 사용되고 있다.

HDPE는 데칸 또는 파라핀과 같은 분자처럼 동일하게 탄소원자들 간의 공유결합으로 이어져 구성되며, HDPE는 거의 모든 알칸 탄소원자를 포함하고 결합되어진 사면체 결합각이 대략 109.5°로 나타난다. 그러나 데칸은 10개의 메틸렌기로 구성되어 있고 HDPE는 1,000개 이상으로 구성되어 있다. 곧은 사슬 또는 선형 알칸이라는 표현을 쓰는데 실제로는 사슬의 결합각 때문에 지그재그형을 가지고 있다. 탄소원자 간의 거리는 1.54 Å, 즉 0.154 nm이며, 명확한 지그재그를 이루는 탄소 간의 거리는 1.24 Å, 즉 0.124 nm이다. 그래서 확장된 노난의 총 길이는 8 × (1.26 Å)로 10.08 Å, 즉 1.008 nm이다. 마찬가지로 HDPE가 1,000개의 반복 에틸렌 또는 $[H(CH_2CH_2)_{1000}H]$, $H(CH_2)_{2000}H$일 때 2520 Å, 즉 252 nm가 된다. 그러나 확장된 HDPE의 구조 모형에서 보듯이 탄소−탄소의 회전 때문에 그들의 총 길이의 합은 다양한 형태로 나타나고 이를 입체형태(conformation)라고 한다.

일정한 분자량을 가진 단백질 분자는 고유한 분자량을 가지는 단분산성(mono- dispersity)을 가지지만, HDPE와 같은 합성 고분자는 서로 다른 분자량을 가지는 분자로 만들어져서 다분산성(polydispersity)을 가지고 있다. 따라서 중합도(degree of Polymerization)는 $\overline{DP}$로 표시되는 평균중합도로 고려되어야 한다.

2. 메커니즘

중합을 분류할 때 사용되는 축합반응 고분자와 단계성장속도론, 부가반응(혹은 비닐) 고분자와 사슬성장속도론 사이에는 완전히 일치하지 않지만, 많은 부분에서 공통점이 발견된다. 이 절에서는 이 용어를 명료하게 정의하고 이들의 유사점과 차이점을 설명하겠다.

부가 및 축합고분자라는 용어는 고분자의 반복 구성 단위가 단량체와 같은 원자인지의 여부에 기초를 두고 Carothers에 의해 최초로 사용되었다. 부가 중합 고분자는 반복 단위와 단량체가 같은 원자로 구성되어 있으며, 고분자의 기본 골격을 구성하는 원자는 보통 탄소이다.

이에 반해서 축합고분자는 중합 과정에서 부산물이 형성되어 빠져나가므로 반응물보다 더 적은 원자를 함유하고 있다. 그리고 고분자의 기본 골격은 보통 하나 이상의 원자로 구성된다.

$$X-A-R-A-X+Y-B-R'-B-Y \rightarrow X\!-\!\!\left(A-R-A-B-R'-B\right)_n\!\!-Y$$

A−X는 다음의 작용기들이 될 수 있다.

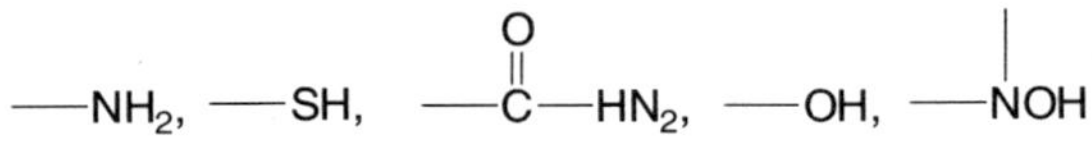

그리고 B−Y의 예는 다음과 같다.

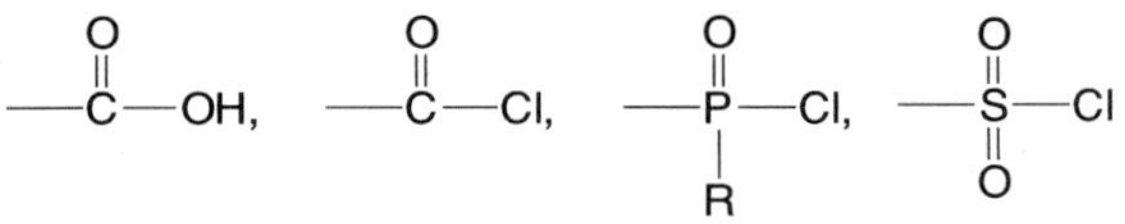

1 단계중합

단계성장속도론(stepwise kinetics 또는 step-growth kinetics)이라는 용어는 반응 시간이 지남에 따라 천천히, 단계적으로 분자량이 증가하는 중합을 의미한다.

벌크 중합공정의 폴리에스테르화 단계성장중합에서 고분자의 형성은 한 개의 디올(diol) 분자가 한 개의 이산(diacid) 분자와 반응함으로써 시작된다. 이렇게 형성된 부분을 폴리에스테르의 한 개의 반복 단위라고 부른다.

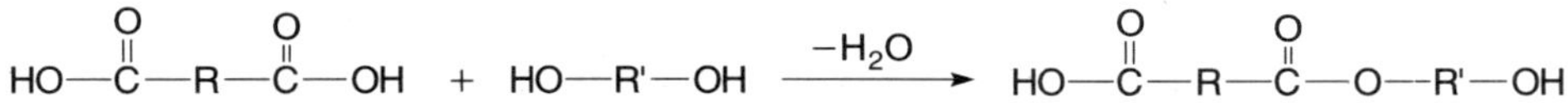

위와 같이 형성된 에스테르 반복 단위는 다시 디올이나 이산기와 반응하여 각각 두 개의 활성 알코올기나 활성 산기의 말단기를 생성할 수 있다. 2개의 알코올 말단기를 가진 사슬은 한 개의 이산 말단기를 가진 분자와 반응할 수 있고, 마찬가지로 2개의 이산 말단기를 가진 분자는 한 개의 알코올 기를 가진 분자와 반응할 수 있다. 이러한 반응은 필요한 활성화에너지와 기하 충돌(geometry collide)을 할 수 있는 기능기를 가진 단량체 분자들에 의해 계속 진행된다. 따라서 반응이 진행되면서 분자들이 이량체, 삼량체, 사량체… 등으로 중합도가 커지게 된다.

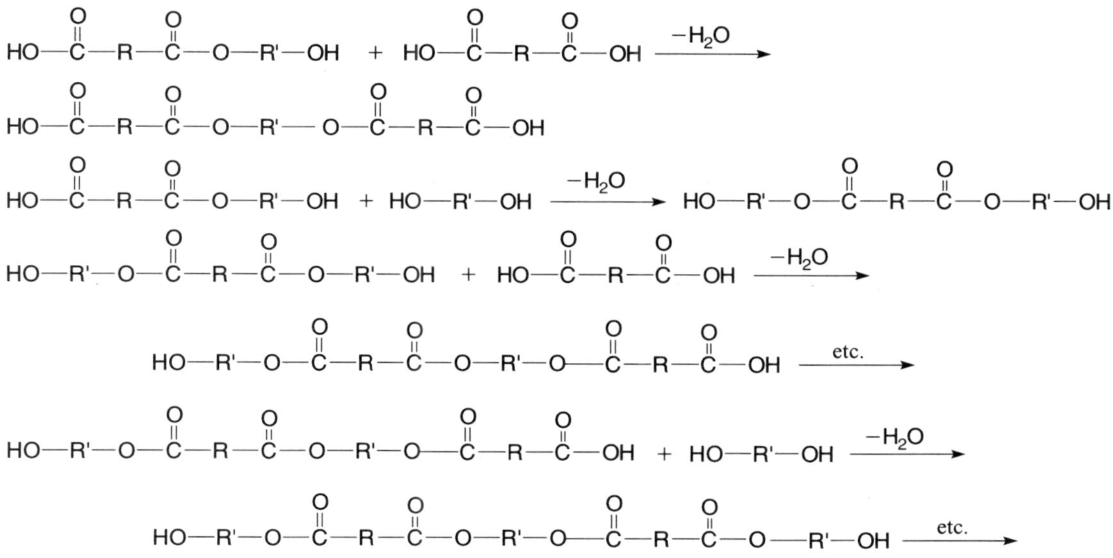

이런 식으로 반응 물질이 소모되어 계 전체를 형성하는 몇 개의 매우 긴 사슬을 형성하는데, 이 반응은 사슬들끼리 완전히 반응하는 쪽으로 진행된다. 전체 계의 분자량은 단계적인 성향을 띄며 천천히 증가한다.

그림 1.2는 단계적인 성장을 반응 시간 및 반응 온도의 함수로서 그래프로 보여주고 있다. 그러나 반응 시간의 함수로서 실제 분자량의 증가는 주어진 계에 대한 특정 속도 의존성(kinetic dependency)에 따라 달라지므로 반드시 선형을 나타낼 필요가 없다는 것을 언급하고자 한다.

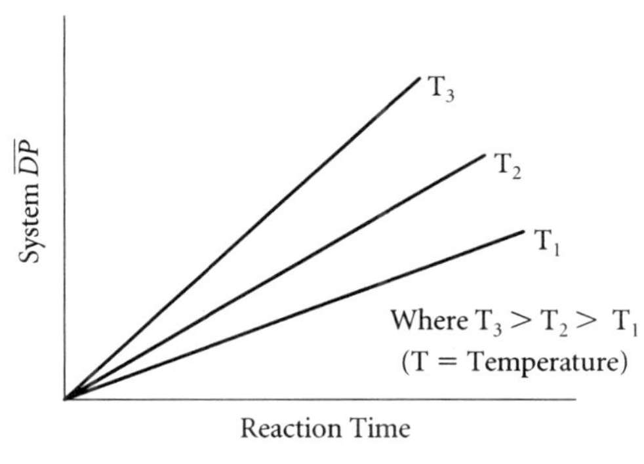

그림 1.2 • 단계성장중합에서 분자량의 반응 시간과 반응 온도의 함수 관계

2 사슬중합

사슬성장중합은 부가중합이라고 일컬어지기도 한다. 앞장에서 논의되었던 느린 속도의 단계성장중합과는 반대로, 사슬중합은 대체로 빠른 속도로 일어나며, 개시반응을 시작한 분자 종들은 정지반응이 일어날 때까지 계속 성장한다. 따라서 극단적인 경우에는 개시 반응을 시작한 하나의 분자종이 다른 많은 단량체들은 그대로 두고 높은 분자량을 가지는 고분자 분자 1개를 만들 수도 있다. 어떤 경우이든지 보통 에틸렌 유도체의 사슬중합에서 단량체 농도는 반응 시간 전체에 걸쳐 천천히 감소한다. 그리고 단계성장중합의 경우와는 반대로, 초기에 생성된 종은 높은 분자량을 가지는 고분자가 생성된다.

높은 분자량을 가진 고분자가 생성되기 위해서는 활성 단량체와 성장하는 고분자 사슬이 안정해야 하고 긴 사슬이 형성될 수 있을 만큼 성장속도가 빨라야 한다. 활성 단량체 혹은 성장 말단의 안정성은 공명, 극성, 유발 효과에 크게 영향받는다. 따라서 전자주게기(electron donating group)를 가진 비닐 단량체는 카르보늄 활성점 유발 효과와 공명으로 더욱 안정화되어 있기 때문에 양이온 법으로 중합되기 쉽다. 스티렌은 세 가지 경우의 공명 구조를 가질 수 있는데 이들 모두 안정화되어 있으며, 따라서 양이온, 음이온 혹은 자유라디칼 모두에 의해 중합될 수 있다.

사슬성장중합의 반응단계는 전형적인 3단계로 구분되는데, 개시, 성장, 정지반응이 그것이다. 개시단계에 필요한 자유라디칼, 음이온과 양이온 및 배위(coordination) 중합 개시제는 유기 라디칼, 카르보이온 그리고 카르보늄이온 및 배위촉매(coordination catalyst)가 사용된다. 사슬성장은 발열반응이고 중합은 주로 단량체의 입체적인자(steric factor)와 공명인자(resonance factor)에 의해 조절된다. 일반적으로 공명 안정(resonance stabilization)이 낮을수록 발열량이 많아지고 입체적인자가 커질수록 발열량은 적어진다.

사슬성장중합에서는 반응 시간의 함수로서, 자유라디칼이 된 물질과 분자량을 도시하는 것이 보통이며 그림 1.3의 형태가 된다. 평균 사슬길이와 분자량분포가 대략 중합 시간 전체에 걸쳐 일정하다.

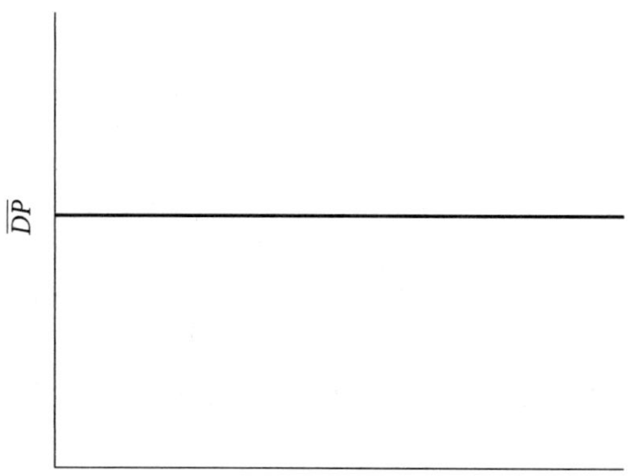

그림 1.3 • 사슬성장속도론을 따르며 형성된 고분자의 반응 시간에 대한 이상적인 평균 분자량

표 1.2 • 사슬성장중합과 단계성장중합의 비교

사슬성장중합	단계성장중합
• 한 반복 단위의 부가와 동시에 성장이 일어난다.	• 단량체는 중합 반응 전체 동안 서서히 감소한다.
• 전체 공정 중에서 중합 초기에 긴 고분자 사슬이 형성된다.	• 반응한 종의 평균 사슬길이는 중합 전체를 통해 대략 일정하게 유지된다.
• 반응 시간을 증가시킬수록 고분자의 수율은 증가하지만, 고분자의 분자량은 거의 같다.	• 반응 혼합체는 미반응 단량체, 고분자, 매우 적게 성장한 고분자 사슬로 구성되어있다.
• 어떠한 두 분자 단위도 반응할 수 있다.	• 반응 초기에 단량체가 모두 반응한다.
• 고분자 사슬길이는 중합 시간이 경과될수록 천천히 증가한다.	• (반응한 종의) 반응 평균 분자량은 중합 시간에 비례한다.
• 긴 사슬길이의 중합체를 얻기 위해서는 높은 반응 진척도가 필요하다.	• 반응계는 다양한 단계, 다양한 사슬길이의 중합체가 계산 가능한 분포 내에서 존재한다.

대부분의 부가반응 고분자는 사슬성장의 속도론(chain growth kinetics)을 보여주는 중합에 의해 형성된다. 이것은 대다수의 비닐 단량체, 즉 에틸렌, 스티렌, 염화비닐, 프로필렌, 아크릴산메틸, 아세트산메틸 등의 전형적인 중합을 포함한다.

축합고분자는 단계성장속도론(stepwise kinetics)을 보여주는 계로부터 중합된다. 이것은 산업적으로 폴리에스테르와 폴리아미드의 중합을 포함한다. 그래서 부가반응 고분자(addition polymers)와 사슬성장속도론(chain growth kinetics), 축합반응 고분자(condensation polymer)와 단계성장속도론(stepwise kinetics) 사이에는 많은 공통점이 있다(표 1.2).

그러나 축합반응은 반드시 물 또는 알코올과 같은 저분자 물질이 생성되면서 진행하는 단계중합 뿐만 아니라 다음과 같이 부산물이 생성되지 않고 중합이 진행되는 경우도 있다;

(1) 폴리우레탄 및 폴리우레아의 합성은 분명히 단계성장반응의 속도론을 따른다. 구성원소가 헤테로원자로 이루어져 있으며, 이소시아네이트와 디올 혹은 디아민과의 축합반응은 반응물 내부 수소원자의 재배열과 이동(Hydrogen transfer reaction)이 일어나면서 중합이 된다.

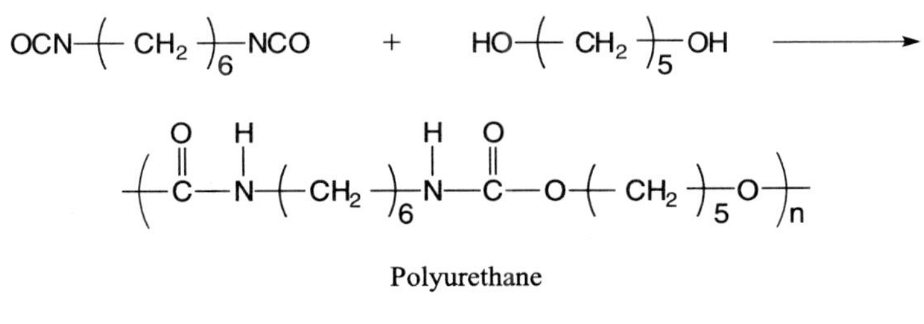

Polyurethane

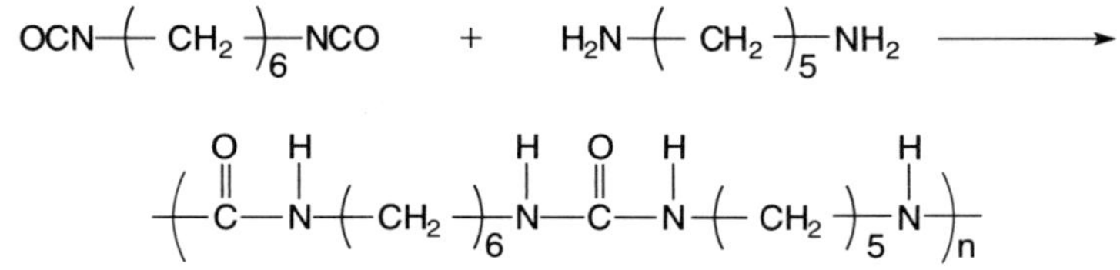

Polyurea

(2) 비스디엔(bisdiene) 화합물과 벤조퀴논(benzoquinone)의 Diels-Alder 축합반응은 부가반응이다. 즉, 한쪽은 주사슬이 탄소원자로만 구성되어 있고, 생성되는 부반응물도 없다. 그러나 이 고분자는 단계성장속도론의 과정을 따라 중합된다.

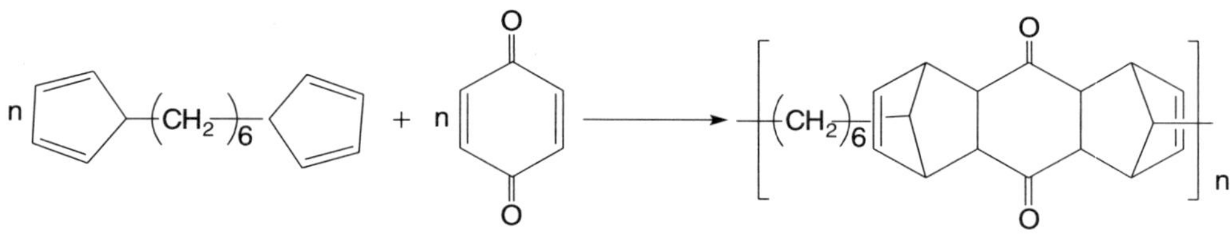

(3) 락톤은 부반응물의 발생 없이 산촉매에 의해 개환되는 사슬성장속도론을 따라 중합된다. 그러나 생성되는 폴리에스테르는 고분자 주사슬이 헤테로원자로 구성되어 있는 축합고분자이다. 더욱이, 6-탄소 폴리에스테르는 ω-히드록시카르복실산의 전형적 단계성장 중축합에 의해 형성된다.

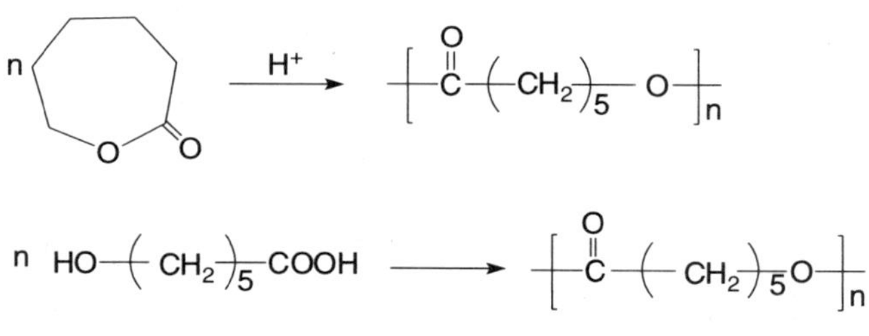

(4) 폴리아마이드-6(나일론-6)은 축합고분자로서 사슬성장 동역학중합을 통해 내부 아미드(락탐)에 의해 중합되기도 하고, ω-아미노산의 단계성장반응에 의해 중합되기도 한다.

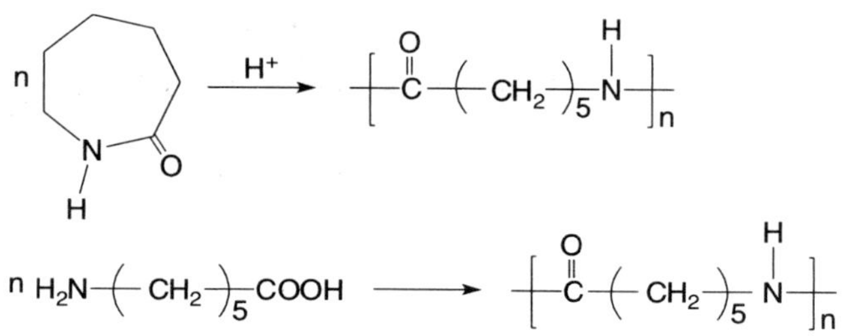

(5) 탄화수소 고분자는 Würtz 반응을 이용해 1,8-이브롬화옥탄의 단계중합을 통해 에틸렌의 전형적인 사슬성장중합을 사용해 만들어질 수도 있고, 디아조메탄(diazomethane)을 삼플루오르화붕소(boron trifluoride) 촉매를 이용해 사슬성장속도론으로도 중합 가능하다.

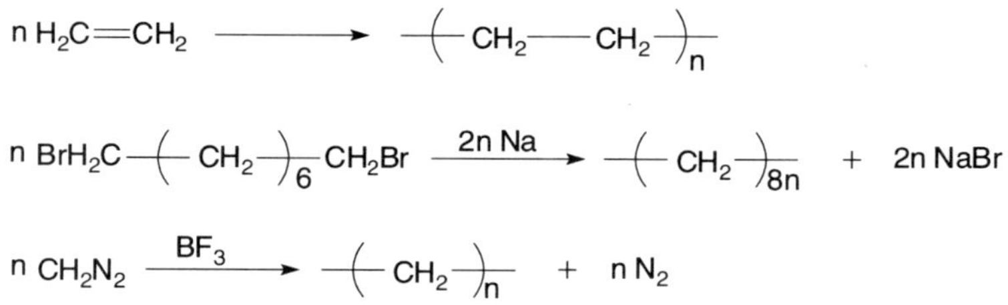

(6) 폴리에틸렌옥시드는 촉매를 사용한 에틸렌옥시드의 사슬성장중합으로 주로 생산되고, 에틸렌글리콜의 단계성장반응을 이용하는 축합중합으로도 소량 생산된다.

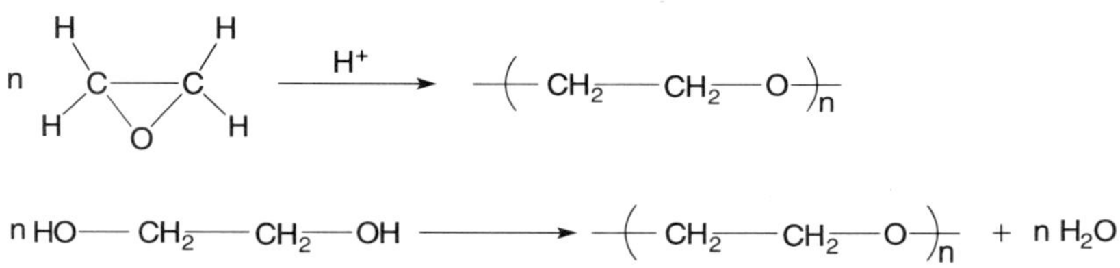

(7) 폴리우레탄, 폴리에스테르, 폴리아마이드, 폴리우레아 등과 계면 형성 축합고분자는, 계면 중축합반응에 사용되는 반응물들의 높은 반응성과 공단량체(comonomer) 이동 한계 때문에 사슬성장 방식에 의해 미세한 구조로 형성된다.

이상의 예들이 고분자 주사슬의 본질과 그러한 고분자를 형성하는 속도론을 연관하여 설명하는 것은 완전히 일치하지 않는 것을 보여준다.

표 1.3에 주었듯이 거의 모든 비닐고분자들이 자유라디칼(> 50%), 배위착물(coordinate complex)(12~15 %). 음이온(10~15 %), 양이온(8~12 %)등의 4가지 공정에 의해 대량으로 생산된다.

표 1.3 • 중요 비닐고분자의 생산에 사용되는 주요 기술

자유라디칼	저밀도폴리에틸렌; LDPE	Low-density polyethylene; LDPE
	폴리염화비닐	Poly(vinyl chloride)
	폴리아세트산비닐	Poly(vinyl acetate)
	폴리아크릴로니트릴과 아크릴 섬유	Polyacrylonitrile and acryl fibers
	폴리메타크릴산메틸	Poly(methyl methacrylate)
	폴리아크릴아미드	Polyacrylamide
	폴리클로로프렌	Polychloroprene
	폴리비닐피리딘	Poly(vinyl pyridine)
	스티렌-아크릴로니트릴 공중합체	Styrene-acrylonitrile copolymers; SAN
	폴리사플루오르화에틸렌	Polytetrafluoroethylene
	폴리플루오르화비닐리덴	Poly(vinylene fluoride)
	아크릴로니트릴-부타디엔-스티렌 공중합체; ABS	Acrylonitrile-butadiene-styrene copolymers ;ABS
	에틸렌-메타크릴산 공중합체	Ethylene-methacrylic acid copolymers
	스티렌-부타디엔 공중합체; SBR	Styrene-butadiene copolymers; SBR
	니트릴 고무; NBR	Nitrile rubber; NBR
	폴리스티렌	Polystyrene
양이온	폴리이소부틸렌	Polyisobutylene
	부틸 고무	Butyl Rubber
	폴리아세탈	Polyacetal
음이온	열가소성 올레핀 탄성체	Thermoplastic olefin elastomers
	(부타디엔, 이소프렌, 스티렌 공중합체)	(copolymers of butadiene, isoprene, and styrene)
	폴리아세탈	Polyacetal
복합체 (Coordinate Complex)	고밀도폴리에틸렌	High density polyethylene; HDPE
	폴리프로필렌	Polypropylene
	폴리부타디엔	Polybutadiene
	폴리이소프렌	Polyisoprene
	에틸렌-프로필렌 탄성체	Ethylene-propylene elastomers

3 라디칼중합

사슬성장반응은 사슬성장의 시작을 위해서 개시단계를 필요로 한다. 여기에서 벌크반응계에서의 자유라디칼 개시제(과산화물, 아조화합물, 산화반응계 등)에 의해 일어나는 스티렌 분자의 개시단계를 소개하겠다.

Initiation step (개시단계)

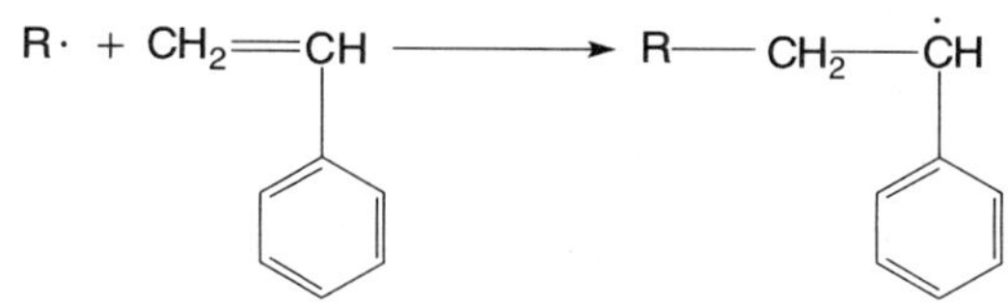

Propagation step (성장단계)

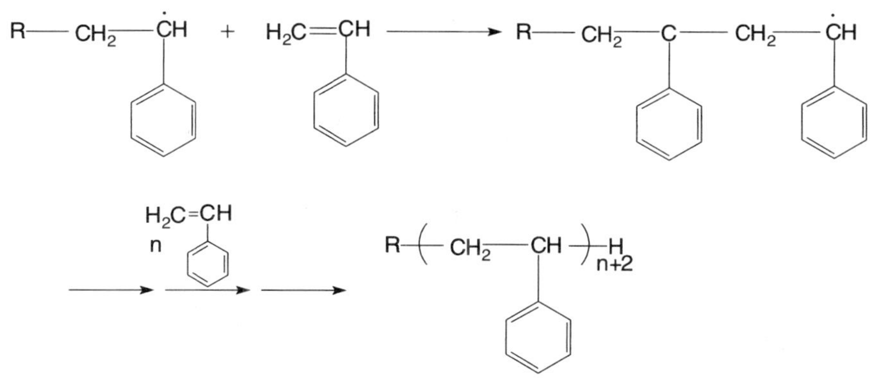

개시제가 분해되어 생성된 자유라디칼은 빠르게 스티렌 단량체와 결합하여 자신이 가지고 있던 홑자유전자를 스티렌 분자로 옮긴다. 이렇게 형성된 홑전자를 가지고 있는 새로운 활성점은 또 다른 스티렌 단량체와 결합하여 마찬가지로 홑전자를 사슬 말단으로 이동시킨다. 이런 반응이 반복됨으로써 결과적으로 사슬이 긴 폴리스티렌이 형성된다.

이러한 성장은 정지반응이 사슬을 불활성(inactive)으로 만들 때까지 계속된다. 중합은 오직 활성 사슬에서만 일어나고 사슬성장에 필요한 활성화에너지도 낮고, 성장사슬의 양은 어떤 시점에서도 적은 양이기 때문에 긴 사슬은 빠르게 형성된다.

4 이온중합

대부분의 비닐 단량체는 자유라디칼중합을 하지만, 이온중합을 하는 것도 존재한다. 양이온중합은 알콕시, 페닐, 비닐 그룹과 같은 전자주게기(electron donating group)를 가진 단량체를 필요로 하며, 음이온중합은 카르복실, 니트릴, 할로겐기와 같은 전자받게기(electron withdrawing group)를 가진 단량체인 경우 일어난다.

자유라디칼 중합과 마찬가지로 이온중합도 명확하게 그 메커니즘이 규명되지 못했다. 반응은 불균일 개시제에 의해 일어날 수 있고, 불순물의 존재에 매우 민감하다. 따라서 이온중합의 속도론 연구는 매우 어렵고, 실험 결과들도 특정 반응 조건에 민감하게 변화한다. 더욱이, 고분자가 형성되는 속도도 자유라디칼중합보다 더 빠르다.

양이온과 음이온중합은 서로 비슷하며, 양쪽 모두 이온 종들의 형성과 성장을 포함한다. 낮은 안정성을 가지고 있어서 대부분의 이중결합과 반응할 것으로 예상되는 높은 에너지를 가진 이온 종들은 형성되기도 어렵고, 일단 형성되어도 쉽게 파괴된다. 그러한 전하를 띤 종(charged species)들을 형성하게 해주는 "에너지 창(energetic window)"의 범위가 좁기 때문이다. 극성 용매가 이온들을 잘 용매화시키면, 용매로는 비극성 용매를 사용하는데, 이는 물과 알코올 같은 극성 용매들은 서로 반응을 일으켜서 이온 개시제들을 파괴하기 때문이다. 그리고 케톤 같은 다른 극성 용매들은 개시제와 함께 안정한 착물을 형성하기 때문에 개시반응을 방해한다. 따라서 이온중합은 헥산이나 염화에틸렌과 같은 낮은 극성 및 적절하게 조절된 극성 용매에서 행해진다.

❶ 양이온중합

양이온중합 기술은 다른 많은 방식의 중합 방법과 마찬가지로 적어도 100년의 역사를 가지고 있다. 그 당시에는 초기 반응의 메커니즘이 규명되지 않았었고, 그 시대의 과학자들은 현대의 거대 분자(macromolecules)의 개념을 파악하지 못했다. 그럼에도 불구하고 스티렌, 이소부틸렌 그리고 에틸비닐에테르의 물질들이 황산, 사염화주석, 삼플루오르화붕소 그리고 요오드와 같은 양이온 개시제에 의해 100년 동안 중합되어져 왔다는 것은 흥미로운 일이다.

현재에는 삼플루오르화붕소 혹은 삼염화알루미늄이 순수 루이스산이라는 것과 개시제로써는 효과적이지 않으며, 물과 같은 양성자를 가지고 있는 루이스염기가 미량 필요하다고 알려져 있다. 아래 식에 보여주듯이 루이스염기는 친전자성 루이스산과 배위하며, 이때의 양성자가 실제 개시제이다. 양이온은 혼자 존재할 수 없기 때문에 항상 짝이온(counterion 또는 gegenion)을 수반한다.

$$\underset{\text{Lewis acid}}{BF_3} + \underset{\text{Lewis base}}{H_2O} \rightleftharpoons \underset{\text{Catalyst-cocatalyst complex}}{H^{\oplus}\ BF_3OH^{\ominus}}$$

이온중합이 일어나는 데 필요한 활성화에너지는 낮기 때문에, 이 반응들은 낮은 온도에서 일어날 것이다. 마크로카르보양이온을 포함해서 카르보양이온은 서로 반발하기 때문에 결합반응(combination)에 의해서는 정지반응이 일어날 수 없고, 불순물과의 반응으로 정지반응이 일어난다.

개시단계와 성장단계 모두 카르보양이온의 안정성에 영향받으며, 이소부틸렌, 비닐에테르 그리고 스티렌이 중합될 수 있다. 올레핀의 활성도는 $(CH_3)_2C = CH_2 > CH_3\text{-}CH = CH_2 > CH_2 = CH_2$의 순서이고, 치환기의 활성도는 $OCH_3 > CH_3 > H > Cl$ 순이다.

반응 메커니즘은 단량체의 전자친화도와 짝이온의 양성자 친화도 뿐만 아니라, 용매의 특성에 의해서도 영향받는다. 이온중합에서는 재배열(rearrangement)이 일어날 수가 있다.

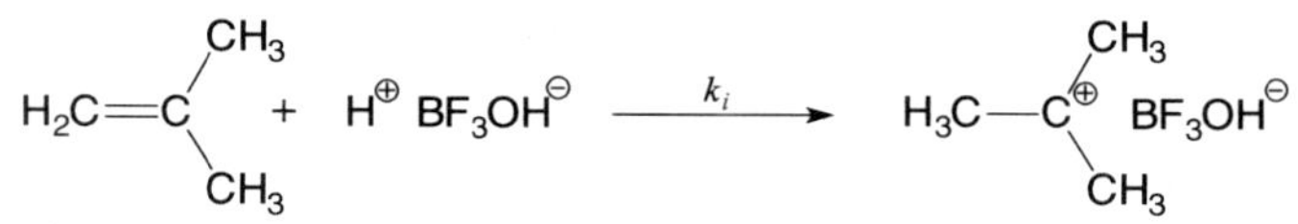

Isobutylene Catalyst-cocatalyst complex Carbocation Gegenion

성장반응 혹은 사슬성장은 카르보양이온[M^+]에 다른 단량체 분자로 첨가되는 결과에 의해 머리-꼬리(head-to-tail) 구조로 일어난다. 속도상수는 모든 성장반응단계에서 동일하고, 용매의 유전상수에 영향 받는다. 높은 유전상수를 가진 용매에서 가장 빠른 성장속도를 보이고, 카르보양이온과 짝이온 쌍의 분리를 촉진한다. 성장반응의 화학식은 다음과 같다.

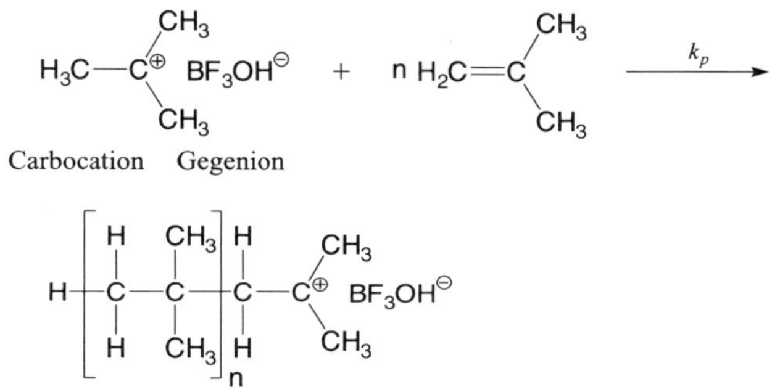

Carbocation Gegenion

Macrocarbocation Gegenion

정지반응은 사슬이동(chain transfer)에 의해 일어난다. 즉, 양성자 한 개가 단량체 분자 [M]으로 이동하면서 [M]은 개시제로 사용될 양이온이 된다. 평균중합도($\overline{DP}$)는 사슬전이가 일어날 때의 반응 속도론적 사슬길이와 같다.

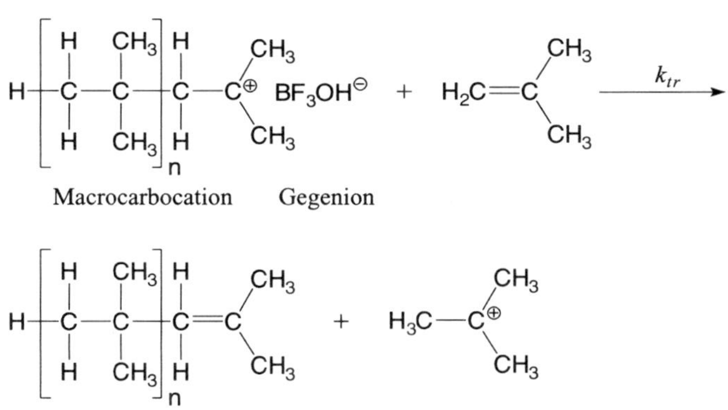

Macrocarbocation Gegenion

Inactive Polymer Cation

양이온중합에 의해 합성되는 고분자의 분자량은 정지반응이 어떻게 일어나는지 관계없이 개시제의 농도와 무관하다. 그러나 이온 사슬중합속도는 용매의 유전상수, 카르보늄 이온의 공명 안정성, 짝이온의 안정성과 개시제의 양전하(electropositivity)와 관계가 있다.

모든 단일단계 반응속도는 온도를 올림으로써 증가하나, 이런 경향은 양이온중합을 포함하는 다단계 반응에는 적용되지 않을 것이다. 많은 양이온중합의 경우에 "알짜 활성화 에너지"는 음수이기 때문에 온도가 증가되는 경우에는 전체 중합 속도가 감소된다. 더욱이 $E_{tr} > E_p$이기 때문에 온도가 증가될수록 전체 중합도가 감소된다.

폴리이소부틸렌은 매우 낮은 Tg(−70°C)를 가지는 점착성의 고분자로서 접착제, 마개 재료(caulking compound), 츄잉껌 기본 물질, 오일 첨가제로 사용된다. 오일 첨가제로의 이용은 온도가 증가하는 경우에 발생되는 형태의 변화와 연관되어 있다. 즉, 윤활유는 폴리이소부틸렌의 좋은 용매가 아니기 때문에, 상온에서 기름과 섞여 있을 경우 코일 상태로 존재한다. 그러나 온도가 증가되어 기름이 보다 좋은 용매가 될수록 사슬의 코일이 풀리는 경향을 보인다. 따라서 이러한 사슬 풀림 효과는 온도가 증가할수록 전체 기름의 점성이 증가하는 경향을 나타낸다.

내부 튜브(inner tube)와 봉지재(sealant)로 많이 사용되는 부틸고무(IR)는 적은 양의 이소프렌(10%) 존재하에 이소부틸렌과의 양이온 저온 공중합으로 생산되며, 아래와 같은 반복 단위를 가진다. 따라서 이 불규칙 공중합 사슬은 부틸고무가 가황 혹은 경화될 때 소수의 고립된 이중결합이 폭넓게 분포되어 있어서 가교(crosslink)가 적게 되어 있을 것이라고 추측된다.

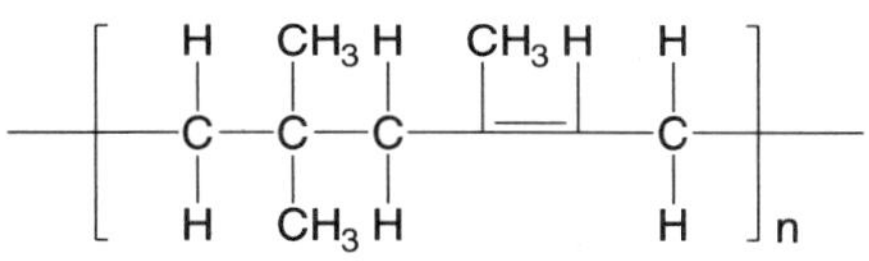

비닐이소부틸에테르(vinylisobutylether)의 중합 시 짝이온과 카르보양이온이 −40°C에서 프로판과 함께 이온쌍으로 존재할 경우에는 입체규칙성 고분자가 생산된다. 비닐알킬에테르의 카르보양이온은 산소 원자의 π전자가 비국지화됨으로써 안정화된다. 따라서 이 단량체들은 양이온 개시제에 의해 중합되며. 폴리(비닐이소부틸에테르)는 낮은 Tg를 가지고 있고 접착제와 적층 수지로 사용된다.

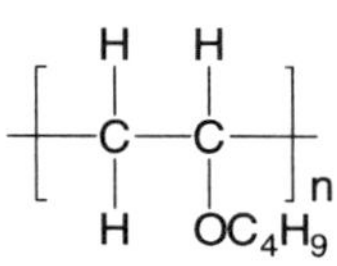

폴리옥시메틸렌(폴리아세탈)은 삼플루오르화붕소 에테르 착물을 개시제로 사용해 양이온중합법으로 생산되는데, 트리옥산(trioxane)의 개환에 의해 고분자가 생성된다.

폴리아세탈은 열적으로 불안정하기 때문에 히드록실 말단 그룹은 무수아세트산으로 에스테르화시킨다.

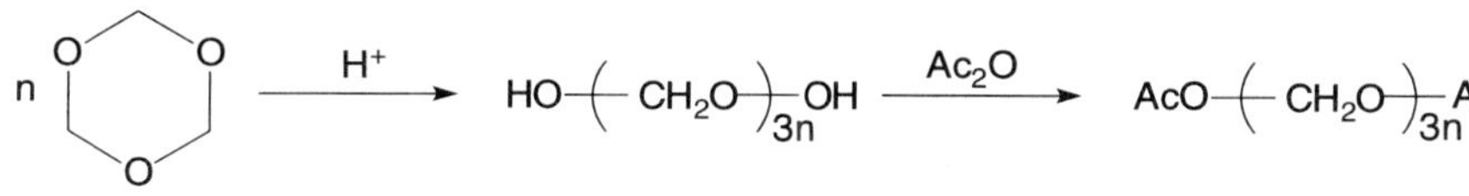

Trioxane　　Polyacetal　　Stable polyacetal

상업적 고분자인 Delrin이 음이온중합에 의해 생산되며, 다른 안정한 폴리아세탈인 Celcon은 트리옥산과 디옥산(dioxane)의 혼합물을 양이온 공중합하여 생산한 것이다.

이 공중합체는 아래와 같이 고분자 사슬에 두 반응물의 반복 단위를 모두 포함하고 있어서, 공중합체 구성 중 불규칙한 부분이 고분자 사슬의 "사슬풀림(unzipping)" 분해 경로를 방해하는 것으로 알려져 있다. 폴리아세탈은 엔지니어링 열가소성 플라스틱으로 높은 강성과 열안정성을 가지고 있다.

$$HO\!\left[CH_2OCH_2O(CH_2)_2OCH_2O\right]_n H$$

폴리클로랄(Polychloral)은 난연(flame resistance) 강화 플라스틱으로서 양이온중합으로 생산될 수 있다. 그리고 말단기를 안정화시키지 않은 고분자는 천정온도가 58°C로 매우 낮기 때문에 삼염화아세트알데히드와 개시제의 뜨거운 혼합물을 몰드(mold)에 부어 고체성형을 만들어 혼합체의 온도가 천정온도 이하로 내려가 중합이 일어날 수 있도록 해야 한다.

트리옥산의 개환중합에 의해 폴리아세탈을 생산하는 것과 더불어서, 이 기술은 에테르의 합성을 위해 Staudinger에 의해 연구되어, 현재에도 옥시란(oxirane)의 고분자를 생산하는 데 사용되고 있다. 옥세탄과 테트라하이드로퓨란같은 다른 동족의 고리형 에테르도 양이온 개환중합 기술에 의해 중합되어질 수 있다. 고리가 끊어지는 경향은 고리가 커질수록 감소하기 때문에 반응물과 함께 촉진제(promotor)로서 약간의 옥시란(oxirane)을 첨가하는 것이 일반적이다. 6-요소고리인 옥사시클로헥산은 매우 안정적이어서 촉진제를 첨가해도 중합되지 않는다.

아래의 식에 나타내었듯이 황산과 같은 개시제는 옥소늄 이온과 짝이온을 형성시키고, 이 옥소늄 이온은 옥시란과 결합하여 성장을 거쳐 마크로옥소늄이온이 만들어지고, H_2O로 사슬전이되어 성장이 정지된다.

이중 화살표로 나타내었듯이 성장반응은 평형 반응이고 이것은 고분자량의 고분자의 생산을 방해하는 경향이 있다. 염화메틸렌과 같은 극성 용매와 낮은 온도(−20~−100°C)에서 고분자량의 제품이 얻어진다.

음이온중합법으로도 생산될 수 있는 이 수용성 고분자들은 특정한 분자량 범위에서 각각 Carbowax와 Polyox라는 상표명으로 상업적으로 이용된다. 화장품이나 약품에 수용성 기초 물질을 주입하는 것 이외에도, 이 고분자들은 물의 유량을 증가시키기 위해 첨가될 수도 있다.

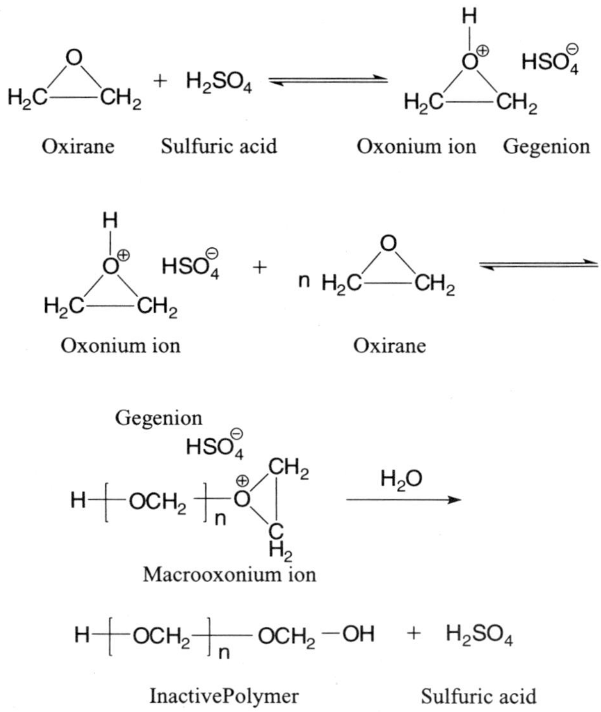

옥사시클로부탄(oxacyclobutane)의 유도체인 3,3-비스클로로메틸옥사시클로부탄은 불용성, 결정성, 비부식성 고분자를 생산하는데, 양이온 개환중합 기술로 중합될 수 있다. 아래에 나타내어졌듯이 고분자는 고분자 사슬에 클로로메틸렌 치환기라는 두 개의 규칙적인 부분을 가지고 있다.

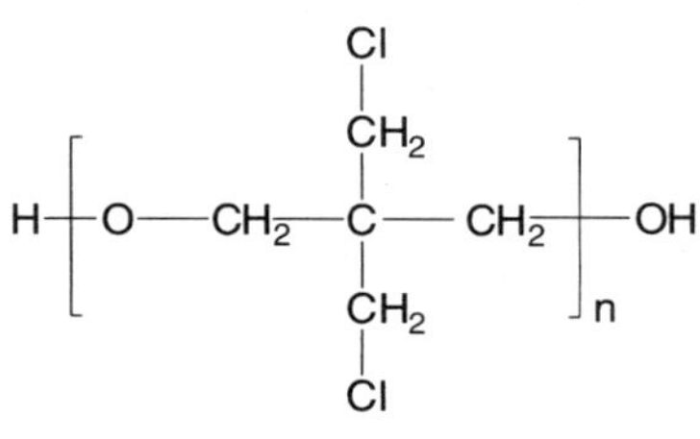

산에 용해되는(acid soluble) 고분자인 Montrek은 에틸렌아민의 개환중합을 통해 생산되어 왔다. 이 단량체는 발암 물질로 추정되어 극도의 주의를 가지고 사용되어야 한다.

락탐은 보통 음이온 개환중합법으로 중합되지만, 무수 N-카르복실-α-아미노산(Ncarboxyl-α-amino acid anhydrides)은 양이온 및 음이온중합법 모두로 중합되어질 수 있다. 현재는 Polyamide-2(Nylon-2)라 불리는 이 제품은 1908년 Leuch에 의해 최초로 생산되어 Leuch의 무수물로 불린다. 아래 식에 나타내었듯이 CO_2는 성장반응의 각 단계에서 제거된다.

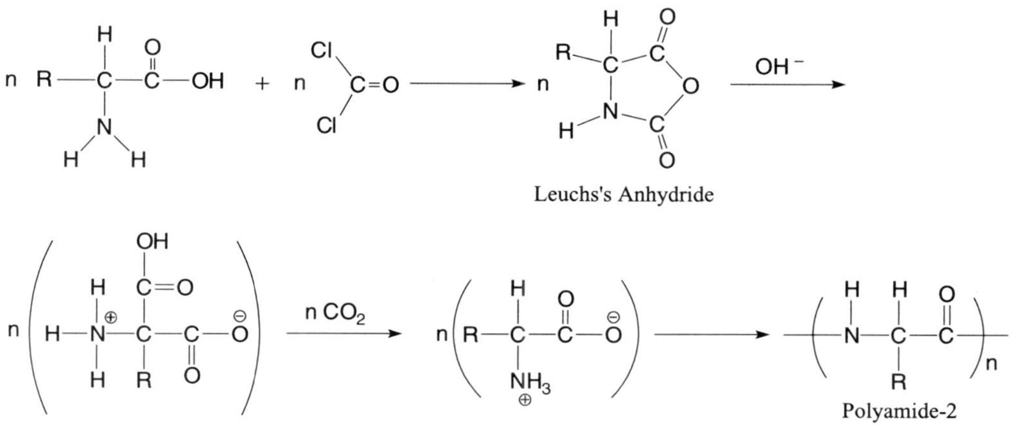

폴리테르펜(Polyterpene)은 불포화 고리 화합물의 양이온중합으로, 비교적 많은 양이 생산되는 소위 석유 수지(petroleum resin)이다. 비교적 비싼 가격은 아니지만, 이 수지 상품은 고무, 코팅제, 바닥재 및 접착제의 첨가제로 사용된다.

가까운 미래에 양이온중합법으로 입체규칙성 고분자가 생산될 것이라는 것이 알려져 있다. 많은 비닐 단량체가 이 목적으로 연구되었는데, 이 연구의 대부분은 비닐 에테르에 초점을 두었다. 몇 가지 일반적 사실들이 주목되었다. (1) 입체규칙성을 띠는 정도는 개시제의 성질과 연관되어 있다; (2) 입체규칙성은 중합온도가 낮을수록 증가한다; (3) 이소탁틱(isotactic) 혹은 신디오탁틱(syndiotactic) 고분자의 양과 종류는 용매의 극성과 연관되어 있다. 예를 들면, 아래에 나타낸 t-부틸 비닐에테르의 중합은 무극성 용매에서는 이소탁틱구조가 선호되고, 극성용매에서는 신디오탁틱구조가 선호된다.

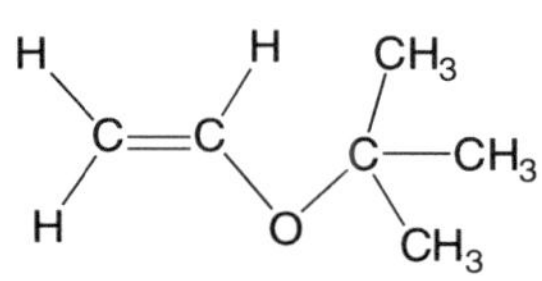

❷ 음이온중합

음이온중합은 20세기 초에 부타디엔으로부터 합성 탄성체를 제조하는 데 사용되었다. 초기 연구자들은 개시제로서 액체 암모니아 속의 알칼리 금속을 사용했지만, 1940년대에 n-부틸리튬과 같은 금속알킬로 대체되었다.

양이온 개시제로 중합되는 전자주게기를 가진 비닐 단량체와는 반대로, 전자받게기를 가진 비닐 단량체는 음이온 개시제에 의해 중합된다.

아크릴로니트릴은 음이온중합으로 쉽게 중합되며, 아미드계 개시제의 활성 순서는 아크릴로니트릴 > 메타크릴산메틸 > 스티렌 > 부타디엔과 같다. α-탄소의 메틸 그룹은 음이온중합 속도를 감소시키고, α-탄소의 염소 원자는 활성을 증가시킨다.

아래의 화학식 및 속도식으로 나타내었듯이, 칼륨아미드가 아크릴로니트릴의 중합 개시제로 사용될 수 있으며, 음이온중합에서 성장하는 종은 카르보늄이온 대신에 카르바니온이다. 그러나 음이온중합의 개시, 성장, 사슬전이에 의한 정지반응의 단계는 아래에 나타내었듯이 양이온중합과 비슷하다.

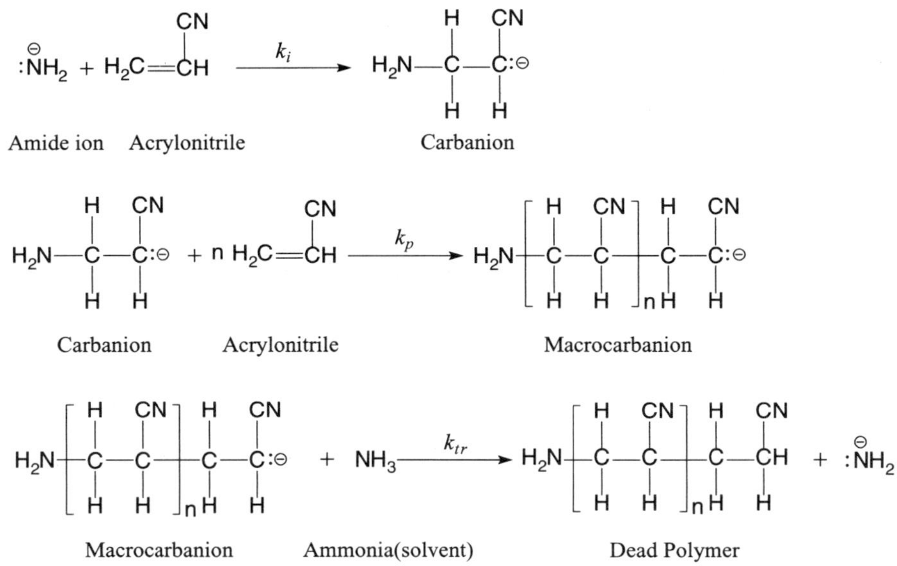

성장반응 속도와 분자량은 암모니아 농도와 반비례의 관계에 있다. 사슬전이의 활성화 에너지는 성장반응의 활성화에너지보다 크며, 전체 반응의 활성화에너지는 약 +38 Kcal/mol이다. 온도가 증가될수록 반응속도는 증가하고 분자량은 감소한다.

반응속도는 용매의 유전율과 개시제의 전기음성도, 카르바니온의 공명 안정성, 짝이온의 용매화도(degree of solvation)에 의존한다. Grignard' s 시약과 같은 약한 극성의 개시제가 강한 전자받게기를 가진 단량체에 사용될 수 있지만, 약한 전자받게기를 가진 단량체는 n-부틸리튬과 같은 강한 극성의 개시제를 필요로 한다.

합성 시스-1,4-폴리이소프렌은 연간 약 76,000톤이 헥산과 같은 낮은 유전율의 용매에서 n-부틸리튬과 같은 개시제를 사용하여 생산된다.

이소프렌은 부틸리튬 혹은 나트륨을 사용해 에틸에테르 같은 높은 유전율을 가진 용매에서 중합되어질 때, 같은 양의 트랜스-1,4-폴리이소프렌과 시스-3,4-폴리이소프렌이 만들어진다.

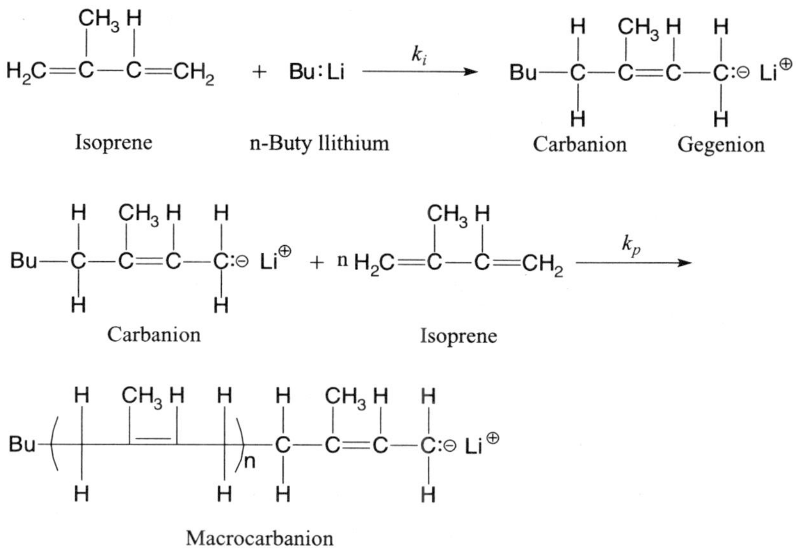

음이온중합으로 생성된 물질은 안정한 마크로 음이온이기 때문에 불순물이 없는 상태에서 정확한 정지단계가 나타나지 않는다. Szwarc는 이 활성종을 설명하기 위해 "살아있는 고분자(living polymer)"라는 용어를 사용했다. 따라서 이 마크로 음이온, 즉 마크로 카르바니온으로 아래에 주어진 것처럼 연속되는 비슷한 반복 단위를 가진 블록 공중합체를 생산할 수 있으며, 공업제품인 Kraton과 같이 스티렌(A)과 부타디엔(B)의 ABA 블록공중합체가 대표적이다. 물, 에탄올, 이산화탄소, 산소의 첨가로 정지반응이 일어나게 할 수 있다.

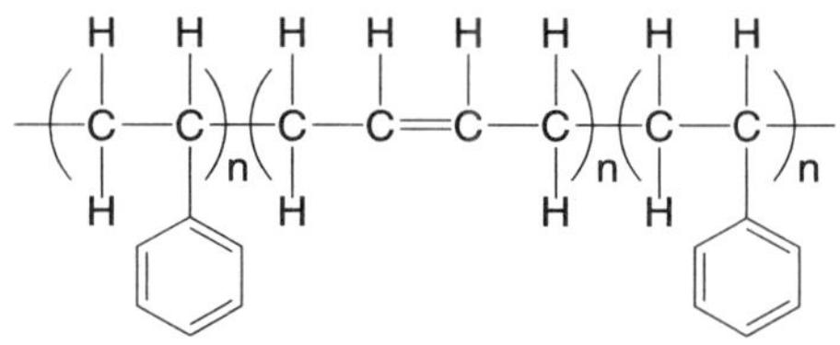

리빙고분자는 일반적으로 (1) 개시반응 속도가 중합속도보다 매우 빠르다; (2) 고분자의 분자량은 [단량체]/[개시제]와 연관되어 있다; (3) 선형의 분자량 전환율 관계; (4) 좁은 분자량분포; 그리고 (5) 텔레켈릭(telechelics), 마크로머(macromers), 블록 공중합체, 스타고분자(star polymers)를 형성시키는 살아있는 말단기의 안정성으로 특징지어진다.

암모늄염(ammonium salts)의 열적 탈수소화 이외에도 나일론이 락탐의 음이온 개환중합에 의해 중합될 수 있다. 아래에 보이듯이 카프로락탐의 중합은 나트륨메톡시드(sodium methoxide)에 의해 개시될 수 있으며, 생성 고분자는 6개의 탄소원자를 각 반복단위마다 가지고 있으므로 나일론-6라고 불린다. "monadic"이라는 용어는 나일론-6처럼 한 가지 반응물에 의해 중합되는 나일론을 나타내는 말로 사용된다. 그리고 "diadic"

이라는 용어는 나일론-66과 같이 두 가지 반응물에 의해 중합되는 나일론을 나타낸다.

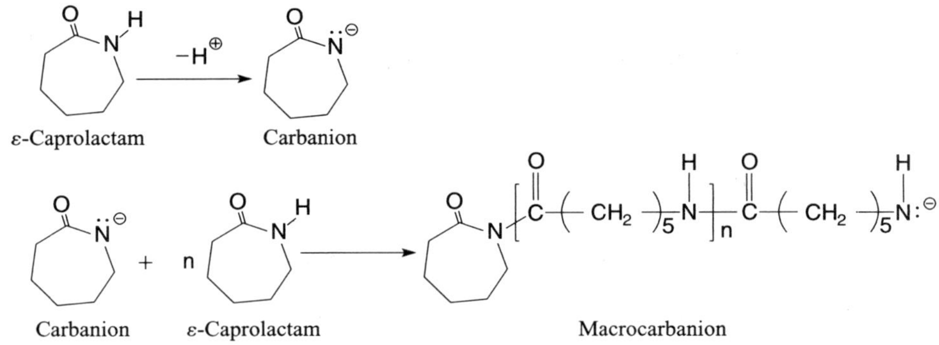

락탐의 개환중합 시 유도기간(induction period)은 염화아세틸과 같은 활성제(activator)의 첨가로 짧아질 수 있다. 나일론-4, 나일론-8, 나일론-12는 섬유와 코팅제로서 상업적으로 이용된다.

락톤 또한 음이온 개환반응으로 중합될 수 있지만, 5-요소고리인 γ-butyrolactone은 어렵다. 이보다 더 작은 고리는 쉽게 선형 폴리에스테르로 중합되며 이 고분자들은 생분해성 플라스틱과 폴리우레탄 발포제로써 상업적으로 이용된다. 락톤 개환중합으로 제안된 일반적인 반응식은 다음과 같다.

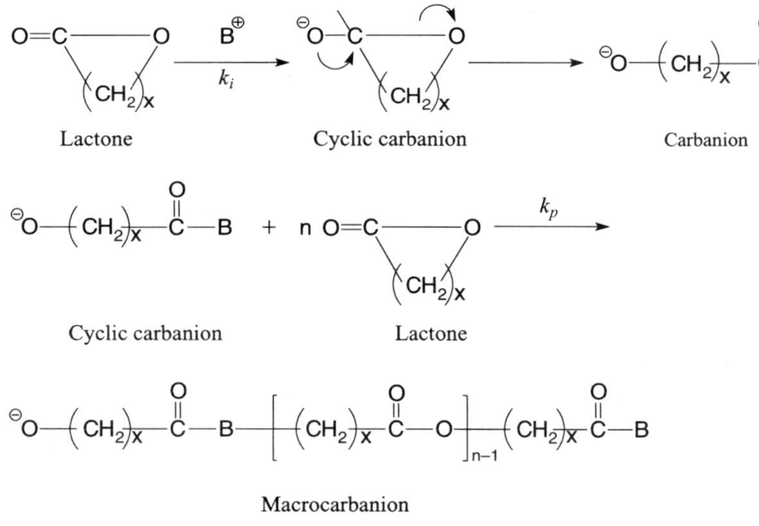

음이온중합의 입체화학은 양이온중합과 비슷하다. 낮은 온도에서 용해성 음이온 개시제를 사용한 경우, 극성 용매에서 신디오탁틱 고분자가 생성되는 반면에, 비극성 용매에서는 이소탁틱 고분자가 형성된다. 따라서 음이온중합의 입체화학은 양이온중합의 경우에서처럼 짝이온을 가진 성장하는 사슬의 양에 크게 의존하게 된다.

디엔 중합의 입체화학도 마찬가지로 용매의 극성에 크게 영향받는다. 예를 들면, 무극성 용매에서 이소프렌이나 1,3-부타디엔의 중합시 개시제로서 유기리튬 혹은 리튬을 사용하면 시스-1,4 반복 단위의 비율이 증가한다. 이소프렌, 1,3-부타디엔 중합을 통해 천연의 hevea 고무와 비슷한 고분자를 얻을 수 있다. 칼륨 개시제를 사용하면, 시스-1,4 반복 단위는 감소하고 트랜스-1,4와 트랜스-3,4 단위가 우위를 차지한다.

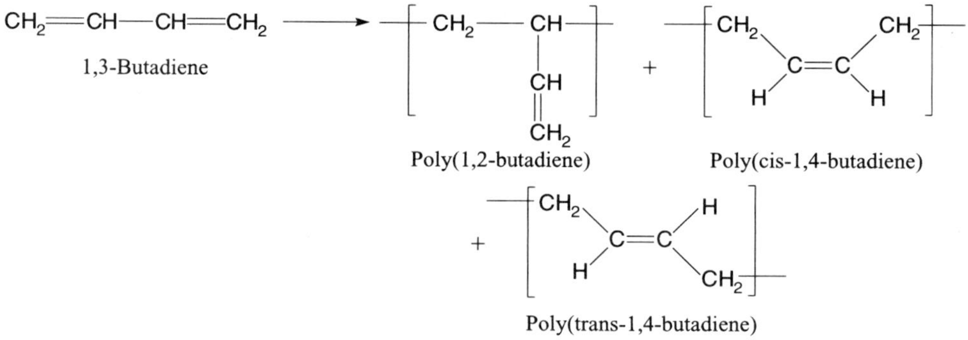

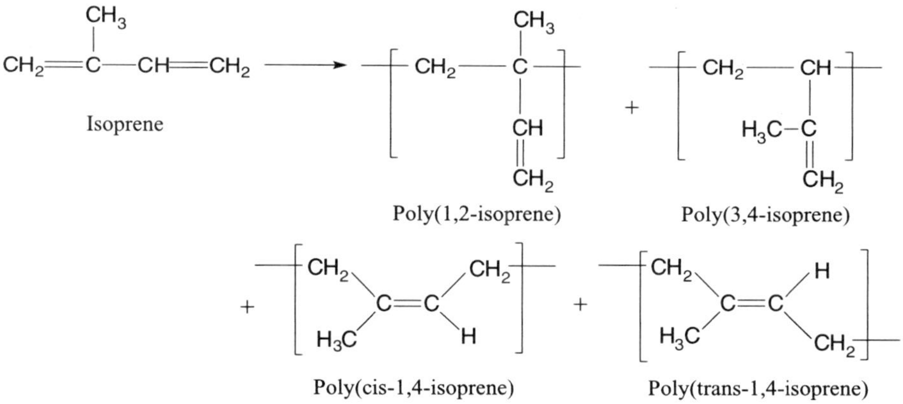

그룹이동중합(group transfer polymerization)에는 실리콘 중재된(silicon-mediated) Michael 첨가반응이 이용된다. 이 반응은 아래에 나타내었듯이 반응 말단기와 다른 작용기로 변환될 수 있는 정밀 조절된 살아있는 고분자의 분리 합성을 가능하게 한다. 따라서 결국 용해성 루이스산, 플루오르화합물, 시안화물, 아지드화물, 이플루오르화물, HF_2^-와 같은 친핵성 촉매 존재하에서 실릴케톤(silyl ketone)을 사용함으로써 α, β-불포화에스테르, 케톤, 아미드, 니트릴의 중합을 가능케한다.

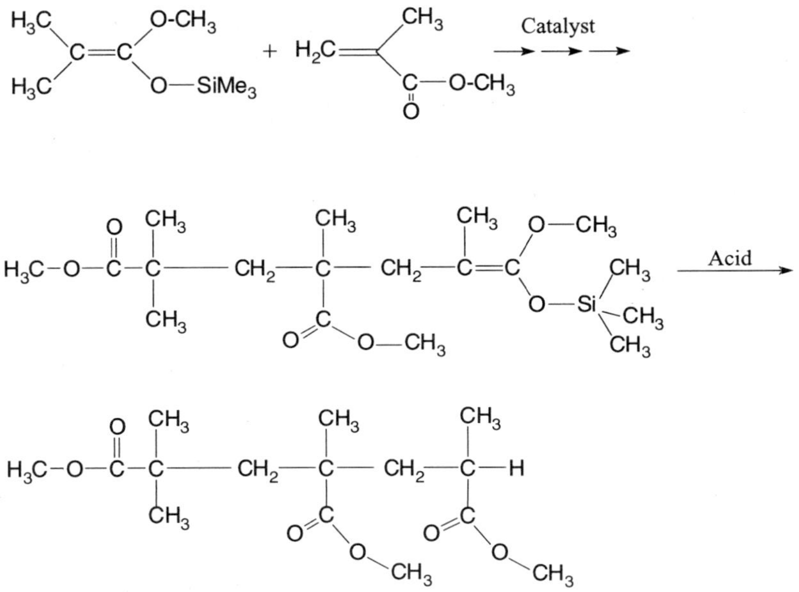

중합이 진행됨에 따라 성장하는 사슬로 첨가되는 반응성 실릴아세탈기는 각각의 새 단량체의 머리로 이동된다. 음이온중합과 비슷하게 고분자의 분자량은 단량체와 개시제의 농도비에 의해 조절된다. 반응은 일반적으로 테트라하이드로퓨란과 같은 유기용매 하에 약 0~50°C에서 일어나고, 물과 알코올과 같은 "활성" 수소를 가진 화합물들은 중합을 정지시키고 고분자 사슬의 성장을 멈추게 할 것이다. 이러한 활성수소를 가진 화합물이 존재하지 않으면 중합은 단량체 모두가 소모될 때까지 "살아있는" 말단인 삼메틸실록시 말단기는 "살아있는" 말단이 중화되거나, 단량체를 모두 소모할 때까지 반복 단위의 삽입을 계속한다.

❸ 배위중합

Ziegler−Natta 촉매나 메탈로센(metallocene) 촉매 등 유기금속화합물을 중합촉매로 사용하는 배위중합(coordination polymerization)에서는 활성점(active site)과 단량체 간에 배위결합(coordination bond)이 형성되며, 이때 단량체는 특정한 입체배향을 가지면서 배위하게 된다. 이렇게 특정 형태(conformation)로 배위된 단량체가 활성점과 성장하는 사슬 사이에 삽입(insertion)되면서 사슬이 성장하게 된다. 즉 단량체 분자와 성장사슬 M_n-I(I는 개시제 조각)가 배위하는 평형단계와 단량체가 삽입되어 사슬의 길이가 한 개 단량체 단위만큼 증가하는 단계로 중합반응이 진행된다.

$$M_n-I \; + \; M \rightleftharpoons [M_n-I][M]$$

$$[M_n-I][M] \longrightarrow M_{n+1}-I$$

따라서 얻어진 중합체에서는 단량체 단위가 특정한 형태로 결합하게 되어 입체특이성(stereospecificity)을 가지므로 배위중합을 입체특이성(stereospecific) 또는 입체규칙성(stereoregular) 중합이라고도 부른다.

1950년 이전에 에틸렌의 유일한 상업적 고분자는 고압 폴리에틸렌으로 불린 매우 가지가 많은 고분자였다. 선형 폴리에틸렌을 만들기 위한 기술은 1940년에 Marvel, Hogan, Banks와 1950년대 초 노벨상 수상자 Karl Ziegler에 의해 발견되었다. Ziegler는 트리에틸알루미늄과 사염화티탄의 혼합물을 이용하여 저온에서 에틸렌중합에 의해 고밀도폴리에틸렌을 만들어냈다. 같은 노벨상 수상자 Guilio Natta는 결정성 폴리에틸렌을 제조하기 위해 Ziegler의 복합배위촉매를 사용하였다. 이러한 촉매는 오늘날 Ziegler−Natta 촉매로 잘 알려져 있다.

일반적으로 Ziegler−Natta 촉매는 주기율표의 그룹 IV에서 VIII까지 전이금속화합물과 그룹 I에서 III까지 유기금속화합물의 조합으로 묘사될 수 있다. 촉매로서 $TiCl_4$와 같은 전이금속화합물과 공촉매(cocatalyst)로서 염화이에틸알루미늄(diethylaluminum chloride)과 같은 유기금속화합물이 주로 이용된다.

촉매와 공촉매 사이에는 여러 가지 교환반응이 일어나는데, Ti(IV) 중 일부는 Ti(III)으로 환원되며, 입체규칙성 고분자의 제조를 위한 촉매로서 $TiCl_3$의 α-, γ-, 또는 δ-형태 중 어느 한쪽을 사용하고 β-결정형태는 사용하지 않는다. 입체규칙성의 정도와 중합속도는 삼에틸아민과 루이스산의 첨가에 의해 증가한다. 적어도 98% 이상의 이소탁틱 지수를 가지는 폴리프로필렌은 삼에틸아민, 삼염화티탄, 염화이에틸알루미늄의 존재하에서 중합할 때 제조된다.

단량체 분자($H_2C = CH-CH_3$)는 성장하는 사슬에서 티탄원자와 말단의 탄소원자 사이에 삽입되고, 이 성장반응은 공촉매의 에틸기에 의해 활성 자리에서 촉매표면에서 일어난다는 것이 일반적 정설로 받아들여지고 있다. 단량체 분자는 항상 사슬의 말단기에 있다.

π-복합체의 형성은 단금속(monometallic)과 두금속(bimetallic) 메커니즘 모두로 추정된다. Natta에 의해 주창된 두금속 메커니즘은 아래와 같이 고리(cyclic) 전자부족 전이 복합체와 관련되어 있다.

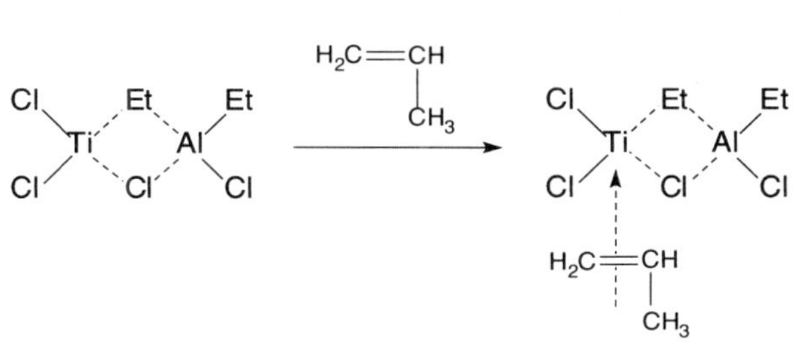

다음 식에 나타낸 보다 일반적인 단금속 메커니즘에서 삼에틸알루미늄은 프로필렌과

같은 무극성 비닐단량체의 중합을 위한 활성 자리로서 티탄화합물과 반응하며 이때 부산물로 염화이에틸알루미늄이 생성된다.

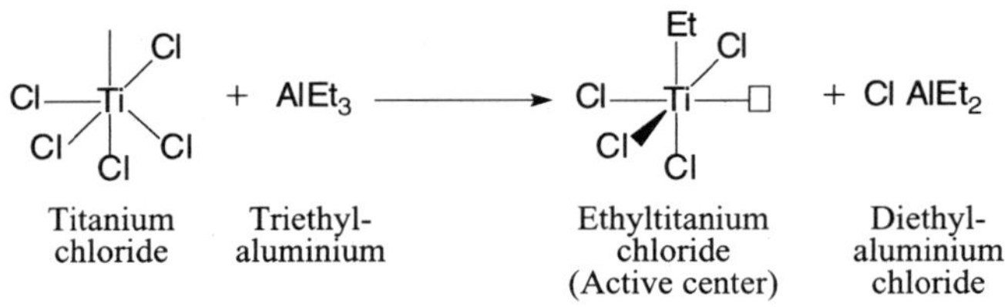

위에서 생성된 활성점에 대하여 빈 d-전자궤도에서 프로필렌이 티탄과 π-복합체를 형성한다.

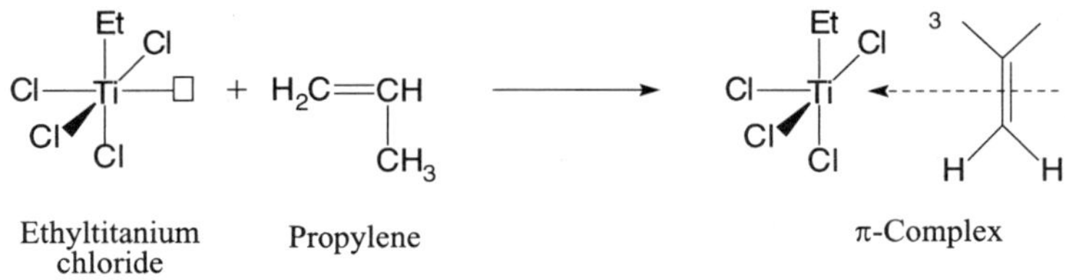

전이상태 복합체의 형성으로 단량체의 삽입이 일어나고 에틸기의 활성중심의 재형성은 프로필렌기의 말단에 있다는 것을 아래 식에서 알 수 있다.

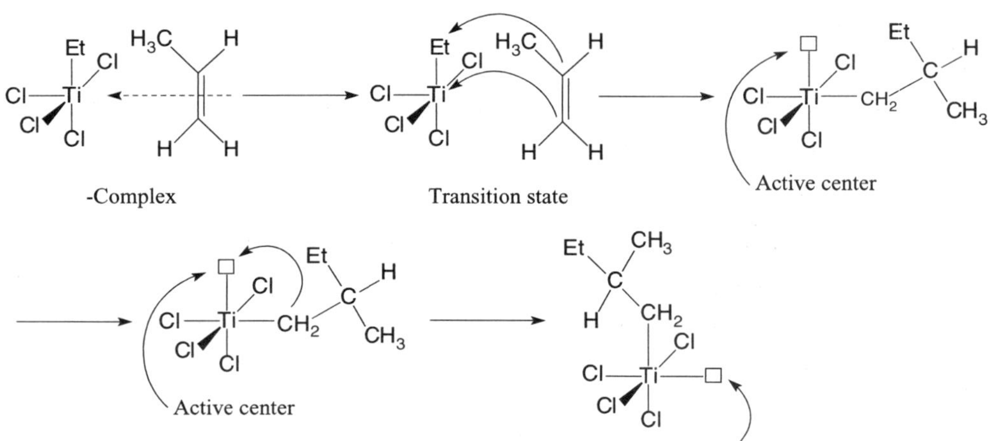

성장반응은 위 반응의 반복이고 입체규칙성은 유지된다.

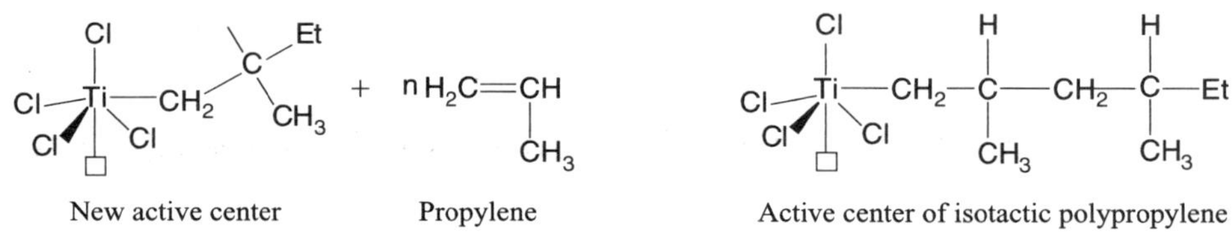

Ziegler−Natta 촉매는 대부분의 비닐 단량체에 대해 고분자의 이소탁틱 형태가 우세하도록 중합한다. 입체규칙화도는 고체화합물의 표면과 모서리의 활성 자리 노출량에 의존한다. 일반적으로, 노출된 활성점이 증가할수록 그로 인해 생긴 사슬에서 이소탁틱 부분은 감소한다.

1,3-부타디엔과 같은 공액디엔의 중합에 있어서 가능한 네 가지 형태, 즉 이소탁틱-1,2; 신디오탁틱-1,2; 트랜스-1,4; 시스-1,4 중 어느 것이든 적당한 Ziegler−Natta 촉매계를 사용함으로써 입체구조 제어가 가능하다.

분자량은 단량체와 공촉매 사슬이동 이외에 수소이동반응에 의해서 감소하며, 상업적 공정에서는 수소첨가로 분자량을 조절한다. 이소탁틱폴리프로필렌은 60°C 이상의 온도에서 제조되고, n-헵탄에 녹지 않은 고분자 비율을 이소탁틱 지수(isotactic index)로 부른다.

3. 중합체 구조

1 폴리에틸렌(Polyethylene, PE)

유기화학에서는 통례적으로 이소부탄 같은 치환기를 가진 사슬 분자를 비선형분자(non-linear molecular)라 한다. 그러나 고분자 화학자들은 관능기가 어떻게 존재하는가를 사용한다.

폴리프로필렌은 메틸 그룹을 치환기로 가지나 선형 고분자로 분류되는 반면, 저밀도폴리에틸렌(Low Density Polyethylene, LDPE)은 가지형 고분자로 분류된다. 왜냐하면 그림 1.4와 같이 폴리에틸렌의 사슬 연장 또는 곁가지의 가지점(branch points)에 의해 가지형 구조가 형성되어 고분자 사슬의 불규칙적인 공간 배열을 가지게 된다.

저밀도폴리에틸렌의 가지의 개수는 사슬 1.5개당 20개에서 사슬 하나당 2,000개에 이르기까지 다양하다. 이 가지는 간단한 알칸과 비슷하고 분자 공간이 증가함에 따라 고분자의 밀도는 감소하게 된다.

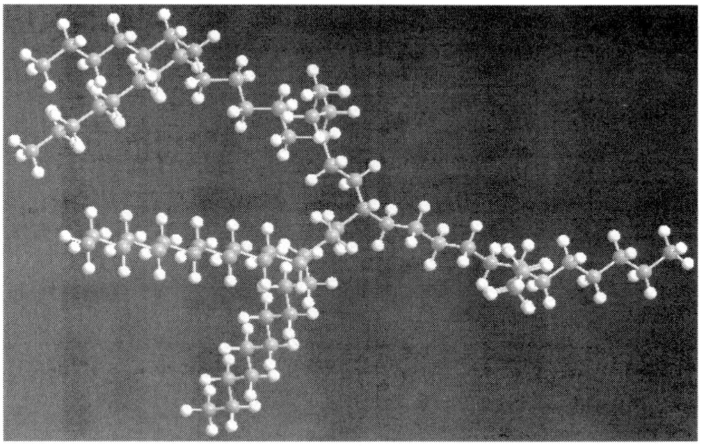

그림 1.4 • 가지형 저밀도폴리에틸렌의 구조

최근에는 저압공정으로 짧은 가지만을 가진 선형 저밀도폴리에틸렌(Linear Low Density Polyethylene, LLDPE)을 생산할 수 있게 되었다. 선형의 경우에는 강도(strength)를 가지는 반면에 가지형은 질김성(toughness)을 가진다.

폴리에틸렌은 가지의 대소에 따라 결정화도 및 밀도가 달라지는 것을 표 1.4에 나타내었다.

표 1.4 • **전형적인 폴리에틸렌의 구분**

	일반적인 구조	결정화도	밀도
LDPE	가지를 가지는 선형	<50	0.90~0.92
LLDPE	적은 수의 가지를 가지는 선형	50	0.92~0.94
HDPE	약간의 가지를 가지는 선형	90	0.95

2 폴리프로필렌(Polypropylene, PP)

폴리에틸렌에서는 하나의 반복 단위의 배열만이 존재하나 폴리프로필렌과 많은 다른 고분자들의 경우 아래와 같이 머리-꼬리(head-to-tail) 또는 머리-머리(head-to-head) 형태 등으로 다양하게 존재한다. 보통의 배열은 머리-꼬리 배열이고 관능기가 모두 사슬상에서 같은 방향이다.

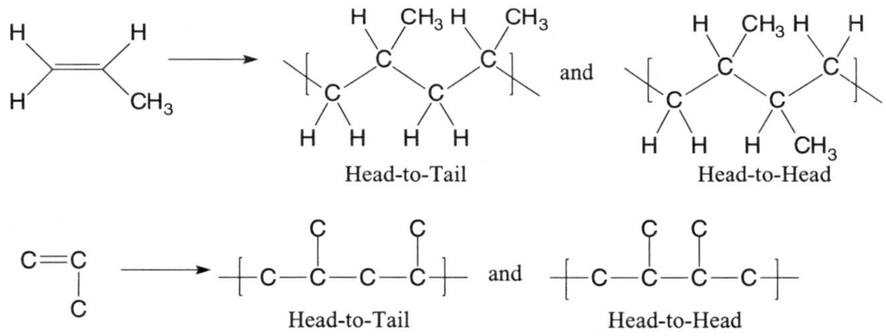

❶ 폴리프로필렌의 구조와 물성

폴리프로필렌의 물성에 영향을 주는 인자는 입체규칙성, 결정구조, 분자량 및 분자량 분포, 공중합 형태 및 공중합체 함량, 첨가제 등 매우 복합적인 형태로 나타난다. 폴리프로필렌은 동일한 수지일지라도 가공조건 변화에 따라 다른 물성을 나타낼 수 있다. 용융 가공 중 분자량/분자량분포, 전단율에 따라 민감한 영향을 받으며, 장력에 의해 유발되는 가로 및 세로방향의 배향은 물성 차이를 발생시킨다. 용융 상태인 폴리프로필렌의 냉각 속도 정도에 따라 결정화 및 결정격자 크기와 형태가 달라지며 투명성, 강성 등의 물성에 영향을 준다.

또한 연신공정 등을 통한 폴리프로필렌 분자구조의 재배열은 2차 결정화를 유도하여 결정성을 높이므로 강성 및 투명성, 기체장벽(gas barrier)성을 증가시킨다.

폴리프로필렌은 사슬 중에 CH_3기의 존재로 그림 1.5와 같은 성질이 다른 3가지 형태의 분자구조를 가진다. 아탁틱은 폴리프로필렌의 주사슬에 CH_3기가 불규칙적으로 배열된 반면, 신디오탁틱은 CH_3기가 교대로 규칙적으로 배열되어 있으며 이소탁틱은 CH_3기가 한 방향으로 규칙성 있게 배열되어 있다. 이 중 이소탁틱 폴리프로필렌만이 상업적으로 유용하며 아탁틱 및 신디오탁틱 폴리프로필렌은 일부 특수 용도로 상업화를 시도하고 있을 뿐이다.

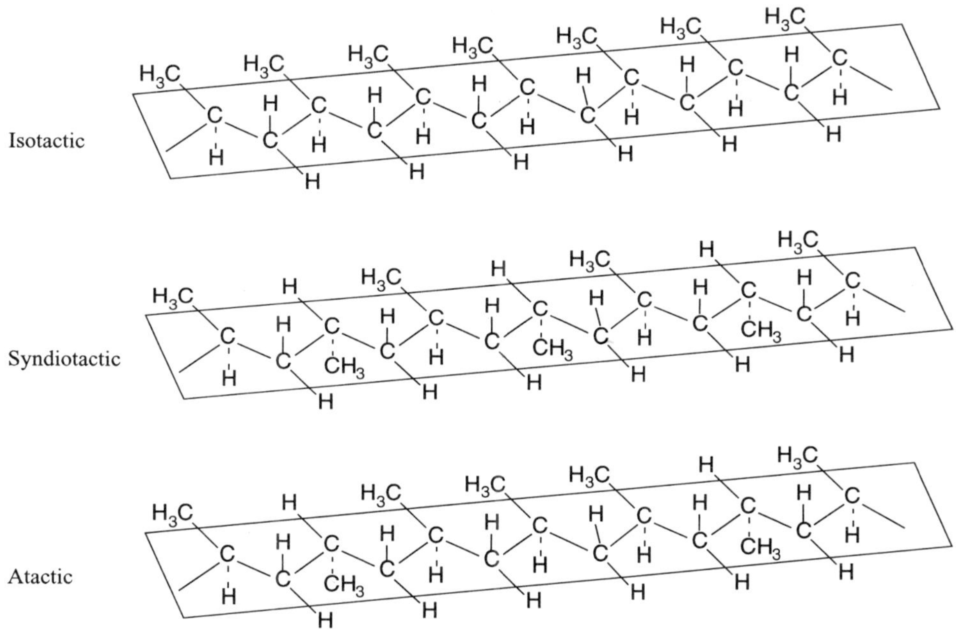

그림 1.5 • 폴리프로필렌 형태(Configuration)

입체규칙성 촉매가 개발되기 전에는 프로필렌중합 시 머리-머리(head-to-head), 머리-꼬리(head-to-tail) 구조들이 혼합되어 만들어졌으나, 촉매 개발 촉진으로 배열에 유리한 머리-꼬리 구조들이 거의 대부분 만들어진다. 입체규칙성이 폴리프로필렌의 물성에 미치는 영향은 매우 크나 직접적으로 측정할 방법이 없으므로 다음의 방법을 이용하여 추정한다.

폴리프로필렌의 입체규칙성 측정법 중 NMR은 주사슬에 관한 많은 정보를 제공하므로 정확한 측정이 가능하나 데이터의 해석이 어려우며 고가의 경비가 소요되므로 NMR을 제외한 기타 방법 중에서 비교적 정확한 측정이 가능한 가용성분법이 고분자의 입체규칙성 해석에 많이 사용된다. 일반적으로 폴리프로필렌의 이소탁틱성(isotacticity)을 측정하는 방법으로는 헵탄 불용성(이소탁틱 지수)과 크실렌 가용성 등이 있으며, 이러한 측정법들은 이소탁틱 폴리프로필렌에 비해 상대적으로 용해도가 큰 아탁틱 폴리프로필렌, 불완전한 이소탁틱 폴리프로필렌, 머리-머리 또는 꼬리-꼬리 구조의 폴리프로필렌 그리고 저분자량의 이소탁틱 폴리프로필렌을 분리해내는 방법이다.

표 1.5 • 폴리프로필렌의 입체규칙성 측정 방법

분석 방법	물리적 방법
X-선	탄성률(Modulus)
전체 가용 함량	경도
NMR	충격강도
결정화도	인장강도
녹는점	연신율 (Elongation at break)
밀도	

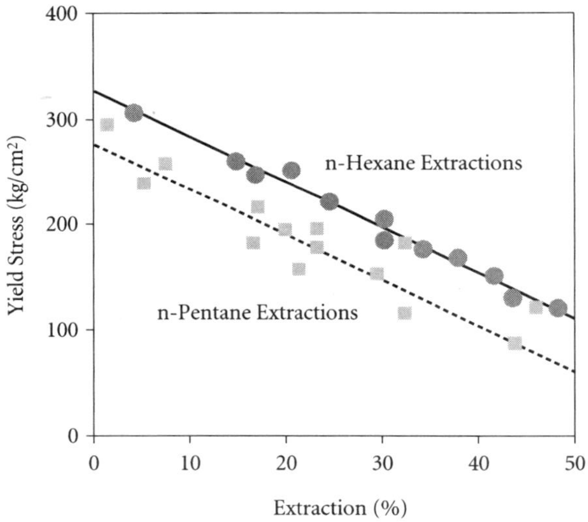

그림 1.6 • 인장강도와 폴리프로필렌 가용성

이와 같은 고분자들의 존재는 폴리프로필렌의 용해도를 높이며 폴리프로필렌 주사슬에 삽입되어 결정형성을 방해한다. 또한 폴리프로필렌 공중합체에서 공단량체 역시 결정형성을 방해하여 공단량체 함량이 많을수록 용해도가 높아진다. 상업적으로 시판되고 있는 폴리프로필렌은 약간의 아탁틱 폴리프로필렌을 포함하고 있다. 이러한 아탁틱 폴리프로필렌은 물성에는 좋은 영향을 주지 않으나 가공성을 향상시키므로 용도에 따라 적당량의 아탁틱 폴리프로필렌을 가지도록 조절하여 생산한다.

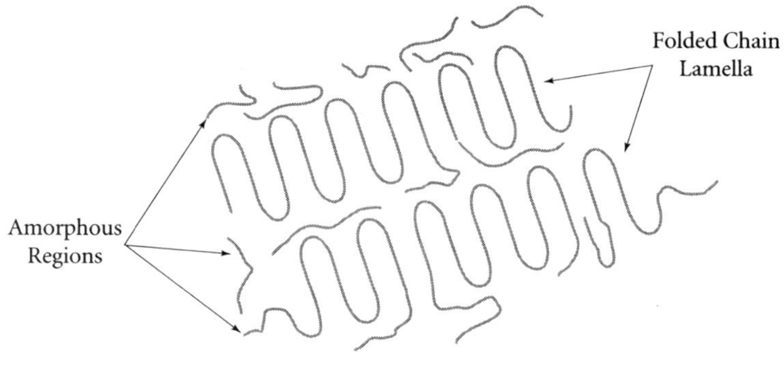

그림 1.7 • 폴리프로필렌 결정 영역

섬유, Oriented Polypropylene(OPP) 필름, 블로우 성형 등은 연신을 통해 높은 강도와 뛰어난 광학적 성질을 얻기 위한 성형방법이다. 폴리프로필렌의 연신은 고상에서의 분자배열을 의미하며 주로 용융 성형 후 후가공에 의한다. 사출성형과 같이 용융상 분자배열 역시 물성변화를 유도하지만 고상에서의 분자배열에 비해 매우 작다. 분자량이 클수록 결정 라멜라(lamellar) 사이의 분자매듭(tie molecule)을 형성하기 쉬우므로 배향에 유리하다. 배향에 의한 물성변화는 강성, 강도는 보강되나 충격강도는 배향에 무관하게 분자 엉김(entanglement)에 기인하므로 분자량이 클수록 높다.

그림 1.8에서 보여주는 바와 같이 연신은 용융점 바로 아래 온도에서 원하는 방향으로 성형품을 당김으로써 일어나는데, 이때 연신비 및 연신온도는 분자량/분자량분포 및 결정화도(%)에 따라 달라진다. 분자배향은 일차적으로 결정 라멜라가 응력방향으로 평행하게 배열함으로써 2차 결정화가 일어나며, 무정형 영역의 분자 사슬 또한 응력방향으로 배향한다.

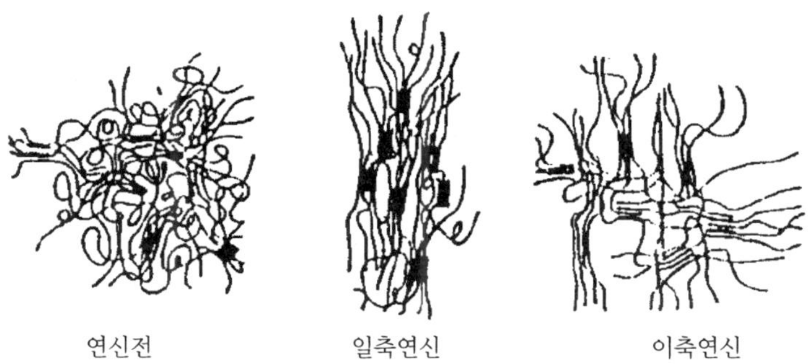

그림 1.8 • 폴리프로필렌 연신에 따른 구조 변화

좁은 분자량분포를 가진 제품은 라멜라 구조 간을 연결해주는 고분자량의 함량이 작기 때문에 배향이 줄어들고 따라서 OPP 및 섬유 성형 시 높은 연신비로 성형할 수 없다는 단점이 있다. 폴리프로필렌과 같은 고분자는 일반적으로 모두 동일한 분자량의 분자로 구성될 수 없으며 분자량이 서로 다른 분자들의 집합으로 구성되어 있다. 각 분자량에 대한 분자수의 비로 나타낸 것을 분자량분포라하며 분자량분포는 촉매 유형, 중합 조건 및 CR(control rheology)에 의해 변화시킬 수 있다.

평균분자량 및 분자량분포가 성형조건 및 물성에 가장 큰 영향을 미친다. 폴리프로필렌의 경우 동일한 촉매에서 제조된 제품은 일반적으로 동일한 분자량분포를 가지므로 평균분자량이 물성 및 가공조건에 미치는 영향이 가장 크다고 할 수 있다.

❷ 분자량 및 분자량분포(MWD)

폴리프로필렌의 분자량 측정법에는 고유점도(intrinsic viscosity)와 겔투과크로마토그라피(gel permeation chromatography, GPC)를 이용한 방법이 있으나 상기 방법은 분석시간 및 경비가 많이 소요된다. 일반적으로 동일한 촉매로 생산된 제품에서는 비교적 단시간 내에 측정 가능한 용융흐름지수(melt index, MI)가 분자량에 대한 대부분의 정보를 얻는다.

평균분자량이 동일하더라도 분자량분포가 넓은 수지는 전단속도가 높은 경우 점도가 낮아지므로 유동성이 좋아지는 반면, 분자량분포가 좁은 수지는 치수안정성, 내충격성 및 경도가 우수하지만, 가공 조건 선정이 상대적으로 어려운 단점이 있다.

❸ 공단량체(Comonomer)의 영향

폴리프로필렌 사슬에 공단량체가 첨가되면 공단량체는 폴리프로필렌 결정구조의 결함부위로 작용하고, 녹는점과 굴곡강도 저하 등 고분자 물성에 영향을 미친다. 이러한 공단량체로는 에틸렌, 1-부텐(1-butene), 1-헥센(1-hexene) 등이 사용되고 있으며 각각의 공단량체들이 폴리프로필렌 결정구조에 변화를 주므로 특이한 물성을 나타낸다. 특히 소량의 에틸렌을 공단량체로 하여 프로필렌과 공중합하게 되면 기존의 폴리프로필렌에 비해 다른 물성은 저하시키지 않으면서 가공성을 향상시킨다. 공단량체의 증가에 따른 물성변화를 표 1.6에 나타내었다.

표 1.6 • 공단량체 함량의 증가에 따른 폴리프로필렌의 물성변화

결정화도(Crystallinity)	↓
녹는점(Melting Point)	↓
열봉합 초기 온도(Heat Seal Initiation Temp.)	↓
강성(Stiffness)	↓
투명성(Clarity)	↑
충격강도(Impact Strength)	↑

❹ 에틸렌/프로필렌 랜덤 공중합체(Ethylene/Propylene Random Copolymer)

폴리프로필렌 랜덤 공중합체용 공단량체로 가장 일반적으로 사용되는 것으로서 에틸렌으로, 에틸렌 함량 1 wt%당 공중합체의 녹는점은 약 5°C 정도 저하된다. 에틸렌 함량이 6 wt% 정도일 때의 공중합체의 녹는점은 약 135°C이다. 공중합체의 녹는점과 에틸렌 함량과의 상관관계를 그림 1.9에 나타내었다.

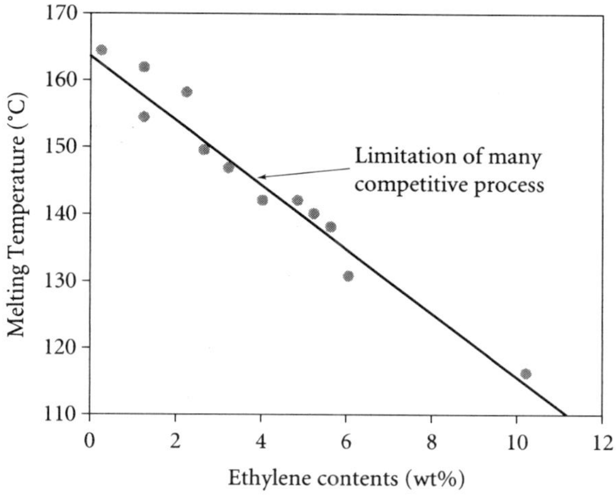

그림 1.9 • 에틸렌 함량에 따른 프로필렌/에틸렌 공중합체의 녹는점 변화

⑤ 부텐(1-butene) 공중합체

1-부텐을 공단량체로 사용한 폴리프로필렌 공중합체는 에틸렌을 사용한 제품보다 강성이 높고 크실렌 용해도가 낮은 특성을 가진다. 1-부텐 함량이 높을 때 공중합체는 녹는점이 두 개 관찰될 수 있는데, 저온에서 볼 수 있는 피크는 γ-형 결정이 생성된 것을 의미한다. (그림 1.10). 크실렌 용해도가 낮은 특성 때문에 약 15 wt%의 1-부텐 함량도 FDA 규격에 통과된다. 아래의 표 1.7은 동일 촉매를 사용하여 중합한 1-부텐과 에틸렌 랜덤 공중합체의 물성을 나타낸 것으로, MI 및 녹는점이 유사한 경우를 서로 비교하였다.

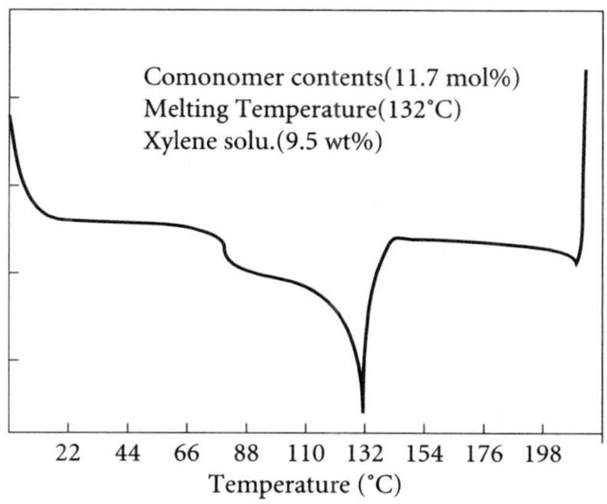

그림 1.10 • 프로필렌/1-부텐 랜덤 공중합체의 DSC thermogram

표 1.7 • 프로필렌/에틸렌 및 프로필렌/1-부텐 공중합체의 물성 비교

수지(Resin)	단위	프로필렌/에틸렌	프로필렌/1-부텐
공단량체	–	에틸렌	1-부텐
용융흐름지수(MI)	g/10min	2.8	3.0
녹는점	℃	133	133
굴곡강도	MPa	524	690
크실렌 용해물 함량(23℃)	wt%	10.5	7.0
n-헥산 용해물 함량(50℃)	wt%	2.8	1.3
공단량체 함량	wt%	5.8	15

⑥ 헥센(1-Hexene) 공중합체

1-헥센을 공단량체로 사용한 폴리프로필렌 공중합체는 1-부텐과 에틸렌 공중합체와는 달리 매우 독특한 특성을 지닌다. 그림 1.11에서는 에틸렌 공중합체와 1-헥센 공중합체의 냉각 속도에 따른 결정화온도를 나타내었다. 낮은 냉각 속도일 경우에는 헥센 공중합체의 결정화온도가 에틸렌 공중합체의 결정화온도보다 높게 나타나지만 냉각 속도가 증가하면 1-헥센 공중합체의 결정화온도가 에틸렌 공중합체에 비해 더 낮아지는 것이 관찰된다. 또한 1-헥센 공단량체의 사용시 다른 공중합체에 비해 투명성과 충격강도가 우수하다.

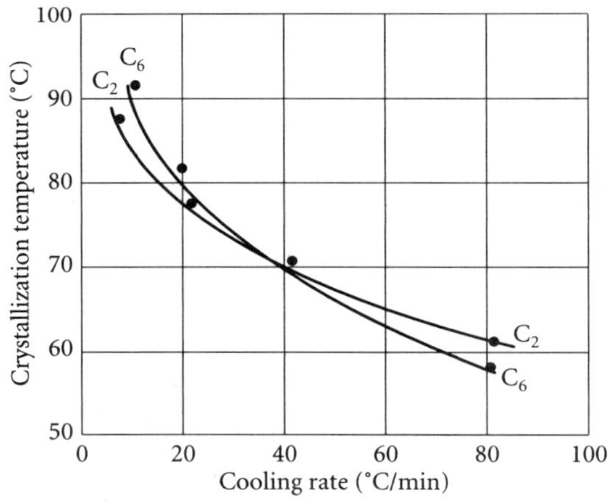

그림 1.11 • 프로필렌/에틸렌 및 프로필렌/1-헥센 랜덤 공중합체에 대한 냉각 속도와 결정화온도와의 관계

3 폴리스티렌(Polystyrene, PS)

폴리스티렌 중에서 신디오탁틱 폴리스티렌(syndiotactic polystyrene, sPS)은 신디오탁틱 입체규칙 구조를 가진 결정성 고분자로 뚜렷한 녹는점(Tm)을 가지고 있으며 표 1.8에서 주었듯이 sPS의 Tm은 이소탁틱 폴리스티렌(isotactic polystyrene, iPS)보다 30°C가량 더 높다.

폴리스티렌에서 메틸렌기와 페닐기의 C1탄소의 NMR 피크로 중합체의 입체규칙성을 확인할 수 있으며, 그림 1.12의 ^{13}C-NMR 스펙트럼에 주었듯이 특히 페닐기의 C1탄소는 폴리스티렌의 입체규칙성을 나타내는 척도이다.

표 1.8 • 입체규칙성에 따른 폴리스티렌의 성질

	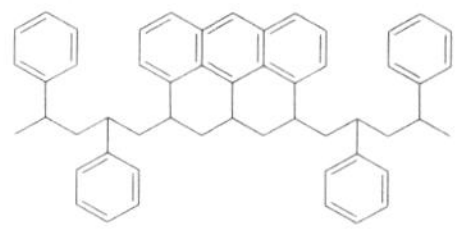 Atactic PS	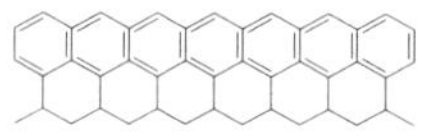 Isotactic PS 1955 G. Natta	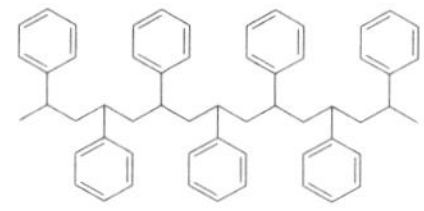 Syndiotactic PS 1985 N. Ishihara
Crystallization rate	–	slow	fast
Tg(°C)	100	99	100
Tm(°C)	–	240	270

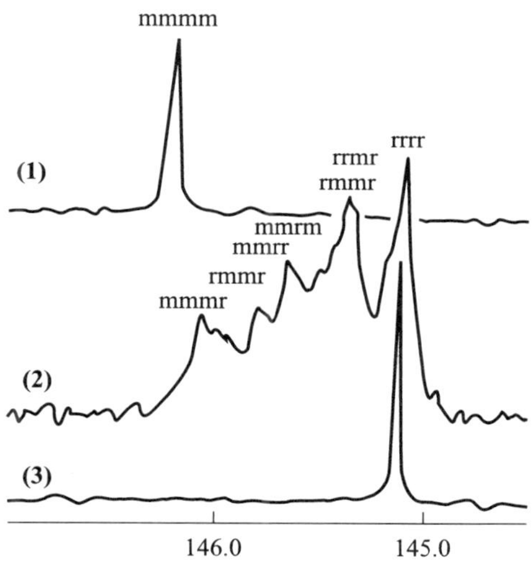

그림 1.12 • 폴리스티렌 주사슬형태에 따른 C-NMR 스펙트럼 : (1)이소탁틱, (2)아탁틱, (3)신디오탁틱

아탁틱 폴리스티렌(atactic polystyrene, aPS)은 여러 배치를 나타내는 5개의 피크를 보이며, iPS는 낮은 자장에서 mmmm 형태를 나타내는 단일 피크를 가지는 반면, sPS는 높은 자장에서 rrrr 형태를 나타내는 단일 피크를 가지고 있다.

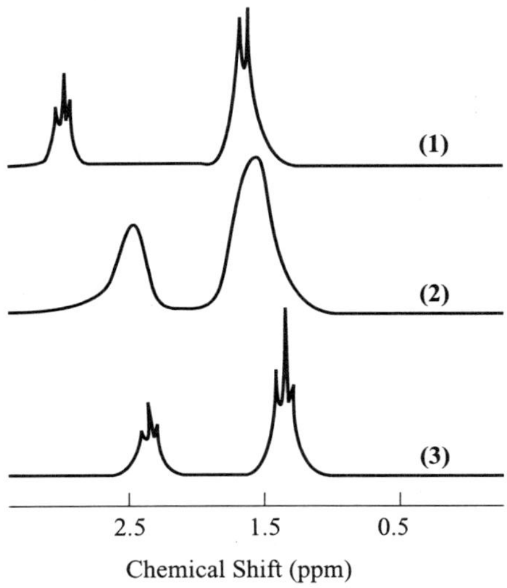

그림 1.13 • 폴리스티렌 주사슬 형태에 따른 H-NMR 스펙트럼 : (1) 이소탁틱, (2) 아탁틱, (3) 신디오탁틱

그림 1.13의 H-NMR 스펙트럼에서 aPS는 하나의 넓은 메틸렌기의 시그널을 가지나, iPS의 메틸렌기의 두 수소는 동등하지 않으므로 8개의 피크를 나타낸다. 그러나 sPS의 메틸렌 수소는 triplet으로 나타나므로 신디오탁틱 구조인 것을 알 수 있다.

iPS의 결정화속도가 너무 느려 공업적 생산에 문제가 될 수 있으나, sPS의 결정화속도는 그림 1.14에 보이듯이 아주 빨라 정밀부품의 가공면에서 유리한 점도 있다.

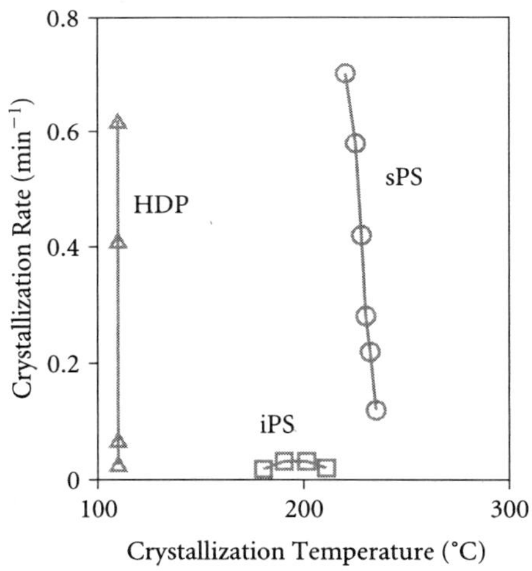

그림 1.14 • 입체규칙성이 다른 폴리스티렌의 온도에 따른 결정화속도

sPS와 녹는점이 비슷한 폴리에틸렌 테레프탈레이트(PET)의 물리적 성질과 sPS의 성질을 비교하여 표 1.9에 나타내었다.

전기적 특성을 제외하고는 PET에 비해 낮지만 강성, 내열성, 치수안정성 등의 기본적 물성을 가지고 있으며 고주파 영역에서 유전율, 유전손실이 낮아 고주파 관련기기 분야 등의 전자부품 소재로의 이용이 기대된다. 또한 내열성과 내약품성을 가지므로 자동차부품으로의 이용도 가능하다.

표 1.9 • 신디오탁틱 폴리스티렌의 물리적 성질

Property	Neat resin	sPS 10% glass filled	sPS 30% glass filled	PET 30% glass filled
Specific gravity	1.01	1.09	1.26	1.55
Tensile Strength(MPa)	35.3	71.6	118	152
Tensile Elongation(%)	20.0	3.1	2.5	2.5
Flexural Strength(MPa)	63.7	115	185	196
Flexural Modulus(MPa)	2550	4000	9020	9810
Izod Impact(KJ/m^2)	10.0	8.8	10.8	8
DTUL 1.82MPa(°C)	95	130	251	245
DTUL 0.45MPa(°C)	110	262	269	250
Dielectric const(1MHz)	2.6	2.8	2.9	3.5
Dielectric loss tangent(1MHz)	<0.001	<0.001	<0.001	0.007

4. 입체규칙성

중합체를 형성하고 있는 각 반복 단위는 여러 가지의 형태(configuration)가 가능하여 서로 다른 입체특이성을 가질 수 있다. 이러한 입체특이성은 치환기를 가진 비닐중합체 특히 올레핀 및 디엔의 중합체에 대해서는 반드시 고려되어야만 한다.

입체특이성 고분자의 합성 및 규명은 중요한 연구분야 중 하나이다. 탁틱성(tacticity)이 다른 고분자는 IR 스펙트럼, X-선 회절, 용해도, 용해속도, 밀도, 열역학적 거동 등의 특성이 달라진다. 예를 들면, 폴리메틸메타크릴레이트의 Tg는 아탁틱(atactic)의 경우 약 105°C, 이소탁틱의 경우 약 150°C, 신디오탁틱의 경우 약 115°C이다. 이런 물리적 차이의 대다수가 더욱 정렬된 물질이 결정 배향을 취하려는 경향 혹은 가능성 때문이다.

1-치환 및 1,1-이치환 비닐부가고분자의 입체기하학(geometry)은 세 가지의 형태로 나눠진다. 이소탁틱 형태는 만약 분자가 선형 사슬에 배열되고 분자를 위에서 내려다본다면 한 종류의 모든 치환기가 한쪽 면에 놓이는 경우를 말한다. 신디오탁틱 형태는 치환기의 교대배열을 유도하고, 치환기의 배치가 불규칙한 배열은 아탁틱 형태를 유도한다.

일반적으로 각각의 치환된 비닐탄소가 고분자 사슬에 포함되었을 때 잠재적인 광학적 면인 비대칭 면에 나타난다. 그러므로 광학적으로 활성탄소의 수는 2n이며 여기서 n은 비대칭 탄소의 수이다. 중합계는 다양한 사슬길이를 도입할 수 있으므로 입체기하학과 사슬길이 조합의 총 가능한 수는 매우 많다. 스티렌과 같은 일반적인 단량체조차 여러 방법으로 중합이 가능하여 다양한 형태의 사슬을 제조할 가능성이 있다.

1 올레핀 및 비닐중합체

올레핀 및 비닐중합체에서 치환기의 입체적 배열에 따라 이소탁틱(isotactic), 신디오탁틱(syndiotactic) 및 아탁틱(atactic) 중합체로 구분될 수 있으며, α-올레핀 중합체에 대해 가능한 구조를 그림 1.15에 나타내었다.

이소탁틱이나 신디오탁틱 구조를 가진 탁틱(tactic) 중합체는 그 규칙적인 형태로 인하여 보다 쉽게 결정화된다. 따라서 녹는점, 결정화도, 인장강도 등의 물성이 불규칙한 아탁틱 중합체에 비하여 우수하다. 그리고 n-헥산, n-헵탄, 톨루엔, 에테르, 케톤 등의 유기용매에 대해 아탁틱 중합체는 잘 녹나, 탁틱 중합체의 용해도는 매우 낮다. 표 1.10에 몇 가지 입체규칙성 폴리올레핀의 성질을 나타내었다.

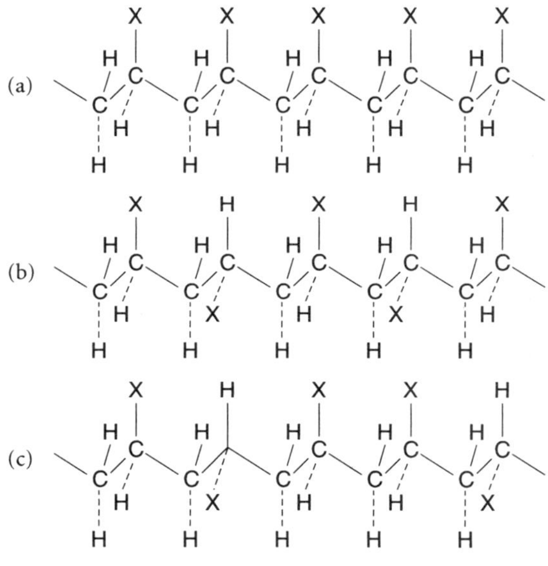

그림 1.15 • α-올레핀의 탁틱성: (a) 이소탁틱, (b) 신디오탁틱, (c) 아탁틱

표 1.10 • 올레핀 중합체의 성질

중합체	녹는점(°C)	비중(g/ml)
HDPE	137	0.95
iPP	168~172	0.91
sPP	130~135	0.89
isotactic poly(1-butene)	137	0.91
syndiotactic poly(1-butene)	125	0.91

폴리에틸렌의 밀도는 그 구조가 완전한 선형일 경우에 0.98 g/cm^3 정도의 값을 나타낸다. 그러나 Ziegler−Natta 촉매에 의하여 생산된 폴리에틸렌의 밀도는 대개 0.95~0.96 g/cm^{3}인데, 그 이유는 에틸렌이 Ziegler−Natta 촉매에 의하여 중합됨과 동시에 소량의 1-부텐 혹은 1-헥센으로 변하여 에틸렌과 함께 공중합됨에 따라 중합체의 구조가 완전한 선형으로 되지 않기 때문이다.

폴리프로필렌의 구조가 이소탁틱인 경우가 신디오탁틱의 것에 비하여 40°C 정도 더 높은 녹는점을 나타낸다. 공업적으로 생산되는 폴리프로필렌(PP)은 주로 이소탁틱 구조를 가지고 있으며, 아탁틱 성분이 소량 포함되어 있다. n-헵탄을 용제로 하여 아탁틱 성분을 추출하고 남은 중합체의 무게 %를 이소탁틱 지수(isotactic index: I.I.)라고 하여, PP의 입체규칙성 정도를 나타낸다. 그러나 PP의 유기용매에 대한 용해도는 분자량에 크게 의존하므로 분자량이 낮거나 분자량분포가 넓은 경우에는 보다 낮은 값의 I.I.가 얻어진다. 이처럼 반정량적인 용해도의 차이를 이용하는 방법 이외에 IR, X-선 회절, C-NMR 등의 기기분석법으로 탁틱 중합체의 구조 및 그 함량을 정량적으로 측정할 수 있다.

이러한 입체특이성 이외에 프로필렌의 중합 시에 머리-꼬리 또는 머리-머리(꼬리-꼬리)의 부가방법에 따른 배열선택성(regioselectivity)도 PP의 물성에 영향을 준다. 폴리프로필렌은 폴리에틸렌과 달리 사슬 축에 탄소원자가 하나씩 붙어 있어서 중합시 탄소원자의 위치를 어떻게 제어하느냐 하는 것이 중요한 문제가 된다. 지그재그형의 탄소원자 사슬 축에 하나 걸러 하나씩 붙어 있는 메틸기를 어떤 방향으로 배열하느냐에 따라서 그 성질이 달라진다. 따라서 고성능의 폴리프로필렌을 합성하기 위해서는 메틸기의 배열을 정밀히 조절하는 것이 매우 중요하다. 촉매의 구조와 대칭성의 미묘한 제어는 그 촉매로 제조된 고분자에 엄청난 영향을 미친다. 이는 효소를 사용하여 생체내의 헤아릴 수 없을 정도로 많은 복잡한 물질들을 합성해 내는 것과 같은 원리이다.

iPP와 같은 입체특이성 고분자는 활성점 입체구조 제어(enantiomorphic site control) 또는 사슬말단기 제어(chain-end control)에 의하여 생성된다. 활성점 입체 구조 제어는 촉매의 구조에 의하여 올레핀 단량체의 배위방향이 결정되는 메커니즘이며, 사슬말단기 제어는 올레핀 단량체의 배위방향이 촉매활성점에 결합되어 있는 고분자의 말단 단량체의 입체화학에 의하여 결정되는 메커니즘이다.

폴리프로필렌의 물성은 입체규칙성의 정도, 입체결함의 분포, 분자량과 분포, 고무상의 존재, 열적 기계적 처리 및 다른 α-올레핀과의 공중합 등에 의존한다.

2 디엔중합체

1,3-부타디엔이나 이소프렌과 같은 디엔은 중합 가능한 탄소-탄소 이중결합을 두 개 가지고 있어 여러 가지의 중합 양식이 가능하여, 서로 다른 구조의 중합체가 얻어질 수 있다. 즉, 탄소 1,2의 이중결합에 대한 1,2-중합, 탄소 3,4의 이중결합에 대한 3,4-중합, 그리고 두 개의 이중결합이 모두 관여한 1,4-중합이 가능하다. 1,2-중합 및 3,4-중합에 의해

얻어진 중합체에서는 비닐중합체처럼 탁틱성이 존재하며, 1,4-중합에 의한 중합체는 그 주축에 탄소-탄소 이중결합이 존재함에 따라 기하 이성체인 시스-1,4 및 트랜스-1,4의 구조를 가질 수 있다. 부타디엔의 경우에서는 1,2-중합과 3,4-중합의 구분이 불가능하다. 폴리부타디엔의 가능한 입체구조 중 몇 가지를 그림 1.16에 나타내었다.

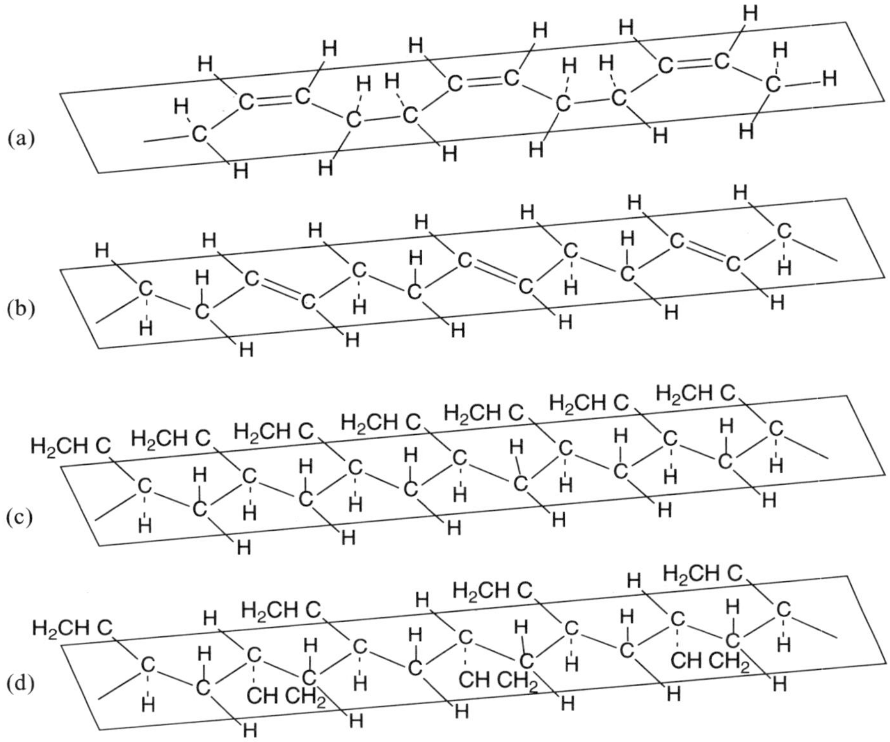

그림 1.16 • **폴리부타디엔의 입체구조 : (a) 시스-1,4 ; (b) 트랜스-1,4 ; (c) 이소탁틱-1,2 ; (d) 신디오탁틱-1,2의 구조**

디엔중합체의 경우에서도 구조에 따라 성질이 다른 것을 표 1.11에서 볼 수 있으며, 트랜스-1,4-폴리부타디엔은 두 가지의 결정형태를 가질 수 있다.

표 1.11 • **입체특이성 중합으로 얻은 폴리디엔의 구조와 성질**

Polymer	Tm(℃)	Tg(℃)	Density(g/ml)
trans-1,4-polybutadiene	145	70~75	1.02
cis-1,4-polybutadiene	3	−58	0.93
isotactic 1,2-polybutadiene	128	−102	1.01
syndiotactic 1,2-polybutadiene	156	−	0.96
cis-1,4-polyisoprene	20~30	−73	0.96
trans-1,4-polyisoprene	65	−58	1.00
3,4-polyisoprene	amorphous	−	1.04

다른 입체구조의 가능성은 공액 이중비닐화합물과 관련된 조건에서 존재한다. 예를 들어 중합 후에 반복 단위당 하나의 남은 이중결합을 포함하는 1,3-디엔은 다른 형태(configuration)를 포함할 수 있다.

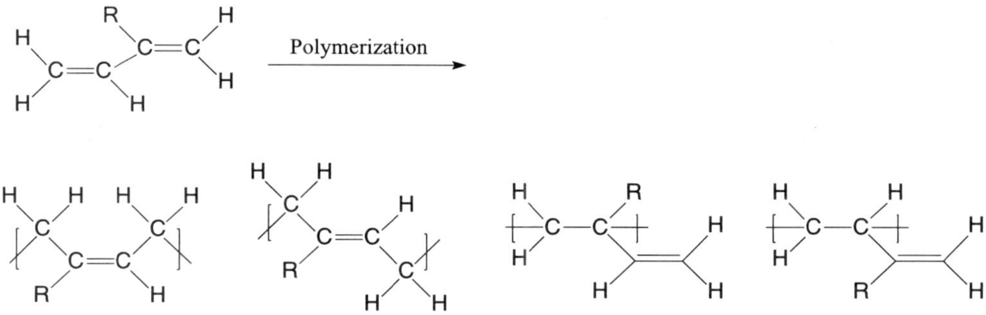

Cis-1, 4-　Trans-1, 4-　1, 2-　3, 4-

1,3-부타디엔에 대해 R=H이므로 오직 3가지 구조 시스-1,4, 트랜스-1,4와 1,2만 가능하다. 1- 및 4-이치환 부타디엔 유도체들은 반복 단위당 두 개의 비대칭 탄소원자와 하나의 이중결합을 가지는 고분자를 제조하기 위해 중합될 수 있다. 대부분의 고분자는 하나 이상의 키랄 또는 비대칭 중심을 구조 반복 단위에 가지고 키랄 센터에 두 종류의 치환체(R, R′)가 존재할 경우 디이소탁틱(diisotacticity) 가능하다. 이성질체는 아래에 보여지듯이 에리쓰로디이소탁틱(erythrodiisotactic)과 쓰레오디이소탁틱(threodiisotactic), 에리쓰로신디오탁틱(erythrosyndiotactic)과 쓰레오디신디오탁틱(threosyndiotactic)으로 구분된다.

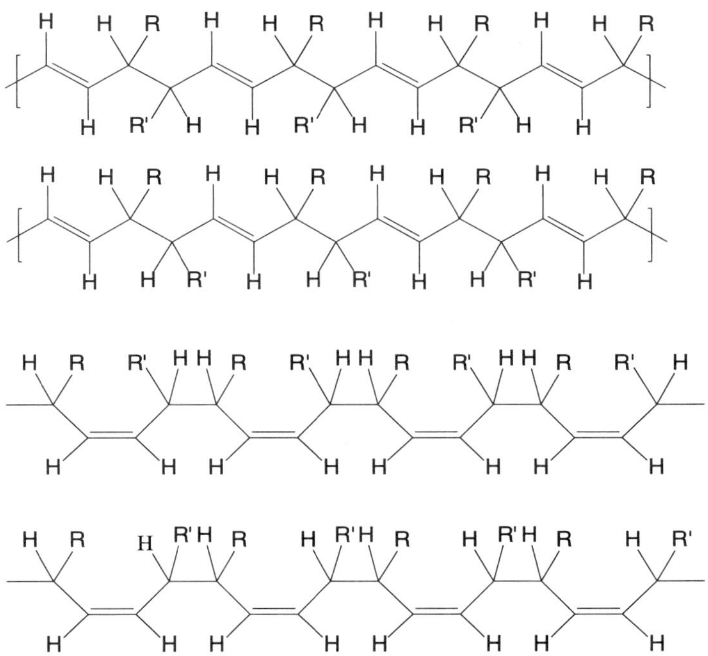

Trans-erythro

Trans-threo

Cis-erythro

Cis-threo

ORGANOMETALLIC

CATALYSTS

FOR

OLEFIN POLYMERIZATION

제 2 장

Ziegler–Natta계 중합촉매

1. 개요

Ziegler–Natta 촉매는 공업적으로 고밀도폴리에틸렌(high density polyethylene, HDPE), 선형 저밀도폴리에틸렌(linear low density polyethylene, LLDPE)과 이소탁틱 폴리프로필렌(isotactic polypropylene, iPP)을 생산하는 데 사용되기 때문에 석유화학공업에서 차지하는 비중은 매우 크다. Ziegler–Natta 촉매의 가장 중요한 특징은 생성 중합체의 입체규칙성 제어가 가능하며, 촉매와 단량체의 구조, 중합 조건, 전자주게(electron donor)의 종류 및 양 등에 따라 다양한 입체규칙성 고분자를 제조할 수 있다는 것이다.

1 발견

1953년 Karl Ziegler에 의한 에틸렌 중합용 촉매($TiCl_4/AlEt_3$)의 발명과 1954년 Guilio Natta에 의한 입체규칙성 폴리프로필렌 중합용 촉매($TiCl_3/Al(C_2H_5)_2Cl$)의 발명은 금세기 후반에 촉매와 고분자화학 분야에서 가장 중요한 업적 중 하나라 할 수 있다. Ziegler 촉매는 1954년 Hoechst와 Montecatini(현 Basell)에서 HDPE의 시험생산에 최초로 적용되었으며, Natta 촉매는 유기용매에서 $TiCl_4$와 $AlEt_3$의 혼합물질 $TiCl_3$를 제조하고 이를 이용하여 얻은 폴리프로필렌의 이소탁틱 지수(isotactic index: I.I.)는 35~40% 정도로 낮았다. 그 후 Natta 등은 결정성 $TiCl_3$와 $AlEt_3$을 사용하여 프로필렌을 중합함으로써 I.I.가 80~90% 수준인 폴리프로필렌을 얻을 수 있게 되었고, 공업적 생산을 가능하게 하였다. 더 중요한 개선은 α-$TiCl_3$를 γ- 혹은 δ-$TiCl_3$로 대체하고 공촉매로는 $AlEt_3$를 Et_2AlCl

로 대체한 것이다. Ziegler–Natta 촉매의 발명은 고분자공업의 새로운 지평을 열어 PE, PP의 대량생산을 가능케 하였다.

Ziegler–Natta 촉매 발명 후 1957년 이탈리아의 Montecatini사가 PP를 세계 최초로 슬러리공정에서 상업 생산했다. 당시 섬유로서 우수한 성질을 가짐으로써 꿈의 섬유라 하여 기술도입을 위해 많은 회사가 Montecatini사에 내왕한 것을 일컬어 "Monte Story"라고 하게 되었다. 그러나 촉매의 활성은 약 20 g-PP/g-cat·atm·h 정도로 낮고 입체규칙성 지수인 I.I.도 약 90%로 낮아 고분자 중 촉매잔사를 제거하기 위한 탈회공정과 부생하는 아탁틱 폴리프로필렌(aPP)을 제거하기 위한 공정이 필요하였다.

Ziegler–Natta 촉매는 I-III족의 유기금속화합물(예: $Al(CH_3)_3$(TMA), $Al(C_2H_5)_3$(TEA), $(C_2H_5)_2AlCl$(DEAC), $(C_2H_5)AlCl_2$(EADC), $Al(i\text{-}Bu)_3$(TIBA)등)과 IV~VIII족의 전이금속 할로겐화합물(예: $TiCl_4$, $TiCl_3$, $TiBr_3$, VCl_4, $VOCl_3$ 등)의 복합체로 구성된다. 이들 원소의 모든 조합이 올레핀 중합에 활성을 가지지는 않으며 가장 많이 사용되는 원소는 Ti와 Al이다. 일반적으로 Ziegler–Natta 촉매는 반응액 중 고체로 남아있게 되어 불균일상 촉매로 존재한다.

2 발전

초기의 Ziegler–Natta 촉매는 중합활성 및 입체규칙성이 모두 낮아 중합 후 잔존촉매 및 아탁틱 성분의 제거 등 제조공정도 상당히 복잡하였으며, 이러한 문제 해결을 위한 촉매의 개량연구가 요구되었다. 촉매의 개량은 전이금속의 산화상태 변화에 의해 중합활성 및 입체규칙성이 향상된 촉매제조, $MgCl_2$ 등 표면적이 높은 담지체에 담지시켜 중합활성이 향상된 촉매제조 및 전자공여체라는 제3성분의 첨가에 의해 입체규칙성이 향상된 촉매제조 등으로 요약할 수 있다.

이온성 결정인 $TiCl_3$는 $TiCl_4$로부터 수소에 의한 환원, 금속(Al, Mg, Zn, As, Sn 등)에 의한 환원, 유기금속화합물 등에 의한 환원 방법으로 만들어지며, 환원 조건에 따라 α-, β-, γ-, δ-$TiCl_3$로 4종의 결정구조가 된다고 알려져 있다. $TiCl_4$를 저온에서 수소 혹은 알킬알루미늄 화합물로 환원하면 갈색의 β-$TiCl_3$가 얻어지며, β-$TiCl_3$는 선상의 결정구조로서 촉매활성은 낮으나 고온으로 환원하거나 또는 금속에 의해 환원하면 자주색의 층상구조를 가진 α- 또는 γ-$TiCl_3$가 얻어진다. 특히 Al 화합물로 환원해서 얻어지는 γ-$TiCl_3$를 분쇄하면 촉매활성이 우수한 δ-$TiCl_3$로 전환된다(표 2.1, 표 2.2).

1972년 Solvay사는 β-$TiCl_3$를 알킬알루미늄 화합물로 처리한 후 $TiCl_4$와 반응시켜 비표면적이 큰 촉매(100~200 m^2/g)를 개발하였다. 이 촉매는 δ-$TiCl_3$보다 10배 정도 높은 활성을 나타내었고, 입체규칙성도 향상되어 I.I.가 95% 이상이어서 벌크 공정에 적용하게 되었으며, 탈회공정의 생략이 가능하게 되었다(그림 2.1).

획기적인 촉매개량의 진전은 $MgCl_2$에 담지시킨 $TiCl_4$ 촉매계에 전자공여성 화합물을 첨가함으로써 달성되었다. 역사적으로 보면 담지촉매 개발은 Shell사에서 1960년부터

표 2.1 • $TiCl_3$ 제조

반응
$TiCl_4 + H_2 \xrightarrow{800^\circ C} \alpha\text{-}TiCl_3$
$TiCl_4 + \text{alkylaluminium} \xrightarrow{\text{Low Temp.}} \beta\text{-}TiCl_3 \cdot xAlCl_3$
$TiCl_4 + Al \xrightarrow{\text{Reduction}} \gamma\text{-}TiCl_3 \cdot xAlCl_3$
$\alpha\text{-}TiCl_3 + AlCl_3 \xrightarrow{\text{Grinding}} \delta\text{-}TiCl_3 \cdot xAlCl_3$

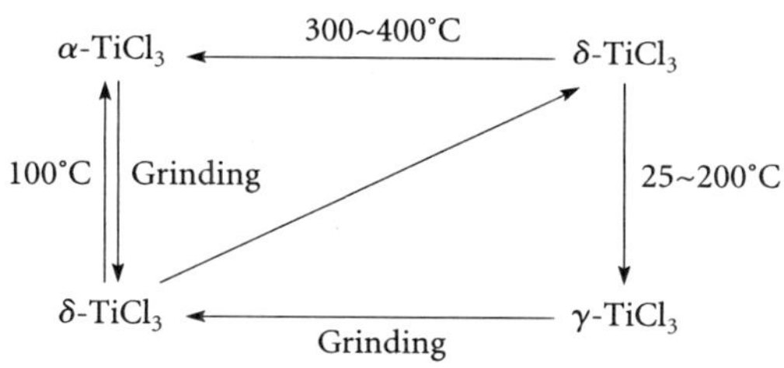

표 2.2 • $TiCl_3$ 결정형태

상	색	결정형태	촉매 활성(g-PP/g-Cat.)	I.I.(wt%)
α-$TiCl_3$	자주색	Hexaconal Close Pack	56	82.4
β-$TiCl_3$[a)]	갈색	선형 사슬	561	76.2
γ-$TiCl_3$[b)]	자주색	Cubic Close Pack	102	86.1
δ-$TiCl_3$	자주색	Hexagonal plus Cubic Close Pack	1,150	89.8

Polymerization condition : 142 psi C_3, 3.2 psi H_2, 70°C, 4hrs. [DEAC]/[Ti] = 4,
a) 0°C, $TiCl_4$ + $(C_2H_5)_2AlCl$, b) $TiCl_4$ + $AlCl_3$

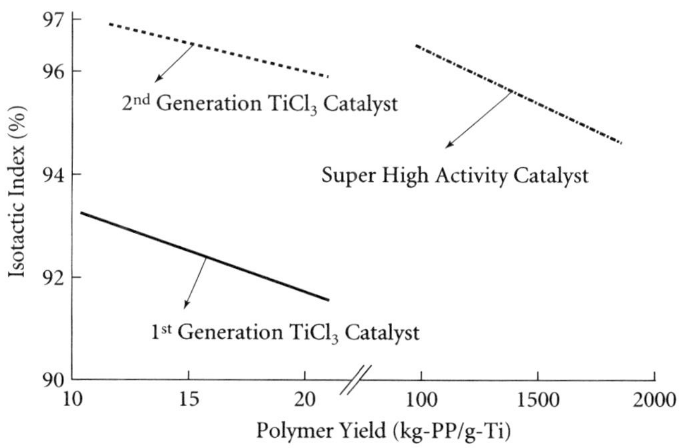

그림 2.1 • Solvay 촉매의 활성도 및 이소탁틱 지수 관계

시작되었지만, $MgCl_2$ 담지촉매가 상업적으로 프로필렌중합에 최초로 적용된 것은 1975년 Mitsui 석유화학과 합작한 이탈리아 Montedison에 의해서였다. 이에 따라 Montedison은 1978년 기존의 폴리프로필렌 생산시설에 촉매만을 교체시키는 데 성공하였다. 그 결과 전형적인 슬러리법 제조공정에서 촉매잔사 제거공정을 생략하여 공정을 단순화하였으나, 경제적인 우위를 점하기 위해서는 보다 개량된 촉매가 필요하였다.

그 후 $MgCl_2$를 알코올에 용해한 후 $TiCl_4$와 반응시키는 용해추출 제조법에 의해서 촉매입자의 크기가 조절된 고성능 촉매가 개발되었다. 이 촉매는 Himont사의 Spheripol 공정과 Mitsui 석유화학의 Hypol 공정에 적용되었는데, 이 촉매계를 제 3세대 촉매라 하며 이로써 처음으로 완전한 공정을 달성할 수 있었다.

Ziegler−Natta 촉매의 변천을 크게 3세대로 구분하면 다음과 같다. 소위 제1세대 Ziegler−Natta 촉매라고 일컬어지는 비담지 불균일상 촉매는 전이금속 할로겐 화합물($TiCl_4$)을 주촉매로, 유기금속화합물($Al(C_2H_5)_3$)을 조촉매로 한다. 전이금속으로는 Ti이 가장 많이 사용되며 기타 V, Zr, Cr 등이 역시 사용된다. 유기금속으로는 Al, Zn, Be, Mg 등이 사용되며 Al이 가장 많이 이용되고 있다. Ti 화합물로는 $TiCl_4$, $TiCl_3$, $TiCl_2$ 등이 있으며 $TiCl_4$는 액상이고, $TiCl_3$ 및 $TiCl_2$는 고체 상태인데, $TiCl_3$가 가장 높은 활성을 가진다. 중합반응 도중 Ti(III)→Ti(II)로의 환원이 부반응으로 진행되는데, 이는 촉매퇴화의 원인이 될 수 있다. 그러나 제1세대 Ziegler−Natta 촉매는 활성이 낮아 촉매 잔사 제거 단계가 필요한 점 등의 여러 문제가 대두되어 개선이 필요했다.

제2세대 Ziegler−Natta 촉매라고 불리는 Solvay 촉매는 제1세대 촉매보다 높은 촉매 활성과 입체규칙성을 갖는데, 일반적으로 다음과 같은 방법으로 제조된다. $TiCl_4$와 DEAC를 저온(1°C)의 n-헥산 중에 혼합하여 65°C까지 서서히 가열한 후 1시간 동안 유지하고, 생성물질을 13 vol% Diisoamyl ether(DIAE)와 n-헥산 혼합물에 현탁시키면 $AlCl_3$가 용해되어 고체 덩어리로부터 추출되는데, 이 과정에서 큰 비표면적을 갖게 된다. 생성된 물질을 과잉의 40 vol% $TiCl_4$의 n-헥산 용액으로 65°C에서 2시간 가량 처리하면 갈색의 Solvay 촉매가 얻어진다. Solvay 촉매의 개발로 더욱 안정된 고체 $TiCl_3$가 공업적으로 이용되기 시작했으나, 고체 내부의 Ti는 반응에 이용될 수 없었기 때문에 반응에 직접 이용되는 Ti는 약 0.1~1% 정도에 불과했다. 활성점이 $TiCl_3$ 결정 표면 위에 격자 결합 상태로 있는 Ti로 알려짐에 따라 다른 금속을 $TiCl_3$ 결정에 혼합시키거나 다른 금속용액에서 추출을 통해 격자 결합을 증가시키려는 시도가 있었으나, 활성이 크게 향상되지 않았다. 또한 활성점을 더 증가시키기 위해 담지체 표면에 Ti을 담지시키려는 시도가 있었으나, 단순히 금속산화물이나 활성탄에 Ti을 담지시킨 방법으로는 활성을 현저하게 증가시키지는 못했다.

제3세대 Ziegler−Natta 촉매는 촉매활성을 향상시키는 것에 목적을 두고 촉매활성점의 수를 증가시키는 방향으로 발전하였다. 비활성 고체인 무수 결정 $MgCl_2$의 표면에 Ti 화합물을 담지시킴으로써 높은 활성을 얻을 수 있었고, 루이스염기(전자공여체)를 도입하여 높은 입체규칙성을 갖는 폴리프로필렌을 얻을 수 있었다. 이러한 담지촉매는 촉매잔사 제거 및 비결정성 성분 추출공정이 필요 없는 수준의 활성과 입체규칙성을 가지므로 공업적으로 중요하게 되었다. 전이금속을 담지시킴에 따라 촉매의 활성이 증가하는 것은 활성을 가진 전이금속의 활성점이 담지하기 전에 비해 현격하게 증가하며, 성장반응 속도상수 자체도 10배 정도로 증가하기 때문이다.

표 2.3 • 폴리프로필렌 중합촉매의 개발 경과

촉매계	촉매성능 (kg-PP/g-Cat.)	활성(kg-PP/g-Ti)	I.I.(%)	공정 특징
제1세대 촉매 $TiCl_3 + AlCl_3/AlEt_2Cl$	0.8~1.2	3~5	88~91	촉매잔사 제거공정, 폴리프로필렌 정제공정 필요
제2세대 촉매[a)] $TiCl_3 + AlEt_2Cl$	3~5	12~20	95	촉매잔사 제거공정 필요
제3세대 촉매[b)] $MgCl_2/TiCl_4 + AlR_3/ED$	5	300	92	폴리프로필렌 정제공정 필요
제4세대 촉매[c)] $MgCl_2/ID/TiCl_4 + AlR_3/ED$	15	600	98	촉매잔사 제거, 폴리프로필렌 정제공정, 펠렛공정 생략 가능

a) 슬러리중합 70℃, 7 bar, 4 hr, b) 고활성 3세대 촉매, c) 슬러리중합 35℃, 상압, 2 hr

2. 촉매 성분

Ziegler–Natta 촉매를 사용하여 얻은 폴리올레핀 중에서 가장 대표적인 것은 iPP이며, 사용하는 촉매의 조성 및 첨가제의 유무에 따라 입체규칙성이 다르게 되는 것을 표 2.4에 나타내었다.

Ziegler–Natta 촉매는 이성분계 촉매로 IV~VIII족의 전이금속화합물과 I~III족의 유기금속화합물이 주로 사용된다. 전형적인 보기로 $TiCl_3$ 또는 $TiCl_4$와 삼알킬알루미늄을 함께 사용하며, 공업적으로 수많은 종류의 촉매계가 사용되고 있다. 또 Ti, V, Cr, Co 및 Ni 등의 전이금속화합물의 종류와 결정형태도 촉매 성능에 큰 영향을 준다.

표 2.4 • 여러 가지 촉매계에 의한 PP의 입체규칙성

촉매계	입체규칙성(I.I%)
$R_3Al + TiCl_4$	35
$R_3Al + \alpha\text{-}TiCl_3$	85
$R_3Al + \beta\text{-}TiCl_3$	45
$R_3Al + TiCl_4 + NaF$	97

(계속)

(계속)

$R_3Al + TiCl_4$ + P,As 또는 Sb 화합물	98
$R_3Al + TiCl_3$ + amine	81
R_3Al + Ti(O-iso-Bu)$_4$	20
R_3Al + V(acac)$_3$	0
$R_3Al + Ti(C_5H_5)Cl_2$	70~90
$R_3Al + Ti(C_5H_5)Cl_2$	85
$R_2AlX + TiCl_3$	90~99
$RAlX_2 + \gamma\text{-}TiCl_3$ + amine	>99
$RAlX_2 + TiCl_3$ + HPT	97
$RNa + TiCl_3$	90
$RNa + TiCl_4$	90
$RLi + TiCl_4$	90
$R_2Zn + TiCl_3$	65
$R_2Zn + TiCl_3$ + amine	93

여러 가지 전이금속화합물과 TEA 공촉매를 사용하여 프로필렌을 중합할 경우에 전이금속의 종류, 산화상태, 결정형태 등에 따른 입체규칙성의 변화를 표 2.5에 나타내었다.

혼합촉매의 성능은 공촉매인 유기알루미늄화합물의 종류에 따라 다르며, 보통 사용되는 유기알루미늄 화합물로는 TEA, TIBA, DEAC, EADC 등이 있다.

결정성 고체인 $TiCl_3$를 지방족 탄화수소 중에서 현탁 상태로 한 후 유기알루미늄화합물 용액을 더하면 유기금속의 혼합촉매가 생성된다. 액체인 $TiCl_4$는 강한 환원제 역할을 하는 알킬알루미늄에 의하여 환원되어 산화수가 감소된다.

Ti^{+4}가 환원하여 생성된 Ti^{+3}는 에틸렌, 프로필렌, 1-헥센, 1,3-디엔류 등 α-올레핀에 대해 중합활성을 가지는 반면에, Ti^{+2}는 에틸렌에 대해서만 중합활성을 나타낸다. 그리고 활성점은 그 배위상태에 따라 1개 또는 2개의 빈 배위자리(vacant site)를 가질 수 있는데, 프로필렌에 대해서는 2개의 빈 배위자리를 가진 활성점은 aPP를 만들고 1개의 빈 배위자리의 활성점은 iPP를 생성한다.

표 2.5 • PP의 입체규칙성에 대한 전이금속의 영향

전이금속화합물	입체규칙성(I.I. %)
$TiCl_4$	48
$TiBr_4$	42
$TiCl_3$(α, γ or δ)	80~92

(계속)

(계속)

$TiCl_3(\beta)$	40~50
$ZrCl_4$	55
VCl_3	73
$CrCl_3$	36
VCl_4	48
$VOCl_3$	32

촉매의 각 성분이 반응하여 혼합촉매가 생성되는 데는 시간이 필요하기 때문에 반응 즉시 활성이 최고점에 도달하지 않는다. 따라서 대부분의 경우에 촉매성분을 일정 시간 동안 반응시키는데, 이것을 촉매의 숙성(aging)이라고 부른다. 촉매성분을 숙성한 후 단량체를 주입하여 중합을 시작한다.

유기금속 혼합촉매를 사용하는 중합에서는 용제로 지방족이나 방향족 탄화수소가 많이 사용되며, 보통 20~100°C 사이의 온도에서 중합한다. Ziegler–Natta 중합은 불균일상으로 진행되기 때문에, 교반속도에 따른 확산뿐만 아니라 고체인 전이금속화합물의 입자크기도 중요한 인자가 된다.

Ziegler–Natta 촉매는 대부분 불균일상으로 사용되고 있으며, 중합이 진행됨에 따라 불균일상 촉매입자 내로 단량체가 확산하여 촉매입자는 더 작은 소입자로 균열되며 각 소입자는 각각의 중합체 소입자를 형성한다. 한편 중합반응에 의하여 발생한 반응열에 의하여 중합체 입자 내부의 온도가 상승하면 중합체 입자 내로부터 외부로 열전달이 이루어진다.

중합체 입자에서 일어나는 단량체의 물질 전달과 열전달을 고려하여 보면 중합개시 후 1초 이내에 중합체의 온도가 최고치에 도달하며 촉매입자의 크기에 따라 이 최고온도는 급격히 상승한다. 따라서 중합반응기의 원활한 운용을 위해서는 촉매입자의 크기가 작고 입자크기의 분포가 균일해야한다. 특히 촉매가 주입되는 부분에 반응열의 축적이 많이 이루어지지 않도록 세심한 주의가 필요하다.

3. 중합 메커니즘

올레핀 중합에서 Ziegler–Natta 촉매는 두 성분의 단순한 배위체가 활성점으로 거동하는 것이 아니며, 숙성 동안에 다음과 같은 반응에 의해 활성점이 만들어진다. 먼저 두 금속 사이에 치환기의 교환이 일어나 전이금속과 탄소와의 결합이 형성된다.

$$AlR_3 + TiCl_4 \longrightarrow R_2AlCl + RTiCl_3$$
$$R_2AlCl + TiCl_4 \longrightarrow RAlCl_2 + RTiCl_3$$

이렇게 생성된 유기티탄화합물은 불안정하여 아래와 같은 환원 분해가 일어나게 된다.

$$RTiCl_3 \longrightarrow R\cdot + TiCl_3$$
$$R_2TiCl_2 \longrightarrow R\cdot + RTiCl_2$$

이 과정에서 전이금속이 환원되어 낮은 산화상태로 되며 채워지지 않은 빈 배위자리를 가지게 되는데, 이 낮은 산화상태의 전이금속 종이 실제로 촉매의 활성점이 된다. 이렇게 형성된 낮은 산화상태의 전이금속에 있는 빈 배위자리에 올레핀이 배위하여 π-착물을 만들게 되는데, 이러한 π-착물의 생성은 전이금속의 높은 산화상태에서는 불가능하다.

올레핀의 배위거동과 부가에 대한 메커니즘으로는 두 가지가 알려져 있는데, 하나는 전이금속의 빈 배위자리에 올레핀이 배위된다는 단금속(monometallic) 메커니즘이고, 다른 하나는 전이금속과 알루미늄 원자 모두가 올레핀의 배위에 관여한다는 두금속(bimetallic) 메커니즘이다.

두금속 메커니즘은 그림 2.2에 나타내었듯이, Ti와 Al 사이에 알킬기는 다리결합을 만들게 되고(a), 올레핀이 π-배위한 (b) 후에 Ti-탄소 결합에 올레핀이 삽입되어 새로운 다리결합 종을 만든다(d). 이러한 배위 및 삽입과정을 되풀이하여 중합체가 형성하게 된다. 위의 두 메커니즘은 균일계촉매에 대해서도 모두 적용될 수 있으며, 불균일계에 있어서는 결정표면의 결함도 입체특이성에 영향을 미치게 된다.

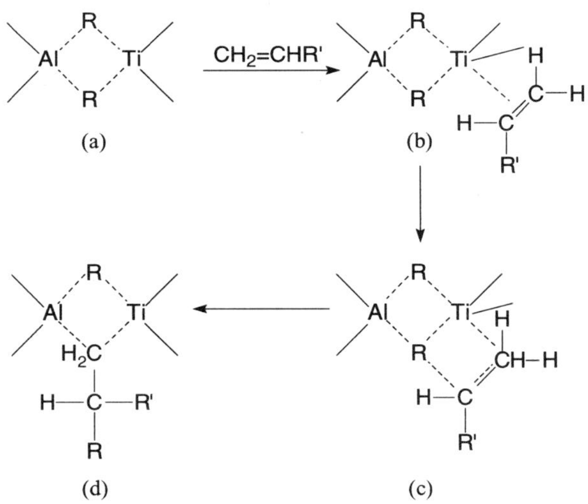

그림 2.2 • 올레핀 중합의 두금속 메커니즘

그림 2.3에 나타낸 것이 단금속 메커니즘으로, 전이금속의 빈 배위자리에 올레핀이 배위하고(a), 그 다음에 R기가 금속에서 올레핀으로 이동하게 된다(b). 따라서 올레핀이 약한 금속-탄소 결합 사이에 삽입되고, 다음에 들어오는 올레핀이 새로운 빈자리에 배위

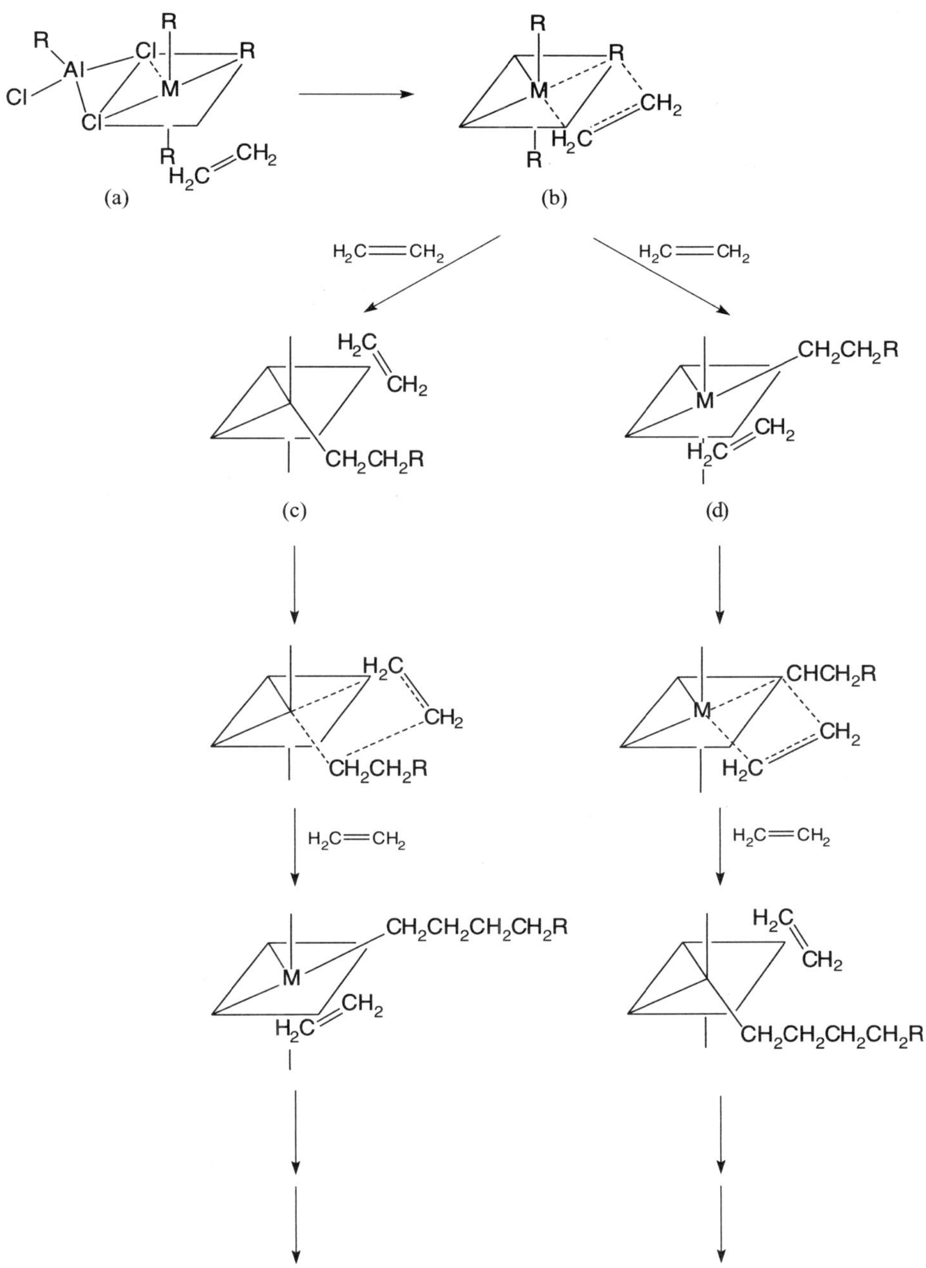

그림 2.3 • 올레핀 중합의 단금속 메커니즘

하고 금속-탄소 결합 사이에 삽입되는데, 삽입방법은 금속-탄소 결합의 전환(switch)방법과 빈 배위자리의 위치에 따라 달라진다(c 또는 d).

프로필렌중합에 대한 반응 메커니즘은 표 2.6으로 요약될 수 있다.

표 2.6 • 프로필렌 중합의 반응 기구

개시반응

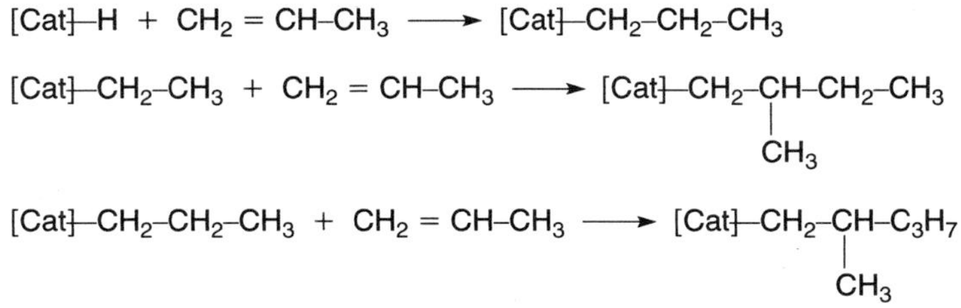

성장반응

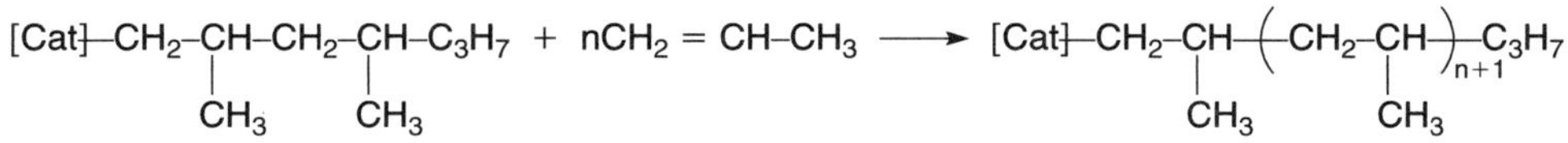

정지반응

(불균일화 반응)

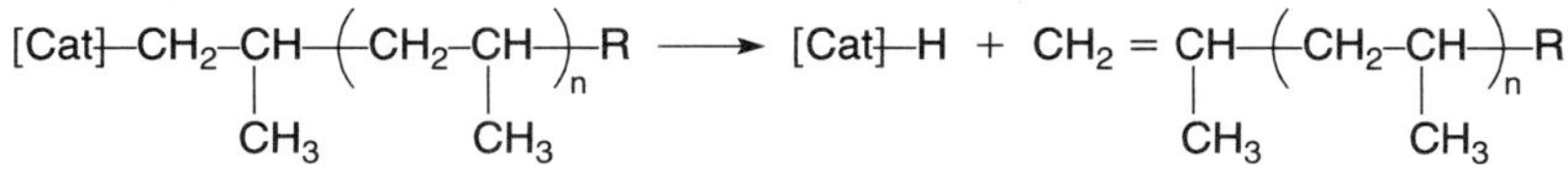

(AlR_3에 의한 이동)

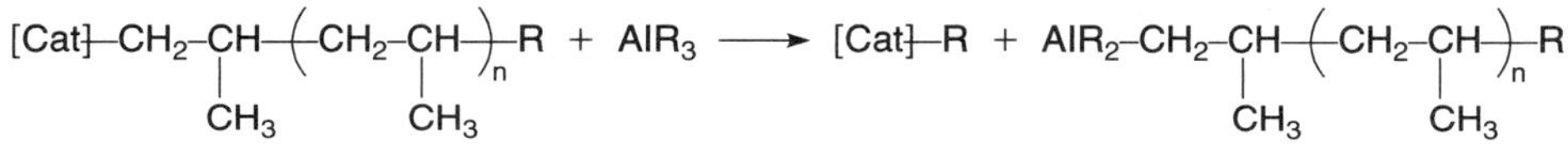

(단량체에 의한 이동)

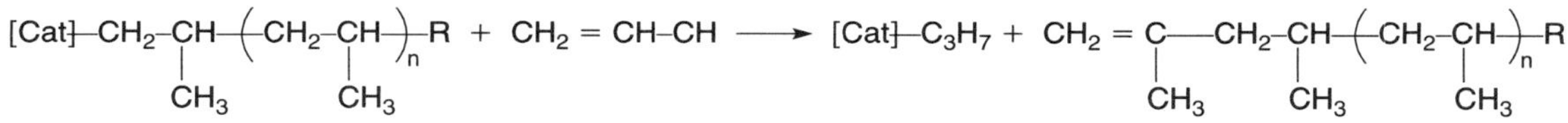

(H_2에 의한 이동)

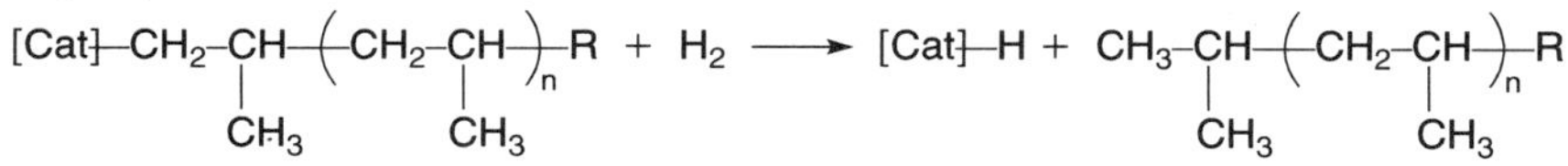

*[Cat]–H, [Cat]–R : 활성점

폴리프로필렌의 분자량은 성장반응과 사슬이동반응에 의하여 결정되며, 특히 수소에 의한 사슬이동반응의 속도가 가장 빠르므로 PP의 분자량을 수소의 농도로 조절할 수 있다.

일반적으로 Ziegler−Natta 촉매에 의하여 생산되는 폴리올레핀은 대부분의 경우에 분자량분포가 넓은데, 불균일상의 Ziegler−Natta 촉매에는 다양한 활성점이 존재하기 때문이다.

1960년 Cossee는 성장 중인 고분자 사슬과 단량체가 촉매의 중심금속 원자에 동시에 일시적인 결합을 형성한다고 제안하였다. 성장사슬말단은 단량체에 전기적으로 끌리게 되어 결국 단량체 쪽으로 이동하게 되며, 결과적으로 단량체는 성장사슬에 삽입 결합하여 성장사슬은 더욱 자라게 된다. 사슬이 이동해간 빈 위치에는 새로운 단량체가 결합하여 다시 사슬의 이동반응이 일어나게 되고, 이러한 연속적인 반응의 결과로 고분자 사슬은 계속 성장하게 된다고 제안하였다. 그 중 하나는 사슬 말단 제어(chain-end control)라고 불리우는 방법으로, 몇몇 촉매가 영하 30도 내지 영하 80도의 저온에서 보여주는 거동이다. 이러한 저온에서는 촉매에 배위되어 있는 고분자 사슬의 이동 속도가 느려지게 되어 어느 정도 길이를 가지는 이상적인 단량체 배열이 가능하게 된다. 프로필렌 단량체의 입체 배향을 제어하는 두 번째 방법은 촉매 자체의 입체 대칭성을 조절함으로써 단량체가 원하는 방향으로만 삽입되도록 하는 것이다. 이는 마치 자물쇠의 열쇠와 같은 원리로, 구조와 방향이 일치하는 열쇠가 아니고는 자물쇠를 열 수 없다.

촉매의 중심금속에는 두 개의 반응 장소가 있어서 각각 성장사슬과 단량체가 배위하고 그 후 성장사슬이 이동하여 단량체 삽입이 일어나 사슬이 성장하게 된다. 그러나 각 반응 장소에 단량체가 배위 될지라도 그 배향이 두 개의 반응 장소가 항상 같은지는 알 수 없다는 것이다. Cossee는 직관적으로 성장사슬이 이동하여 단량체가 삽입되고 난 후에 비어 있는 자리에 새로운 단량체가 삽입되기 전에 성장사슬이 아주 빠른 속도로 원래의 자리로 되돌아가면 단량체는 항상 같은 방향으로만 배향되고 따라서 iPP의 제조가 가능하다고 생각하였다. 중합반응 메커니즘의 설명이 30년 동안 계속되었으나, 오늘날까지도 촉매활성점의 실제 구조와 반응성, 입체규칙성의 인자에 영향을 주는 요소는 아직 불확실하다.

Arcus는 단량체의 배위와 삽입 모양에 대한 중요성을 지적하고 새로운 이론을 제안하였다. 프로필렌은 두 가지 입체이성질적(enantiotoc)인 re(rectus)면과 si(simister)면을 가진 잠재적 광학활성(prochiral) 단량체이다. 한 면에서(–re–re–re–, 혹은 –si–si–si–) 계속 진행되는 반응은 일정 배향을 가진 반응으로 설명되는 반면 (–re–si–re–si–)의 반복적 단계로 진행되는 것은 교대 반복 배향(alternative presentation)에 해당된다. 시스(cis) 혹은 트랜스(trans)를 부가하는 모양은 단량체의 분자 평면 관점에서 단량체 단위가 이웃 단위에 연결되는 두 결합 방법을 설명한다. 일정한 부가모형의 상태에서(항상 cis 혹은 trans), 일정한 배향은 이소탁틱 고분자를, 교대 반복 배향은 신디오탁틱 고분자를 만드나, 실험적으로 중수소 치환 단량체를 사용하여 IR 혹은 NMR 분석을 한 결과 cis-부가가 이소, 신디오 과정 모두에서 일어난다는 것을 알았다. 두 번째 관점은 촉매 성질의 명확화로서 일반적인 이론은 고분자 사슬이 Ti 원자에 붙어있다는 것이다. Cossee에 의하면 그림 2.4에서 나타내었듯이 Ti 원자에 대해 팔면체 구조를 가정하면, 촉매활성점은 불포화 배위(coordinatively unsaturated)된 것으로 추측된다. 이는 Ti 원자가 네 개의 염소원자와 결합되어 있고(두 개는 다른 Ti 원자와 결합됨), 1개의 메틸기($AlEt_3$로부터 온)에 결합되어 있다. 비어있는 배위자는 단량체 분자에 의해 포화되며, 그 후 Ti-C 결합의 사각 고리(four-center) 메커니즘으로 단량체가 삽입된다.

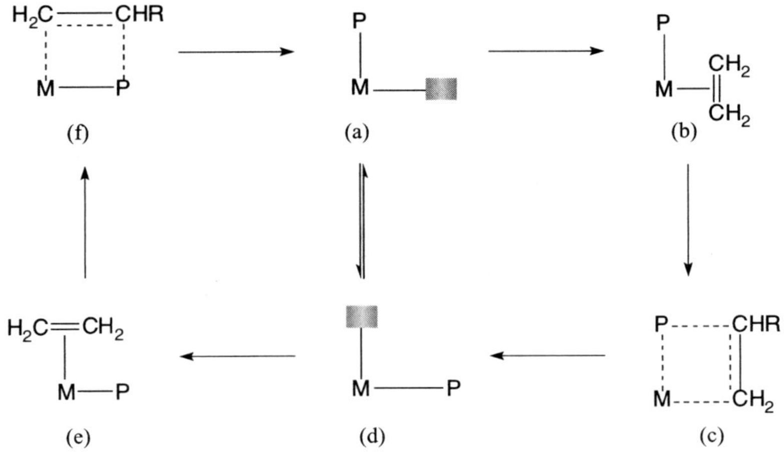

그림 2.4 • 모노머 삽입 메커니즘

세 번째로 가장 흥미로운 것은 입체규칙 제어에 영향을 주는 인자들에 대한 설명이다. 효소에 의해 생성되는 화학반응을 제외한다면, 프로필렌중합이 가장 입체규칙성 화학반응(stereospecific chemical reaction)이라는 것이다. 입체규칙적 순도, 메조디아드(meso-diads)가 98~99%에 달하며, 이러한 값은 유기 혹은 무기화학에서 매우 찾기 힘든 값이다. 형성된 고분자 사슬은 고분자 중합 과정에서 성장하는 사슬 끝 부분은 광학적 활성(chiral)을 가지며, 입체규칙 제어는 비대칭 합성(asymmetric synthesis)의 모든 특징을 갖고 있다. 일반적으로 특정한 입체이성질체의 합성은 반응계에 어떤 광학활성 인자인 사슬말단기의 광학적 활성과 촉매활성점의 광학적 활성에 기인한다고 할 수 있다. 전자의 경우는 1,3-비대칭 유도에 의해 입체규칙성이 나타나며, 촉매활성의 경우에는 $TiCl_3$의 Ti 원자가 D3 대칭성을 가지고 있기 때문이다. 위 두 가지 요인의 구별은 입체화학적 결함(stereochemical defect)이 발생한 후 고분자 구조가 어떻게 달라지는가를 관찰함으로서 가능하다. 사슬말단제어(chain-end control)의 경우에는 입체적으로 한번 바뀌진 결함(original mistake)은 바꿀 수 있는 회복력이 없다. 그래서 진행되는 사슬은 기존 사슬의 반대 방향으로 배향된 치환체를 가지며 중합이 진행되는데, 그림 2.5의 5의 경우가 이에 해당된다. 이와 대조적으로 촉매활성점이 광학활성을 가지고 있으면 사슬의 원래 구조로 복원시키는 힘을 갖는다(그림 2.5의 6).

위 경우는 NMR에 의해 명확히 구분된다. 즉 전자의 경우에는 ^{13}C-NMR에서 메틸 영역에서 펜타드의 mmmr과 mmrm에 해당되는 두개의 피크가 동등세기를 가진 것으로 관찰된다. 후자의 경우에는 세 개의 특성 피크가 관찰되는데, 2:2:1의 비율로 mmmr, mmrr과 mrrm에 해당하는 피크들이 관찰된다.

중합 메커니즘의 입체화학적 특성을 표 2.7에 나타내었다. iPP는 γ-$TiCl_3/AlEt_2Cl$ 촉매계로 얻을 수 있으며, sPP는 $VOCl_3/AlEt_2Cl$ 촉매계로 얻을 수 있다.

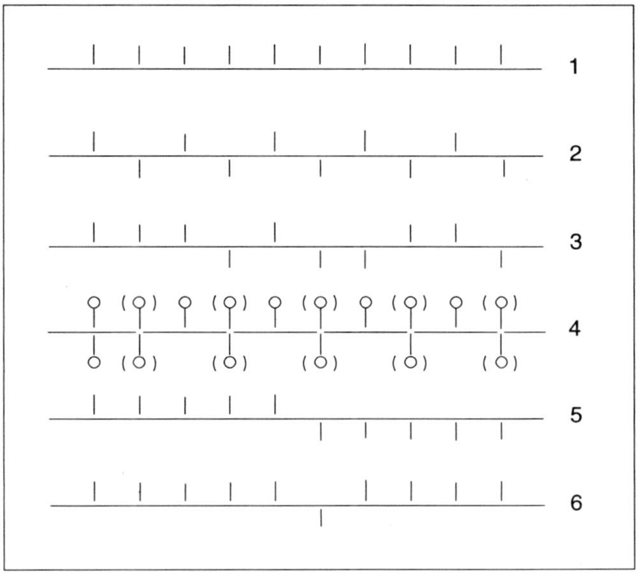

그림 2.5 • 고분자 사슬의 간소화한 Fischer 투사

1. 이소탁틱 고분자, 2. 신디오탁틱 고분자, 3. 아탁틱 고분자, 4. 헤미이소탁틱 고분자,
5. 사슬말단을 제어하여 중합한 경우에 우세한 입체화학적 결합(mistake),
6. 촉매로 제어하여 중합한 경우에 우세한 입체화학적 결합

표 2.7 • Ziegler-Natta 촉매 중합 메커니즘의 입체화학적 특징

고분자 구조	촉매	삽입	부가	외형	입체제어의 유래	입체화학적 순도
이소탁틱	불균일계	1차	*cis*	일정	촉매	높음
신디오탁틱	불균일계	2차	*cis*	교대	사슬말단	낮음

중합 메커니즘은 분자 역학적 계산을 기초로 Corradini에 의해 검증되었다. 이는 촉매활성점의 광학활성은 간접적 방식으로 단량체 삽입의 입체화학을 제어하는데, 촉매활성점의 광학적 활성은 성장하는 사슬을 일정한 구조를 취하도록 한 후 리간드(결정의 염소원자)와 사슬구조의 영향으로 단량체의 한 면(re면 혹은 si면)만이 배위되는 모델을 제안하여 그 중합 메커니즘을 검증한 것이다.

중요한 중합 메커니즘에 대한 명확한 증거는 없지만, 지금까지 제시한 여러 이론들 중에서 두금속과 단금속 메커니즘이 일반적으로 인정받고 있는 이론이다.

두금속 메커니즘은 Natta 등에 의해 처음으로 제시되었으며, 고분자가 성장하는 촉매의 활성점이 금속알킬과 탄소와의 결합 외에도 전이금속과 탄소와의 결합이 관여한다는 이론으로 촉매활성점에서의 Al-탄소 및 Ti-탄소 결합이 고분자가 성장하는 데 작용하는 이론이다. Ti-탄소결합만이 고분자가 성장하는데 관계가 있다는 단금속 메커니즘으로는 복잡하게 일어나는 알킬금속의 역할을 완전히 설명할 수 없다. 또한 금속알킬을 제거한 후 다른 종류의 금속알킬을 첨가하였을 경우에 중합반응 속도가 새로이 첨가된 금속알킬 고유의 중합 속도의 거동을 따른다는 점이 두금속 메커니즘을 뒷받침한다고 할 수 있다.

이에 반해, Cossee에 의해 처음 제안된 단금속 메커니즘은 전이금속만이 고분자 성장에 기여한다는 이론으로, 금속알킬이 없는 경우에도 전이금속에 의하여 프로필렌중합이 진행된다는 것이 이를 뒷받침하고 있다. Nielsen은 $TiCl_3$결정의 가장자리에는 3종류의 활성점이 존재할 수 있으며 이들 활성점은 공촉매에 의해 활성 및 비활성이 결정된다고 하였다.

참고문헌

1. J. Boor Jr., *"Ziegler–Natta Catalysis and Polymerization"*, Academic Press, New York, 1979.
2. S. van der Ven, *"Polypropylene and Other Polyolefins: Polymerization and Characterization"*, Elsevier, Amsterdam, 1990.
3. E. Albizzati, U. Giannini, G. Collina, L. Noristi and L. Resconi, in: *"Polypropylene Handbook"*, ed. E.P. Moore Jr., Carl Hanser, Munich, 1996, Chap. 2.
4. J.J.A. Dusseault and C.C. Hsu, *J. Macromol. Sci. Rev. Macromol. Chem. Phys.* **C 33**, 103 (1993).
5. G. Fink, R. Mülhaupt and H.H. Brintziger, eds., *"Ziegler Catalysis"*, Springer, Heidelberg, 1994.
6. P.C. Barbë, G. Cecchin and L. Noristi, Adv. Polym. Sci. 81, 1 (1986).
7. Y.V. Kissin, *"Isospecific Polymerization of Olefins with Heterogeneous Ziegler–Natta Catalysts"*, Springer, New York, 1985.
8. P. Corradini, V. Barone, R. Fusco and G. Guerra, *Eur. Polym. J.* **15**, 133 (1979).
9. P. Corradini, V. Barone, R. Fusco and G. Guerra, *J. Catal.* **77**, 32 (1982).
10. P. Corradini, V. Barone and G. Guerra, *Macromolecules* **15**, 1242 (1982).
11. P. Corradini, V. Barone and G. Guerra, *Eur. Polym. J.* **20**, 1177 (1984).
12. V. Venditto, G. Guerra, P. Corradini and R. Fusco, *Eur. Polym. J.* **27**, 45 (1991).
13. P. Corradini and G. Guerra, *Prog. Polym. Sci.* **16**, 239 (1991).
14. E. Magni and G.A. Somorjai, *Appl. Surf. Sci.* **89**, 187 (1995).
15. E. Magni and G.A. Somorjai, *Surf. Sci.* **341**, L1078 (1995).
16. E. Magni and G.A. Somorjai, *Surf. Sci.* **345**, 1 (1996) 1.
17. E. Magni and G.A. Somorjai, *J. Phys. Chem.* **100**, 14786 (1996) .
18. E. Magni and G.A. Somorjai, *Surf. Sci.* **377**, 824 (1997).
19. E. Magni and G.A. Somorjai, *Catal. Lett.* **35**, 205 (1995).
20. G.A. Somorjai, *"Introduction to Surface Chemistry and Catalysis"*, Wiley, New York, 1994.
21. D.P. Woodruff and T.A. Delchar, *"Modern Techniques of Surface Science"*, Cambridge University Press, Cambridge, 1994.
22. D. Briggs and M.P. Seah, *"Practical Surface Analysis, Vol. 1"*, Wiley, Baffins Lane, Chichester, 1990.
23. J.L. König, *"Spectroscopy of Polymers"*, American Chemical Society, Washington, DC, 1992.
24. D.L. Bower and W.F. Maddams, *"The Vibrational Spectroscopy of Polymers"*, Cambridge Uni-

versity Press, New York, 1988.

25. D.O. Hummel, in: *"Polymer Spectroscopy"*, ed. D.O. Hummel Chemie, Weinheim, 1974.
26. E. Schröder, G. Müller and K.F. Arndt, *"Polymer Characterization"*, Carl Hanser, München, 1989.
27. P.J. Hendra and J.K. Agbenyega, *"The Raman Spectra of Polymers"*, Wiley, New York, 1993.
28. J.L. König, L.E. Wolfram and J.G. Grasselli, *Spectrochim. Acta.* **22**, 1223 (1966).
29. C.D. Bain, *J. Chem. Soc. Faraday Trans.* **91**, 1281 (1995).
30. Y.R. Shen, *Nature* **337**, 519 (1989).
31. Y.R. Shen, *Ann. Rev. Phys. Chem.* **40**, 327 (1989).
32. P. Guyot-Sionnest and Y.R. Shen, *Phys. Rev.* **B35**, 4420 (1987).
33. P. Guyot-Sionnest, J.H. Hunt and Y.R. Shen, *Phys. Rev. Lett.* **59**, 1597 (1987).
34. D. Zhang, Y.R. Shen and G.A. Somorjai, *Chem. Phys. Lett.* **281**, 394 (1997).
35. D.H. Fairbrother, J.G. Roberts, S. Rizzi and G.A. Somorjai, *Langmuir* **13**, 2090 (1997).
36. D.H. Fairbrother, J.G. Roberts and G.A. Somorjai, *Surf. Sci.* **399**, 109 (1998).
37. J.G. Roberts, M. Gierer, D.H. Fairbrother, M.A. Van Hove and G.A. Somorjai, *Surf. Sci.* **399**, 123 (1998).

ORGANOMETALLIC

CATALYSTS

FOR

OLEFIN POLYMERIZATION

제 3 장

$MgCl_2$ 담지 Ziegler–Natta 중합촉매

ORGANOMETALLIC CATALYSTS FOR OLEFIN POLYMERIZATION

1. 필요성

프로필렌의 중합에 사용되는 가장 대표적인 Ziegler－Natta 촉매로는 $TiCl_3$이었으나, 이러한 단순한 촉매계는 촉매활성이 낮고 생성된 PP의 I.I.도 낮아 개선이 필요하였다. 따라서 앞 장에서 언급하였듯이 촉매활성을 높이기 위하여 $MgCl_2$ 등의 담지체를 사용하며, I.I.를 증가시키기 위하여 여러 가지의 루이스염기를 첨가제로 도입한 고효율 촉매가 개발되어 공업적으로 사용되고 있다.

Ziegler와 Natta에 의한 촉매발견은 전이금속 촉매계를 사용한 올레핀의 배위중합의 기원이 되었다. 이 촉매는 HDPE, LLDPE, iPP와 같은 선형 폴리올레핀의 개발을 가능하게 했고, 반면 고압 라디칼중합은 가지가 많은 LDPE의 합성을 가능하게 했다. 따라서 현재의 일반적인 폴리올레핀은 그들의 발견에 의해 산업에 적용되고 있다.

그러나 $TiCl_3$ 촉매의 활성도는 너무 낮아서 폴리올레핀의 상업적 생산공정에서는 촉매 잔존물의 제거공정(deashing process)이 필요한데, 이들 잔존물이 있다면 폴리올레핀이 색을 띄거나 주형 기계들을 부식시키기 때문이다. 더욱이 PP의 경우에는 그들의 입체규칙성이 낮아서 상당한 양의 aPP가 함유되어 있다. 이러한 aPP가 PP의 물성을 저하시키기 때문에 aPP를 제거하는 단계 또한 PP의 상업적 생산공정에서 필요하다. 따라서 앞의 요소들을 제거하기 위한 특별한 설비와 에너지가 필요 없을 수준의 촉매활성과 입체규칙성을 향상시켜야 한다. 그러기 위해서는 $TiCl_3$ 촉매의 활성보다 100배 큰 활성을 가지고, 96% 이상의 높은 I.I.를 가져야 한다.

Natta가 프로필렌중합에 대해 발견한 $TiCl_3/AlEt_2Cl$계 촉매는 비교적 높은 I.I.를 나타내지만 중합활성은 아주 낮다. 중합활성종이 $TiCl_3$ 결정 표면 위에 존재하고 있으리라 생각되어 우선 촉매의 표면적을 크게 하려는 시도가 있었다. Solvay사는 Al으로 환원하여 얻은 $TiCl_3$의 표면층에 있는 $AlCl_3$를 에테르로 추출하여 다공질의 $TiCl_3$를 제조하였다. 이 방법에 의해 활성은 수백 배 증가했으나 촉매를 제거하는 공정이 여전히 필요하였다.

담지형 촉매의 제조도 활발히 진행되어 담지체로써 $MgCl_2$가 특히 우수하다는 것이 판명되었으며, 최근에는 $Mg(OEt)_2$를 담지체로 사용한 촉매가 보고되어 있다. 특허에서 본 담지형 프로필렌중합촉매의 종류를 살펴보면, 원래 $MgCl_2$담지형 고활성 촉매로는 $MgCl_2$를 $TiCl_4$-에틸벤조에이트(ethylbenzoate, EB) 착물과 공분쇄하여 얻은 Montedison형과 $MgCl_2$와 EB의 분쇄생성물을 과량의 $TiCl_4$로 처리한 후 헵탄 등의 유기용제로 씻어내어서 만든 Mitsui형이 가장 대표적인 것으로, 이들을 기초로 하여 공업촉매가 발전되어 왔다. 이 획기적인 촉매는 종래의 촉매와 비교해볼 때 프로필렌중합촉매에 요구되는 가장 기본적인 중합활성과 생성된 PP의 입체규칙성이 모두 현저히 높았다.

실제의 공업적 생산에 있어서는 이러한 기본적 특성 이외에 활성의 지속성, 생성 고분자의 분자량 조절에 많은 연구가 진행되었으나, 물리적인 방법에 의한 밀링(milling)으로는 제조한 담지체로는 위의 모든 문제를 해결하지 못하였다. 이후 화학적 방법으로 $MgCl_2$를 제조하는 연구가 진행되었고, 그 결과 $MgCl_2$를 알코올이나 $Ti(OBu)_4$ 등에 용해시킨 후 이것을 다시 석출시키는 방법에 의해 문제는 거의 해결되었다. 또한 이러한 용해석출법에 의해 중합활성, 생성 고분자의 I.I. 및 밀도를 동시에 개선할 수가 있었다. 이 방법은 종래의 $TiCl_3$ 촉매에 있어서의 Solvay법처럼 $MgCl_2$ 담지형 고활성 촉매의 교과서적인 제조법으로서 널리 사용되고 있다.

그러나 촉매의 고성능화에 필요한 EB와 같은 방향족 단일에스테르의 첨가량이 비교적 많아 생성 고분자 속에 그 일부가 남아 냄새를 가지게 되는 문제점이 있었다. 그 해결책으로 EB 대신에 방향족 디에스테르와 유기규소화합물인 페닐테트라에톡시실란(phenylteraethoxysilane, PTES)을 사용한 촉매가 개발되어 탈취는 물론 촉매 성능도 개량되었다. 그러나 이들 촉매는 다성분으로 이루어져 있기 때문에 그 구조가 매우 복잡하며 각 성분의 역할에 대해서도 불분명한 점이 많았다.

촉매의 불균일화란 균일한 활성점을 가지는 $TiCl_4$ 용액을 $MgCl_2$나 실리카와 같은 담지체와 반응하여 고체상의 담지촉매를 만드는 것을 말하는데, 이는 촉매의 실용화를 위해 매우 중요한 과정이다. 그림 3.1은 $TiCl_4$ 촉매의 불균일화를 개괄적으로 나타낸 것이다.

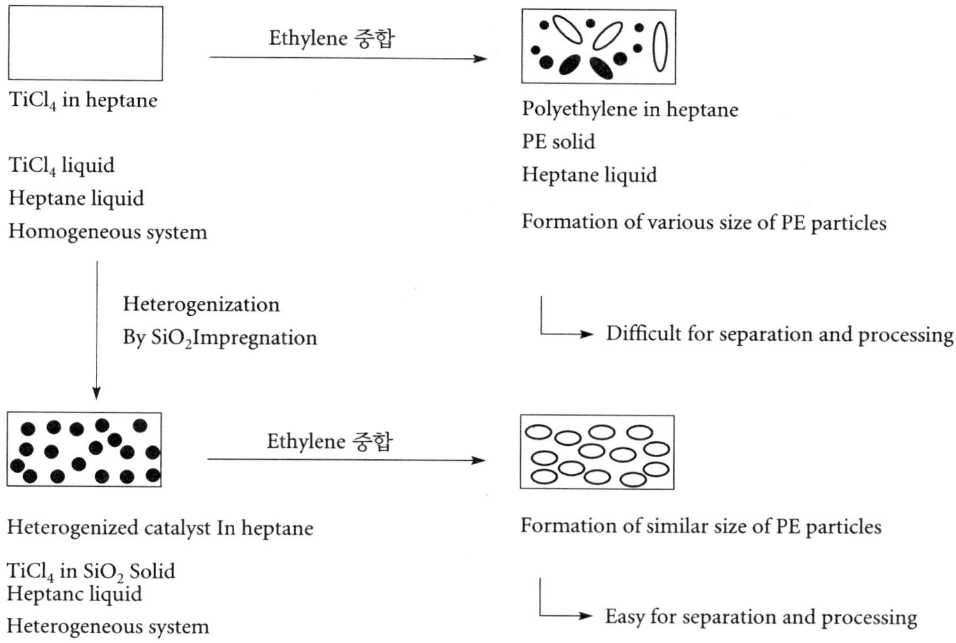

그림 3.1 • $TiCl_4$의 불균일화 모형

그림에서 보는 바와 같이 촉매의 불균일화는 중합반응 자체의 특성 향상보다는 생성 고분자의 분리와 가공 및 균일한 반응성 측면에서 필요한 과정이다. 일반적으로 촉매의 불균일화는 촉매의 구성성분을 적당한 담지체에 물리적으로 침투(impregnation)시켜 이루어진다. 적당한 담지체는 물리적으로 균일한 외형과 크기 분포를 가지고 적당한 기공구조를 가져야 하고 용매 접촉 시나 가열 등의 조건하에서 안정해야 하는 등의 특성을 가져야 하고 더욱 중요한 것은 불균일화로 반응성을 손상시키지 않아야 한다.

현재 전 세계적으로 PP 생산공정은 대부분 $MgCl_2$-담지 $TiCl_4$ 촉매를 사용하고 있다. 이러한 담지촉매의 개발로 프로필렌중합에서 촉매의 활성과 입체규칙성이 크게 향상되었고 PP 제조공정도 다음 그림 3.2에 주어진 것처럼 촉매 잔사 제거, 분리, aPP 제거, 용매 회수 및 정제 등의 공정이 필요 없이 단순화되었다.

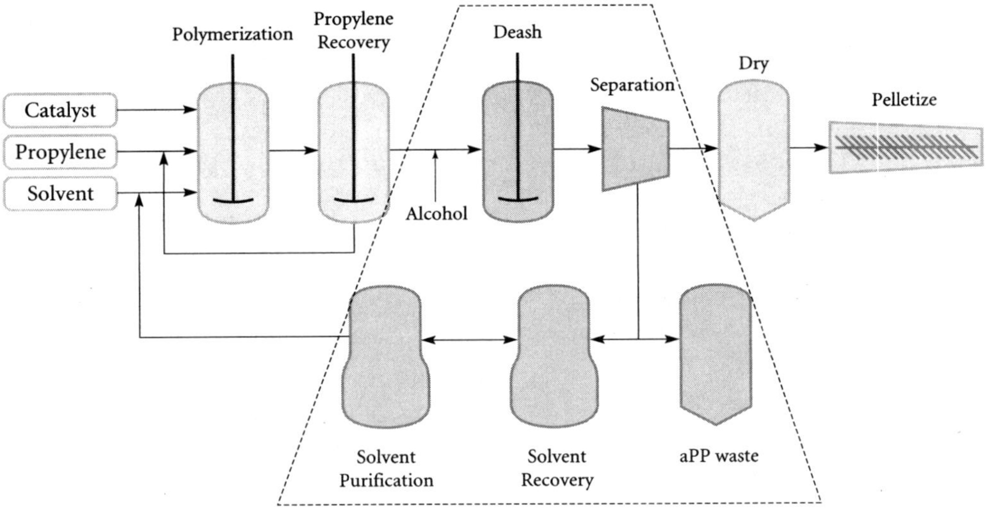

그림 3.2 • PP 제조공정

1 촉매활성 개선

촉매활성을 증가시키는 방법은 화학적 반응으로 무기 재료의 표면에 활성종을 일정량을 담지시키는 것이다. 실리카, 알루미나, Mg(OH)Cl와 같은 담지체의 수산화기와 $TiCl_4$의 반응은 좋은 수단이다. $TiCl_3$ 촉매의 활성점의 농도가 0.1% 이하인 촉매를 내부를 구성하고 있는 $TiCl_3$를 무기 담지체로 교체함으로써 촉매의 활성은 $TiCl_3$ 촉매의 활성보다 5배 이상 높게 나타났다. 이 개념을 확장함으로써 촉매활성이 100배 이상 높은 담지촉매를 만들 수 있게 되었다.

촉매활성을 향상시키기 위한 새로운 첫 번째 방법은 도금이다. 액체 $TiCl_4$를 Ti 활성종에 도금하여 $TiCl_3$와 유사한 결정이 되게 하는 것이다. 이론에 기초한 연구 결과에 따르면, $MgCl_2$는 $TiCl_3$와 비슷한 이온 반경 0.68과 0.65Å를 가지기 때문에 Mg^{2+}, Ti^{4+}와 같은 육방구조에 속한 결정 중에서 가장 좋았다. 그러나 $MgCl_2$는 낮은 비표면적과 높은 결정성을 가지며 $TiCl_4$와의 반응성이 없기 때문에 $MgCl_2$에 $TiCl_4$를 도금하는 것은 아주 어렵다. 두 번째 방법으로는 $MgCl_2$를 재결정화시키는 것으로, n-부탄올과 메틸아세테이트 같은 유기 용제에 $MgCl_2$를 용해시키고 과량의 $TiCl_4$를 반응시킨다. 이렇게 하면 $TiCl_4$가 재결정 된 $MgCl_2$의 표면에 붙게 되는데, 이러한 용해석출법으로 제조한 촉매가 $MgCl_2$-담지 $TiCl_4$ 촉매이다.

이상의 결과로 X-선 회절분석의 넓은 피이크의 특성으로 정의될 수 있는 우수한 $MgCl_2$ 결정의 집합을 유도하였으며, 그것을 그림 3.3에 나타내었다.

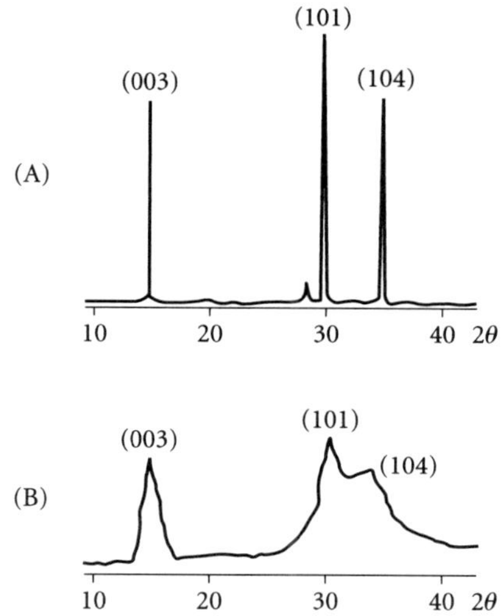

그림 3.3 • (A) $MgCl_2$와 (B) $MgCl_2/TiCl_4$ 촉매의 X-선 회절 패턴

결합된 $TiCl_4$는 $MgCl_2$의 표면에 위치하고, 그것은 효과적인 활성점을 형성한다. 그리고 $TiCl_3$ 촉매에서 좋은 활성을 나타낸 공촉매인 DEAC 대신 TEA는 이 담지촉매의 가장 좋은 공촉매이다. 공촉매의 선택도 Ti 조성물의 다른 동족 단위뿐만 아니라 활성점에서의 $MgCl_2$의 영향에 따라 달라지며 $MgCl_2$-담지 $TiCl_4$ 촉매는 $TiCl_3$ 촉매보다 100배 이상 높은 활성을 보인다.

표 3.1은 $MgCl_2$를 n-부탄올에 용해시켜 $TiCl_4$로 반응하여 용해석출법으로 제조한 $MgCl_2$-담지 $TiCl_4$ 촉매와 결정성 $TiCl_3$ 촉매의 프로필렌중합 결과를 나타낸 것이다.

표 3.1 • $MgCl_2$-담지 $TiCl_4$ 촉매계의 프로필렌중합 결과

Catalyst	Activity (g-PP/mmol-Ti · h · atm)				
	Whole	iPP	aPP	I.I(%)[a)]	mm(%)[b)]
$MgCl_2/TiCl_4$-Et_3Al	968	328	640	33.9	89
$TiCl_3$-Et_3Al	23	17	6	75.9	91

a) 가용성 끓는 헵탄 부분의 비율(iPP), b) iPP의 ^{13}C-NMR로 측정된 [mm]

$MgCl_2$ 담지화에 따른 활성 증가는 활성점 [C*] 농도의 증대는 쉽게 이해되나, k_p의 증대 이유는 그렇게 간단하지 않다. Soga 등은 이러한 효과가 $MgCl_2$만이 가지는 특성인지를 확인하기 위하여 [C*]의 변화가 작다고 생각되는 가용성 $Ti(OBu)_4$/ $AlEt_2Cl$ 촉매계를 선택하고 여기에 여러 가지 금속염화물(MCl_n)을 2-에틸-1-헥산올 용액으로 촉매를 제조하여 프로필렌중합활성을 조사 비교하였다. 그 결과 중합활성과 M^{n+}의 전기음성도사이에 그림 3.4와 같은 상관관계가 있음을 밝혔으며, 활성의 차이는 주로 중합의 활성화 에너지

의 차이에 기인된다는 것도 알았다. 또한 Battele 촉매를 보완한 $Cr(OAc)_3/AlEt_2Cl/MCl_n$/toluene 및 $Cr(OBu)_4/AlEt_2Cl/MCl_n$/toluene계에 의한 에틸렌중합에 있어서도 같은 결과를 얻을 수 있었다.

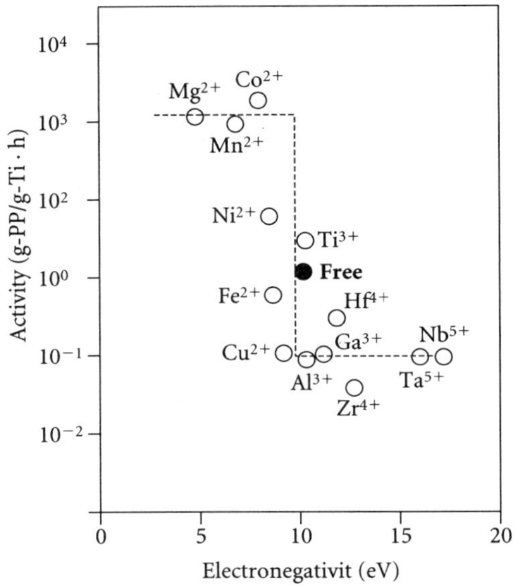

그림 3.4 • 금속이온의 전기음성도와 중합활성과의 관계

이러한 일련의 실험결과에서 $Ti(OBu)_4$, $Cr(OAc)_3$ 또는 $Cr(OBu)_4$와 $AlEt_2Cl$ 사이에 리간드 교환반응이 일어나고 그 결과로 생긴 염소화 전이금속화합물이 MCl_n과 "Cl 가지"를 만들어 다핵착물(multinuclear complex)을 형성하는데, 이때 M^{n+}의 전기음성도가 중합활성종인 Ti^{3+}나 Cr^{2+}의 전기음성도와 비교해서 작은 경우에는 Mn+으로부터 Ti^{3+} 또는 Cr^{2+}로의 전자를 주는 현상이 일어나게 된다. 이렇게 채워진 Ti^{3+}나 Cr^{2+}의 d 궤도로부터 배위된 올레핀의 반결합성 π^*궤도로 전자가 역주기(back donation)됨에 따라 배위된 올레핀이 활성화(C=C 결합이 약하게 됨)되고, 따라서 Ti^{3+}나 Cr^{2+}과 고분자와의 결합에 올레핀이 쉽게 삽입반응할 수 있게 되므로 k_p가 증대하게 된다(그림 3.5).

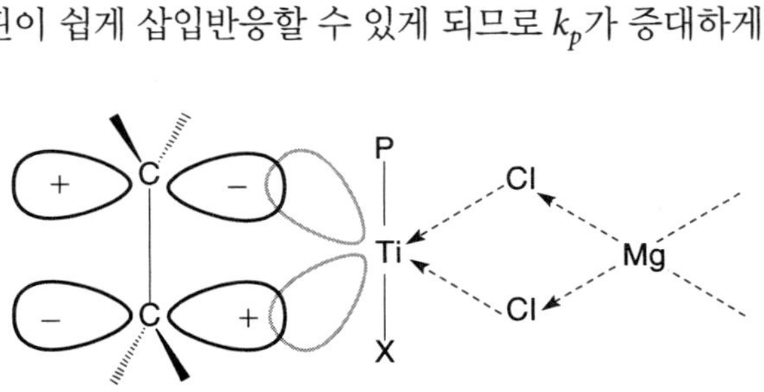

그림 3.5 • 올레핀 삽입반응

2 중합체 입자모양 조절

제1세대 Ziegler-Natta 촉매의 중합활성과 입체규칙성을 향상시키고자하는 연구를 집중적으로 수행한 결과, 촉매활성과 입체규칙성은 충분히 개선되었다. 그러나 근래에는 전술한 특성과 더불어 생성된 중합체의 양호한 입자형상이 요구되고 있는데, 중합체의 입자형상이 양호하다는 것은 주로 다음 세 가지 의미를 갖는다.

① 중합체의 입자형상이 구형 또는 구형과 근사할 것
② 중합체의 입경분포가 좁을 것
③ 중합체 중 입경이 현저하게 작은 미세분체가 극히 소량 존재할 것

중합체의 형상이 양호하면 α-올레핀의 중합에서 중합반응기의 내벽 또는 교반기에 중합체가 달라붙지 않기 때문에 반응기로부터 중합체의 배출이 양호하고, 동일 중합 장치에서 장기간 연속적 · 안정적으로 생산이 가능하다. 특히, 용매를 사용하지 않는 기상중합에 있어서 생성된 중합체의 유동성이 중요하기 때문에 양호한 입자형상이 필요하다. 중합체의 입자형상이 양호하면 다음과 같은 제조상의 이점을 갖는다.

① 슬러리 중합법에서 중합체와 용매와의 분리가 용이
② 중합체의 수송 또는 회수가 용이
③ 중합체의 가공기기로의 공급 또는 가공성형상 조작이 용이
④ 미분체에 의한 폭발가능성이 억제되고 입자의 취급이 용이하여 생산성이 향상
⑤ 공중합법의 경우 중합체에 기인한 중합체의 형상불량 또는 고상밀도 저하 억제

Ziegler-Natta 촉매를 사용한 올레핀의 중합반응에서 얻어진 중합체의 입자형상과 사용되는 고체촉매입자의 형상 간에는 밀접한 상관관계가 존재한다. 따라서 중합체의 입자형상이 양호한 것을 얻기 위해서는 사용하는 고체촉매의 입자형상을 양호하게 하는 것이 필요하다. 더욱이 고체촉매는 중합체의 제조과정에서 고체촉매의 입자가 마모 또는 분쇄되지 않을 정도의 강도를 가지고 있어야 한다. 현재 담지형 촉매의 입자 크기는 약 10~20μm이고 생성된 중합체의 입자크기는 200~500μm이다. 특히 기상중합 반응에서 생성된 중합체를 펠릿화하지 않고 직접 사용하려면 중합체의 입자크기가 크고, 입자분포가 매우 좁은 중합체의 생성을 가능하게 하는 입자형상이 조절된 촉매를 개발하는 것이 매우 중요하다.

담지촉매의 제조시 사용하고 있는 공분쇄법으로는 촉매입자를 균일화 또는 제어하는데 한계가 있다. 따라서 $MgCl_2$ 담지체를 제조할 때 재침전법이나 Mg염의 화학적 전환을 통해 균일한 촉매입자를 제조하고, $MgCl_2$를 다공성 구조로 개량시키는 기술을 개발하여 활성을 향상시켜야 한다. 또한 $TiCl_4$와의 반응을 위해 $MgCl_2$를 탄화수소화합물에 완전히 용해시키는 것은 입자 크기와 고체상 촉매의 형태(morphology)를 세밀하게 조절할

수 있게 해준다. 이렇게 얻어진 촉매는 앞서 언급한 높은 활성과 입체특이성과 함께 둥근 입자를 가지고 있어서 기상공정에 사용할 수 있다. 기상공정은 생산비를 절감시킬 뿐만 아니라 고성능 내충격성 공중합체의 창안에도 기여했다.

2. 담지화 방법

1 담지체

Mg(OH)Cl, 수화 MgO 혹은 $MgSO_4$와 같은 반응성 마그네슘화합물을 이용한 담지체가 체계적으로 연구되기 시작하여 1960년대 말에 다양한 올레핀 중합용 촉매가 개발되었다. 이들 중 몇 가지는 전이금속염화물($TiCl_4$)과 $Mg(OH)_2$, $MgCl_2 \cdot TiCl_3 \cdot Mg(OH)_2$ 혹은 $MgSO_4 \cdot TiCl_3 \cdot Mg(OH)_2$와 같은 마그네슘화합물 사이의 반응에 의한 것이며, 이 반응에 의하여 Mg-O-$TiCl_3$ 결합이 형성되는 것으로 믿어졌다. 그러나 활성이 가장 우수한 촉매는 활성 $MgCl_2$를 사용하는 것으로 $TiCl_4$와 Mg 알콕사이드, Grignard 화합물 혹은 Mg-알킬 사이의 반응에 의해 활성 $MgCl_2$를 생성시키는 반응에 의한 것이었다.

$MgCl_2$담지 고활성 촉매에서처럼 담지체로서 $MgCl_2$가 가장 우수한 성능을 보이는 데는 Mg 이온의 역할이 중요하며 그 역할은 다음과 같다.

① Ti 금속이 Mg 이온에 의해 분산되어서 활성점의 수가 증가한다. 이러한 작용은 Mg 이온을 포함하지 않는 물질의 표면에 화학적으로 고정시켜 얻을 수도 있다.

② Mg 이온의 존재는 할성점인 Ti을 안정화시켜 퇴화가 일어나는 것을 막아준다. 이러한 안정화의 정도는 Mg에 배위된 리간드의 형태에 따라 영향을 받는다.

③ Mg 이온의 존재는 사슬이동의 반응을 증진시킨다. 이것은 Mg/Ti의 비가 증가함에 따라 폴리에틸렌의 수평균분자량이 감소하는 것으로 알 수 있다.

④ Ti(Ⅳ), Mg(Ⅱ)와 Al(Ⅲ) 이온들의 구조 및 화학적 특성을 살펴보면 Ti(Ⅳ, 이온반경 =0.68Å), Mg(Ⅱ, 이온반경=0.65Å) 그리고 Al(Ⅲ, 이온반경=1.8Å)에서 Ti(Ⅳ)와 Mg(Ⅱ)의 이온반경이 비슷하고, Al(Ⅲ)과 Ti(Ⅳ)의 전기음성도(Pauling electronegativity: Al(Ⅲ)=Ti(Ⅳ)=0.017, Mg(Ⅱ)=0.033)가 비슷하여 촉매 조성에서 이들 금속이온들 사이에 화학결합과 다른 금속의 리간드 간의 치환반응이 쉽게 일어난다.

$MgCl_2$가 Ziegler−Natta 촉매 담지체로 가장 효과적임은 잘 알려진 사실이며, 이외에도 일반적으로 많이 이용되는 담지체는 실리카, 알루미나, 지르코니아 등의 금속산화물이며 이들은 형태(morphology) 조절 및 구입의 용이함, 화학적 비활성 등의 장점이 있다.

2 첨가제

$MgCl_2$-담지 $TiCl_4$ 촉매가 에틸렌중합에 지대한 영향을 주었을 뿐만 아니라 프로필렌중합에 기여도 매우 크다. 프로필렌중합에서 이 촉매가 촉매활성은 매우 높지만, 입체규칙성이 낮은 단점을 가지고 있다. 그러나 $MgCl_2$-담지 $TiCl_4$ 촉매에 의해 생산된 PP가 상당량의 높은 입체규칙성을 가진 PP를 함유하고 있으며, 또한 iPP 부분을 합성하는 이소탁틱 활성점은 $TiCl_3$ 촉매보다 20배가 많다.

다양한 종류의 $MgCl_2$-담지 $TiCl_4$ 촉매로 프로필렌중합을 시도했지만, 예상과는 달리 입체규칙성이 좋지 못하였으나, 담지체인 $MgCl_2$ 결정을 파괴하는 첨가제의 종류에 의해 입체규칙성 활성점이 변화한다는 것을 알았다. 이 물질은 에틸렌중합에서 높은 활성을 증명하기 위해 첨가되어, $TiCl_4$와의 반응에 의해 추출되는 첨가 화합물 중 $MgCl_2$표면에 남아있는 화합물이 입체규칙성 개선제(stereospecific improver)로 작용하는 것처럼 보였다. 그래서 입체규칙성을 향상시키기 위해 $MgCl_2$ 표면과 배위할 수 있는 전자공여체라고 부르는 유기화합물을 첨가하는 새로운 개념을 도입하여, $MgCl_2$ 결정 파괴 이외에 효과적으로 작용하는 전자공여체를 찾기 시작했다. 이 시점에서 $TiCl_3$ 촉매를 사용해 무기물 결정으로 입체규칙성을 조절해왔던 시대는 끝나고, 전자공여기를 가진 유기화합물이 PP의 입체규칙성을 조절할 수 있는 새로운 장이 열렸다. 이러한 개념의 도입으로 유기화합물을 교체시킴에 따라 활성점의 구조를 설계하고 조절할 수 있게 되었고, 큰 리간드로 고려될 수 있는 $MgCl_2$의 강력한 효과를 이해할 수 있게 해주었다.

표 3.2에 나타내었듯이 프로필렌중합용 촉매에 있어 에틸벤조에이트(ethyl benzoate, EB)로 대표되는 전자공여체를 채택함으로써 $TiCl_3$ 촉매보다 높은 입체규칙성을 가지고 100배나 높은 활성을 가진 $MgCl_2$-담지 $TiCl_4$촉매를 개발했다.

표 3.2 • 촉매 작용에 대한 $MgCl_2$와 EB의 효과

Catalyst	I.I.(%)	Isospecific Activity	[C*](mol%)	k_p(L·mol^{-1}·s^{-1})
$TiCl_3$-EtAlCl	90	1	0.2~0.63	2.5
$MgCl_2/TiCl_4$-Et_3Al	30	250	20~60	240~730
$MgCl_2/TiCl_4$/EB-Et_3Al/EB	94	140	2.8	2700

주어진 단량체 농도[M]에서 중합속도(Rp)는 활성점 농도[C*]와 사슬성장속도(k_p)의 곱으로 나타내어진다.

$$Rp = k_p[C^*][M]$$

표 3.2에 보듯이 단순히 $MgCl_2$에 담지시킨 $TiCl_4$는 [C*]와 k_p 값 모두를 증가시킨다. 높은 비표면적을 가진 $MgCl_2$ 표면에만 존재하는 $TiCl_4$가 [C*]의 커다란 증가를 설명할

수 있다. k_p의 증가는 일반적으로 $MgCl_2$가 가져온 리간드효과의 한 종류인 전자효과(electronic effect)로 받아들여진다. $MgCl_2$로부터 Mg^{2+}의 전기음성도가 Ti^{3+}보다 더 작은 Ti로의 전자 공여가 일어나며 따라서 Ti의 d궤도에서 프로필렌의 π^*궤도로의 역주기(back-donation)를 가져온다. 반면에 단량체의 π전자는 Ti의 빈 d 궤도로 공여되며, 따라서 성장 고분자 사슬로의 단량체 삽입을 증가시킨다. 표 3.2에 나타내듯이 EB의 첨가로 aPP를 생산하는 활성점을 선택적으로 비활성화시킴으로써 [C*]의 농도를 상당량 감소시키나 k_p값을 크게 증가시킨다. 이는 일반적으로 EB가 비입체규칙성 활성점의 일부분을 입체규칙성 활성점으로 전환시키기 때문이며, 높은 입체규칙성 활성점의 k_p는 비입체규칙성의 경우보다 매우 크다. 즉 EB가 비입체규칙성 활성점을 높은 입체규칙성 활성점으로 변형시킨다는 직접적인 증거가 될 수 있다.

EB의 첨가는 aPP의 활성을 낮추고 적당한 EB/Ti 몰비 하에서 iPP를 증가시키나, EB를 과량으로 첨가했을 때는 iPP도 감소하게 된다. 이것은 EB의 첨가로 활성점의 입체규칙성 향상과 비활성화의 균형에 대한 민감성을 나타내는 것이다. 또한 EB의 첨가로 입체규칙성 활성점의 k_p가 증가하여 iPP의 분자량이 증가하게 된다.

EB로 대표되는 전자공여체에 대한 많은 연구를 통하여 전자공여체는 두 종류로 분류할 수 있다. 하나는 촉매 제조 시에 첨가되어 $MgCl_2$ 표면에 담지되는 $TiCl_4$에 반응하는 내부 전자공여체(Internor Donor, ID)이고, 다른 하나는 프로필렌중합이 시작될 때 공촉매인 TEA와 함께 첨가되는 외부 전자공여체(Externor Donor, ED)이다. 일반적으로 ID는 공촉매와의 반응으로 촉매 표면에서 떨어져 나가고, 이 자리를 대신하여 ED가 촉매 표면에 존재하는 아탁틱 활성점을 피독하여 입체규칙성을 증가시키는 것으로 알려져 있다.

전자공여체에 관한 지속적인 연구로 ID로는 디알킬프탈레이트(dialkylphthalate)와 ED로는 알콕시실란(alkoxysilanes)화합물이 매우 효과적인 것으로 밝혀졌다. ID인 디알킬프탈레이트가 공촉매인 TEA와 반응하여 촉매 표면에서 추출되고, 중합 시 TEA와 함께 첨가한 ED인 알콕시실란이 ID 대신에 입체규칙성 향상제로서 촉매 표면의 아탁틱 활성점에 고정되는 것이 확인되었다. 알콕시실란화합물은 입체규칙성 증가뿐만 아니라 분자량 증가 역할도 보고되었다. 디알킬프탈레이트와 알콕시실란화합물을 촉매제조 시 및 중합 시에 촉매활성점인 Ti 성분과의 몰비 및 구조를 설계함으로써, $TiCl_3$보다 1,000배나 높은 활성을 가지고 98%의 I.I.를 가지는 고입체규칙성 iPP를 얻을 수 있었으며, 생산되는 PP는 사슬 말단을 제외하고는 어떠한 배열 불규칙성을 가지고 있지 않았다. 단량체의 배열 불규칙한 삽입은 수소 분자의 사슬이동에 의해 재활성화될 수 있는 휴면점(dormant site)을 유발한다는 것을 확인했다. 이와 같은 $MgCl_2$/ID/$TiCl_4$- TEA/ED 촉매는 고활성을 가지며 고입체규칙성 iPP를 제조할 수 있어, PP 생산에서 촉매잔사 제거공정이나 aPP 추출공정이 불필요한 경제적인 공정으로 변화하였다.

루이스염기를 ID로 사용하면 티탄 활성점의 빈 배위자리를 차지하게 되어, 2개의 빈 배위자리를 가진 활성점이 1개의 빈 배위자리 활성점으로 바뀔 수 있다. 즉 빈 배위자리에 ID가 결합함에 따라 아탁틱 활성점이 이소탁틱 활성점으로 변환하게 된다. 물론 과량의 ID가 존재하게 되면 모든 빈 배위자리를 채우게 되어 활성이 감소할 수도 있게 된다.

Busico 등은 ED를 사용하지 않고 $MgCl_2$/EB/$TiCl_4$-TEA 촉매로 프로필렌을 중합하면 중합시간에 따라 I.I.가 감소한다는 것을 알았다. 이는 ID인 EB가 TEA와 반응하여 추출되기 때문이라고 설명하였으며, ID의 제거를 억제하기 위해서는 중합 시 ED로 EB를 첨가하는 것이 필요하다고 하였다. 그러므로 중합에 전자공여체인 ED를 첨가하여 ID가 제거된 활성점에 ED가 배위하게 됨으로 생성 PP의 I.I.를 향상시킬 수 있다. 또한 ED의 첨가에 의해서 입체규칙성이 높은 활성점이 새로 생성되기도 한다.

촉매 제조 시 첨가되는 ID와 공촉매와 함께 첨가되는 ED의 역할에 대해서는 첨가제가 가지는 반응의 다양성($TiCl_4$, $MgCl_2$, $AlEt_3$ 양쪽 모두와 반응이 가능함) 때문에 그 역할의 해명이 쉽지 않다.

Soga 등은 Ti의 산화수와 올레핀 중합활성의 상관성에 관해 "Ti^{2+}는 에틸렌에만, Ti^{3+}는 에틸렌, 프로필렌, 1-헥센, 1,3-디엔 등 α-올레핀에 중합활성을 나타낸다."고 밝혔다. 또한 염기의 첨가 효과를 검토한 결과, 루이스염기의 첨가량이 많아짐에 따라 PP의 I.I.가 향상하게 되고 폴리이소프렌의 미세구조는 시스에서 트랜스 구조로 전이하게 됨에 따라 2개의 빈 배위자리(vacant site)를 가지는 Ti는 iPP를 생성한다고 결론을 내렸다. 그 결과 $MgCl_2$ 담지촉매는 그림 3.6에 나타낸 바와 같은 3종류의 Ti^{3+} 활성종(site Ⅱ; isospecific, site Ⅰ 및 Ⅲ; aspecific)을 가지고 있다고 주장하였다. $MgCl_2$의(100)면에 담지된 $TiCl_4$가 $AlEt_3$와 반응하여 얻을 수 있는 Ti^{3+}은 2개의 배위 형태를 가질 수 있는데, ID 또는 ED를 단독으로 사용할 때에는 입체규칙성이 효과적으로 향상되지 않는다는 사실에서 ID는 $MgCl_2$의(110)면에 선택적으로 배위하여 site Ⅲ의 생성을 억제하며, ED는 ID가 씻겨 나오는 것을 억제함과 동시에 site Ⅰ에 선택적으로 작용하여 불활성화시킴으로써 입체규칙성을 효과적으로 향상시키는 것을 확인하였다.

그림 3.6에 나타낸 site 중 Ⅰ, Ⅱ의 존재 확률은 Ti 담지량에 크게 좌우되어 Ti 담지량이 아주 낮은 경우에는 site Ⅰ이 많이 생성되고, 높을 경우에는 site Ⅱ가 많이 생성될 것이다. 프로필렌중합은 Ti-Et 결합에 올레핀이 반복해서 삽입됨에 따라 진행된다. 따라서 프로필렌이 중합될 때 site Ⅰ에서는 Ti^{3+}가 achiral이기 때문에 aPP가 얻어지게 된다. 그러나 site Ⅱ에 있어서 2개의 Ti 사이에 끼어 있는 Cl이 쉽게 움직일 수 있게 되면 아래와 같이 site Ⅱ'와의 사이에 평형이 성립하게 되는데, site Ⅱ'는 site Ⅰ과 마찬가지로 aPP를 만든다.

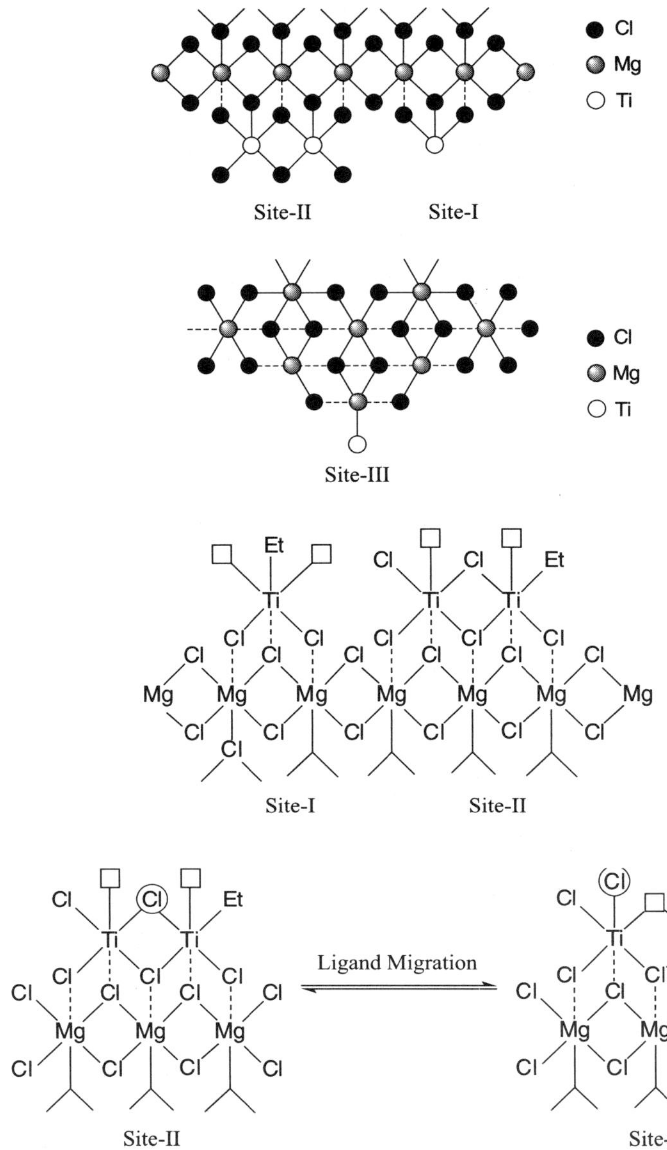

그림 3.6 • $MgCl_2/TiCl_4$–TEA 담지촉매의 Ti^{3+} 활성종 모형

site II가 site II'로의 변환 속도는 아직 알려진 바가 없지만, 만약 그 속도가 성장하는 고분자 사슬의 평균수명에 비해 빠를 경우에는 iPP와 aPP의 블록물이 얻어지고, 느릴 경우에는 iPP와 aPP의 혼합물이 얻어진다. 바꾸어 말하면 촉매 제조 시 고농도의 $TiCl_4$를 사용하여 site I의 생성을 억제하여도 iPP만을 선택적으로 합성할 수는 없다.

지금까지 언급한 모형에서는 EB의 첨가에 의하여 iPP의 수율이 증가하는 것을 설명하지 않았다. Kakugo 등은 여러 가지 촉매에서 얻어진 프로필렌의 이소탁틱 부분을 넓은 온도범위에서 디클로로벤젠으로 칼럼 분별하여 각 유분의 무게, 미세탁틱성(microtacticity) 및 녹는점을 측정하였다(그림 3.7).

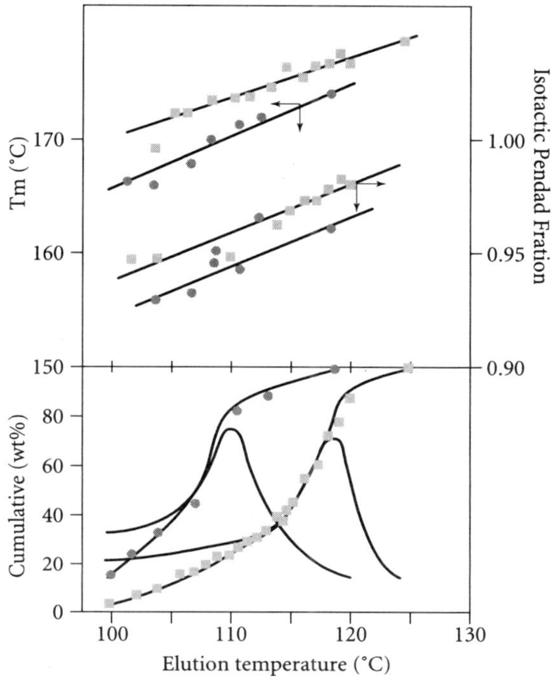

그림 3.7 • **적분 및 용출곡선(하)과 용출 PP의 녹는점 및 미세탁틱성(상): (●) β-$TiCl_3/AlEt_2Cl$, (■) δ-$TiCl_3/AlEt_2Cl$**

β-$TiCl_3/AlEt_2Cl$계는 110°C 부근에서, 또한 δ-$TiCl_3/AlEt_2Cl$계는 120°C 부근에서 각각 최대의 용출량을 나타낸다. 용출 PP의 녹는점 및 이소탁틱 함량이 용출온도에 대해 직선적으로 증대하는 사실로부터 분별(fractionation)은 주로 고분자가 가지는 미세구조의 차이에 의해 일어나며, β-$TiCl_3$에 비해서 δ-$TiCl_3$가 보다 높은 이소탁틱성의 활성점을 갖고 있다는 것이 있었다.

$MgCl_2/TiCl_4$-$AlEt_3$ 촉매계에 대해서도 같은 방법으로 실험하여 ED가 첨가되지 않은 경우에는 110°C 부근에서 최대의 용출량을 나타내나, 메틸-p-톨루엔(MPT)을 ED로 첨가한 경우에는 용출량의 극대점이 높은 온도(120°C)로 이동하였다(그림 3.8). 또한 각 유분의 이소탁틱 함량분포를 구하였으며(그림 3.9), 그 결과로부터 전자공여체의 첨가에 의해 이소탁틱성이 큰 활성점이 새롭게 생성됨을 확인하였다.

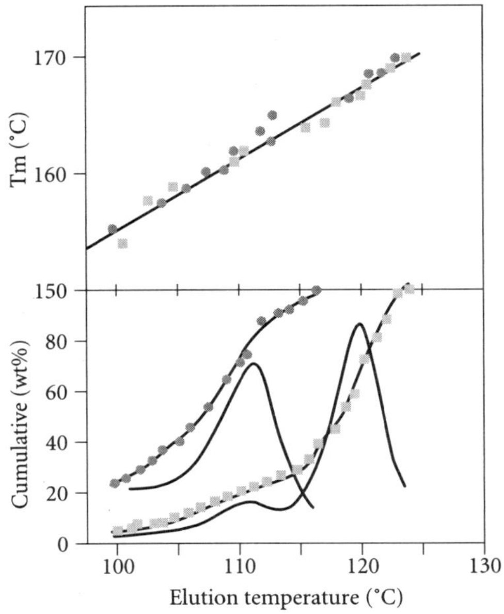

그림 3.8 • 적분 및 미분 용출곡선(하)과 용출 PP의 융점(상): (●) $MgCl_2/TiCl_4$-$AlEt_3$, (■) $MgCl_2/TiCl_4$-$AlEt_3$/MPT

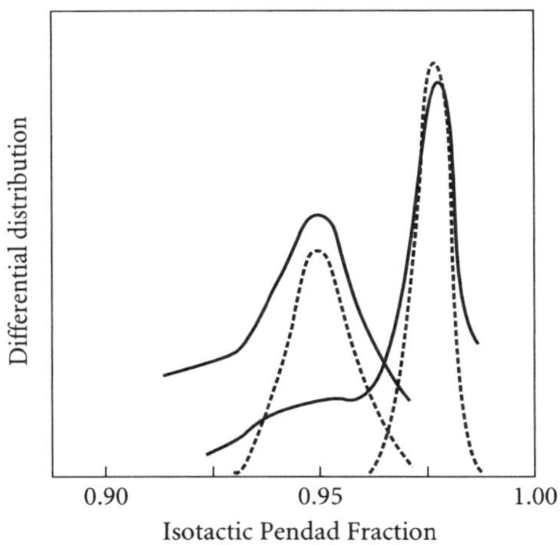

그림 3.9 • 이소탁틱 함량 분포곡선(——: 실험치, ----: 계산치)

한편 Soga 등은 $MgCl_2/TiCl_4$, $MgCl_2$/EB/$TiCl_4$, $MgCl_2$/DNBP/$TiCl_4$ 등 3종의 촉매를 사용하여 프로필렌중합을 상세히 검토함으로써 ID로서 모노에스테르인 EB와 디에스테르인 DNBP(di-n-butyl phthalte)의 차이점을 밝혔다. 즉 ID가 없거나 모노에스테르인 EB를 사용한 경우에는 중합 속도가 시간에 따라 크게 감소하였으나, 디에스테르인 DNBP를 사용한 경우에는 비교적 일정하였으며, 생성 PP의 I.I.는 DNBP > EB > ID 무첨가의 순서로 감소하였다.

촉매를 $AlEt_3$로 처리하면 EB는 비교적 쉽게 추출되지만, DNBP는 거의 추출되지 않고 고체촉매 성분에 강하게 배위하고 있는 것을 밝혔다. 이들 촉매계에 ED로 PTES (phenyltriethoxysilane)를 첨가하면 모든 계에 있어 I.I.가 증가하나, iPP의 수율은 ID 무첨가 및 EB계에 있어서 감소한 반면에 DNBP계에서는 증가하였다. 그리고 DNBP계의 촉매로 얻은 PP를 옥탄으로 추출한 결과 PTES 첨가에 의해 헵탄 가용 부분(S.7) 및 헵탄 불용 부분(I.7), 옥탄 가용 부분(S.8)이 감소하였고, 옥탄 불용 부분(I.8)은 증가하였다. 또 S.7의 분자량은 감소하지만 I.8의 분자량 및 분자량분포는 거의 변화하지 않았다. ^{13}C-NMR 스펙트럼으로 구한 각 부분의 입체규칙성 정도는 PTES의 유무와 관계없이 아래와 같이 표시될 수 있다.

I.8 ; $[mmmm] \gg [mmmr] = [mmrr] = 2[mrrm]$

I.7, S.8 ; $[mmmm] \gg [mmmr] \approx [mmrr] \approx [rrrr] \approx [mrrr] \approx [mrrm] \gg [rmrm] \approx [rmmr] = 0$

S.7 ; $[mmmm] > [mmmr] > [rmmr], [rrrr] > [rrrm] > [mrrm]$

바꾸어 말하면 **I.8, I.7, S.8** 및 **S.7**은 각각 이소탁틱과 신디오탁틱을 모두 포함하는 aPP이다. 이러한 위의 결과에서 ID와 ED의 역할을 그림 3.10과 같이 나타낼 수 있다.

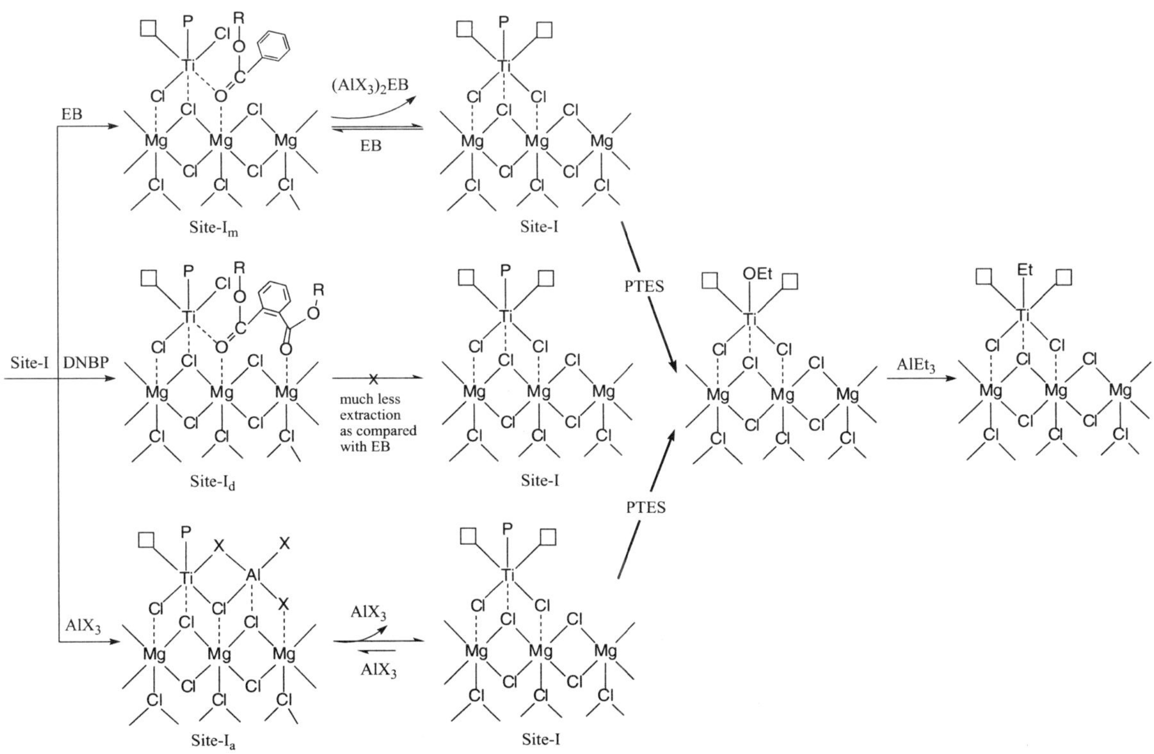

그림 3.10 • ID 및 ED의 역할

즉, EB 또는 DNBP 등의 ID는 $MgCl_2$의 (110)면 뿐만 아니라 (110)면의 전자공극자리(vacant site)를 가진 Ti 활성점인 site-I_m 또는 site-I_d가 형성되어 이소탁틱 고분자가 얻어진다. 그러나 모노에스테르인 EB는 고체촉매와의 상호작용이 DNBP보다 약하기 때문에 $AlEt_3$와 반응하여 쉽게 씻겨 나오게 되고, 따라서 site-I_m이 두 개의 전자공극자리를 가진 site-I로 전환된다. 다량의 EB에 의해 site I은 site-I_m으로 바뀌게 된다. ED로 EB 대신에 PTES가 첨가되는 경우에는 aPP를 만드는 site I의 입체장애(steric hindrance)가 작기 때문에 PTES의 접근이 쉬워져서 Ti 활성종이 알콕시화하고, 따라서 활성종은 그 활성을 잃어버리게 된다. 그러나 다량의 $AlEt_3$가 공촉매로 사용되기 때문에 알콕시 Ti은 $AlEt_3$에 의해 다시 알킬화되어 두 개의 전자공극자리를 가진 아틱틱 활성점이 재생된다. 그러나 DNBP와 같은 디에스테르가 배위한 site-I_d는 PTES의 영향을 받지 않는다.

반면에 site II는 다리 연결된 Cl 원자가 인접한 Ti 원자로 이동함에 따라 비입체규칙성 활성점(site-I')으로 바뀌게 되므로, 아탁틱 부분을 포함하는 iPP가 생성된다. 그러나 PTES는 site-II의 Ti 원자에 배위함으로써 Cl의 이동을 억제하게 되고, 따라서 site-II를 고입체특이성인 site-IIp로 변화시키는 것으로 생각된다. 또한 EB를 ID로서 포함한 경우에는 EB가 $AlEt_3$와 반응하여 추출되므로 site I이 생성되므로 결과적으로 이소탁틱성의 활성점도 PTES의 공격을 받게 된다.

3 입체규칙성 제어

촉매의 입체규칙성은 방향족 에스테르와 유기실란화합물 등의 루이스염기를 첨가함에 따라 상당히 개선되었다. 그러나 루이스염기는 앞 절에서 언급하였듯이 활성점을 구성하는 Ti 뿐만 아니라 공촉매로 사용되는 $AlEt_3$와도 강하게 상호작용하므로 그 역할의 분명한 해명은 쉽지가 않다.

Soga 등은 촉매계의 단순화에 중점을 두어 비입체규칙성 촉매의 개발에 힘써 왔는데, 그 이유는 비입체특이성 촉매를 제조하고 이것을 고입체규칙성 촉매로 간단히 전환시키는 법을 알아내는 것이 루이스염기의 역할을 포함하여 입체규칙성 메커니즘을 이해하는데 최선의 방법이라고 생각하였기 때문이다.

잘 알려진 바와 같이, $TiCl_4$만을 $MgCl_2$에 담지한 촉매의 입체규칙성은 아주 낮으나 aPP만을 선택적으로 합성하는 것은 아니다. 즉 $AlEt_3$를 공촉매로 프로필렌을 중합하면 20-30w%의 iPP가 생성되는데, 이러한 소량의 iPP는 생성을 막기 위해서는 앞 절에서 언급한 site II의 생성을 억제하여야 한다. 따라서 Ti 담지량을 극단적으로 감소시키는 방향으로 연구를 진행하였다. $MgCl_2/TiCl_4$ 촉매는 혼합물을 분쇄한 후, 미반응의 $TiCl_4$를 과량의 헵탄으로 씻어내는 방법으로 합성하였다. 또한 $MgCl_2/TiCl_3$ 촉매는 가용성의 $TiCl_3 \cdot 3Py$(pyridine) 착물을 녹인 톨루엔 용액에 $MgCl_2$를 넣어 교반하면서 $AlEt_2Cl$ 또는 $Al_2Et_3Cl_3$를 첨가하여 제조하였으며, 이때 리간드 피리딘은 $AlEt_2Cl \cdot Py$ 또는 $Al_2Et_3Cl_3 \cdot Py$의 형태로 제거되었다. 이렇게 얻은 두 촉매를 각각 $AlEt_3$와 함께 사용하여

1기압, 40°C에서 행한 프로필렌중합 결과를 표 3.3에 나타내었다.

$MgCl_2/TiCl_4$ 촉매계에서는 Ti 담지량을 크게 감소시켜도 입체규칙성은 거의 변하지 않았다. 이러한 결과는 담지된 $TiCl_4$의 대부분은 $MgCl_2$ 표면에 분산되어 있다고 생각되나, 이는 $AlEt_3$의 첨가에 의해 $TiCl_4$가 순간적으로 환원됨에 따라 생성된 $TiCl_3$가 응집하여 site II를 생성해 버리기 때문이다. 한편 $MgCl_2/TiCl_3$ 촉매계에서는 예상한 바대로 Ti 담지량의 감소와 더불어 입체규칙성이 저하하여 궁극적으로 비입체규칙성 촉매가 얻어졌다. 즉, 생성 PP는 비교적 높은 분자량을 가지고 있음에도 불구하고 헵탄에 완전히 용해됨에 따라 iPP가 전혀 포함되어 있지 않았다.

위에서 얻은 비입체규칙성 촉매를 고입체규칙성 촉매로 전환시키는 방법에 대해 검토하였다. 우선 $MgCl_2/TiCl_3$-$AlEt_3$ 촉매계에 대한 EB의 영향을 조사하였으며, 그 결과는 표 3.4에서 나타냈듯이 EB의 첨가량이 증가함에 따라 촉매의 입체규칙성이 대폭 향상하였고, iPP를 거의 선택적으로 생성하는 촉매로 전환되는 것을 알았다. 또한 공촉매로 $AlEt_3$ 대신에 Cp_2TiMe_2를 사용하면 촉매의 입체규칙성이 현저하게 향상되므로 $MgCl_2$/ $TiCl_3$ 촉매에 Cp_2TiMe_2를 첨가해서 프로필렌중합을 행하였는데, 이때 EB와 같은 루이스염기가 일체 포함되지 않은데도 입체규칙성(I.I.=95%)은 매우 높았다.

표 3.3 • $MgCl_2$ 담지형 촉매에 의한 프로필렌의 중합

Ti compound	Ti content(wt%)	Alkyl aluminium	Reaction Temp. (°C)	Pressure (atm)	Activity (kg-PP/g-Ti·h)	I.I. (%)	$\overline{Mn}$ ($\times 10^4$)	mmmm (%)
$TiCl_3 \cdot 3py$	0.840	$AlEt_2Cl$	25	1	2.0	29	2.1	57.1
	0.065	〃	25	1	9.2	11	1.7	–
	0.070	〃	0	1	37.5	7	2.2	–
	0.006	〃	0	1	19.1	0	1.2	34.3
	0.043	$Al_2Et_3Cl_3$	0	13	127.0	0	–	34.7
$TiCl_4$	2.800	–	–	1	4.5	28	–	–
	0.400	–	–	1	8.7	25	–	–
	0.110	–	–	1	13.0	23	1.6	–
	0.400	–	–	13	96.2	26	–	57.2

표 3.4 • $MgCl_2/TiCl_3$-$AlEt_3$계에 의한 프로필렌중합에서 EB의 첨가 효과

EB (mmol/l)	Activity (kg-PP/g-Ti·h)			I.I. (%)
	Total	Isotactic	Atactic	
–	10.78	0	10.78	0
1.0	5.00	3.65	1.35	73.0
2.0	3.76	3.20	0.56	84.6
3.0	3.11	2.84	0.27	94.4

중합 조건: Ti = 0.02mmol/l, $AlEt_3$ = 10mmol/l, 헵탄 = 100ml, 프로필렌 = 1기압, 40°C, 1h

프로필렌중합에서 고분자 사슬의 성장속도는 이소탁틱 활성점이 아틱틱 활성점에 비해 몇 배 빠르다는 사실이 알려져 있다. 따라서 만약 비입체규칙성 활성점 모두가 고입체규칙성 활성점으로 전환되었다면 중합활성은 몇 배 증가하여야 한다. 그러나 표 3.4에서 알 수 있듯이 I.I.가 증가함에 따라 활성은 감소하므로, EB 첨가에 의한 고입체규칙성 활성점으로의 전환 효율은 대략 10% 정도로 간주되며 나머지 활성점은 불활성화(deactivation)된다.

$MgCl_2/TiCl_3$-Cp_2TiMe_2계 촉매가 프로필렌중합에 높은 입체규칙성을 나타내는 것은 앞서 이야기한 바와 같지만, $MgCl_2/TiCl_3$ 대신에 Solvay형 $TiCl_3$를 사용하면 [mmmm] > 99%의 iPP가 얻어진다. 이 촉매의 입체규칙성은 지금까지 보고된 어떤 촉매계보다 높고, 촉매계가 아주 단순하여 고입체규칙성 활성점의 구조를 추정하기에 적절하다.

실제 PP의 상업생산에 있어서, 특히 슬러리공정의 경우 aPP 함량을 조절하는 것이 매우 중요하다. 이를 위해 중합 시 ED를 사용하는데, 현재 국내에서는 C-공여체, P-공여체, D-공여체 등의 실란계 공여체가 주로 사용되고 있다. 최근에는 ED를 통한 입체규칙성 향상은 물론 분자량분포 조절단계까지 발전하여 전자효과를 변화시켜 프로필렌중합에서 분자량분포를 좁힐 수 있는 일명 E-공여체(3,3,3-trifluoropropylmethyldimethoxysilane)가 Basell사에서 사용 중인 것으로 알려져 있다. 또한 분자량분포를 보다 넓힐 수 있는 일명 F-공여체(3,3,3-trifluoropropylpiperidyldimethoxysilane)가 개발된 것으로 보고되고 있다. 최근의 실란계 ED의 발전은 C-공여체, D-공여체, P-공여체, E-공여체, F-공여체의 흐름으로 진행되고 있다.

입체장애를 가진 아민계 ED인 퀴놀린 유도체로 2,2,6,6-테트라메틸피페리딘도 분자량 분포를 넓히는 것으로 알려져 있다. 친환경적인 공여체로서 환경호르몬 물질을 발생시키지 않고 ID와 ED 역할을 동시에 수행할 수 있는 1,3-디에테르류 공여체가 알려져 있다. 현재 공업적으로 사용 중이거나 개발되어 있는 ED의 구조를 표 3.5에 나타내었다.

표 3.5 • 실란계 내부 공여체 사용 현황

ED	Chemical	Price($/kg)	국내 사용 회사	기타
C-type	cyclohexylmethyldimethylsilane	15	국내 거의 모든 PP 제조회사	Mitsui, Tagor,
D-type	dicyclopentyldimethoxysilane	90~100	현대, 삼성, SK, 효성, 폴리미래, 호남석유	Montell Process
P-type	diisopropyldimethoxysilane	45~50	대한유화, SK, GS-Caltex, 폴리미래	Chisso Amoco Process

Ziegler–Natta 촉매의 발명으로 온화한 조건에서 폴리에틸렌과 입체규칙성 폴리프로필렌을 생산할 수 있게 되었으나, 원활한 공업적 생산을 위해서는 아직 개선해야 할 점들이 여전히 남아있다.

참고문헌

1. N. Kashiwa, *Polym. J.* **12**, 603(1986).
2. P. Galli, L. Luciani and G. Cecchin, *Angew. Makromol. Chem.* **94**, 63(1981).
3. Y. Giannini, *Makromol. Chem.* **5**, 216(1981).
4. T. Keii, E. Suzuki, M. Tamura, M. Murata and Y. Doi, *Makromol. Chem.* **183**, 2285(1982).
5. N. Kashiwa and J. Yoshitake, *Makromol. Chem. Rapid Commun.* **3**, 211(1982).
6. N. Kashiwa and J. Yoshitake, *Makromol. Chem. Rapid Commun.* **4**, 41(1983).
7. G.D. Bunkatov, S.H. Sheplev, V.A. Zakharov, S.A. Sergeev and Y. Yermakov, *Makromol. Chem.* **183**, 2657(1982).
8. Y. Doi, M. Murata, K. Yano and T. Keii, *lnd. Eng. Chem. Prod. Res. Dev.* **21**, 580(1982).
9. Y. Doi, K. Soga, M. Murata, E. Suzuki, Y. Ono and T. Keii, *Polym. Commun.* **24**, **244**(1983).
10. K. Soga, S.I. Chen, T. Shiono and Y. Doi, *Polymer* **26**, 1981(1985).
11. K. Soga, S.I. Chen, T. Shiono and Y. Doi, *Makromol. Chem.* **187**, 351(1985).
12. K. Soga, S.I. Chen, Y. Doi and T. Shiono, *Macromolecules*, **19**, 2893(1986).
13. K. Soga, *"History of Polyolejins"*, eds. R. B. Seymour and T. Cheng, Reidel Publishing Co. Dordrecht, 1986, p. 243.
14. W.G.M. Tornquist, J.T. Richardson, Z.W. Wilchinsky and R.W. Looney, *J. Catal.* **8**, 189(1967).
15. W.G.M. Tornquist, J.T. Richardson, Z.W. Wilchinsky and R.W. Looney, US Patent No. 3128252(1964).
16. J.P. Hermans and P. Henriqulle, German Patent No. 2213086(1971)
17. J.P. Hermans and P. Henriqulle, German Patent No. 23350477(1974)
18. L. Luciani, N. Kashiwa, P.C. Barbë and A. Toyama, German Patent No 2643143(1977).
19. S. Parodi, R. Nocci, U. Giannini, P.C. Barbë and U. Scata, European Patent No. 45976(1981)
20. M. Kioka, A. Toyama and N. Kashiwa, European Patent No. 115195(1983).
21. T. Yamamoto, H. Furuhashi, M. Imai, H. Ueno and N. Inaba, European Patent No. 147053 (1984).
22. P.C. Barbë, E. Albizzati, U. Giannini, G. Baruzzi and L. Noristi, European Patent No. 276573 (1987).
23. M. Matuura, T. Fujita and K. Hirakawa, European Patent No. 261961(1987).
24. C.R. Hoppin and B.S. Yovrog, European Patent No. 250229(1987).
25. A. Giovani, G. Borsotti, G. Schimperna and E. Barbassa, European Patent No. 361493 Al(1990).
26. E. Albizzati, P.C Barbë, L. Noristi, R. Scordamaglia, L. Barino, U. Giannini and G. Morini, European Patent No. 361494Al(1990).
27. P. Pino and R. Mülhaupt, *Angew. Chem. Int. Engl. Ed.* **19**, 857(1980).
28. P.C. Barbë, G. Cecchin and L. Noristi, *Adv. Polym. Sci.* **81**, 1(1987).
29. V. Busico, P. Corradini, L.De Martino, A. Proto and E. Albizzati, *Makromol. Chem.* **187**, 1115 (1986).
30. N. Kashiwa and J. Yoshitake, *Polym. Bull.* **12**, 19(1988).
31. N. Kashiwa and J. Yoshitake, *Makromol. Chem. Rapid Commun.* **4**, 41(1983).

32. M. Kakugo, T. Miyatake, Y. Naito and K. Mizunuma, *Macromolecules* **21**, 314(1988).
33. T. Shiono, H. Uchino and K. Soga, *Polym. Bull.* **21**, 19(1989).
34. K. Soga, J.R. Park and T. Shiono, *Makromol. Chem. Rapid Commun.* **11**, 117(1990).
35. K. Soga, T. Shiono and Y. Doi, *Makromol. Chem.* **189**, 1531(1988).
36. L. Noristi, P.C. Barbë and G. Baruzzi, *Makromol. Chem.* **192**, 1115(1991).
37. M.C. Sacchi, I. Tritto, C. Shan, R. Mendichi and L. Noristi, *Macromolecules* **24**, 6823(1991).
38. P.C. Barbë, L. Noristi and G. Baruzzi, *Makromol. Chem.* **193**, 229(1992).
39. V. Busico, P. Corradini, L. De Martino, A. Proto, V. Savino and E. Albizzati, *Makromol. Chem.* **186**, 1279(1985).
40. M.C. Sacchi, F. Forlini, I. Tritto, R. Mendichi and G. Zannoni, *Macromolecules* **25**, 5914(1992).
41. J. Sepplle͏̈, M. Hlrkdnen and L. Luciani, *Makromol. Chem.* **190**, 2535(1989).
42. A. Proto, L. Oliva, C. Pellecchia, A.J. Sivak and L.A. Cullo, *Macromolecules* **23**, 2904(1990).
43. E. Iiskola, A. Pelkonen, H.J. Hakkonen, J. Pursiainen and T.A. Pakkanen, *Makromol. Chem. Rapid Commun.* **14**, 133(1993).
44. V.K. Gupta, S. Satish and I.S. Bhardwaj, *Eur. Polym. J.* **28**, 1269(1992).
45. H. Sinn and W. Kaminsky, *Adv. Organomet. Chem.* **l**, 99(1980).
46. W. Kaminsky, K. Külper, H.H. Brintzinger and F.R.W.P. Wild, *Angew. Chem.* **97**, 507(1985).
47. J.A. Ewen, *J. Am. Chem. Soc.* **106**, 6355(1984).
48. P. Longo, A. Grassi, C. Pellecchia and A. Zambelli, *Macromolecules,* **20**, 1015(1987).
49. K. Soga, T. Shiono, S. Takemura and W. Kaminsky, *Makromol. Chem. Rapid Commun.* **8**, 305 (1987).
50. A. Grassi, A. Zambelli, L. Resconi, E. Albizzati and R. Mazzocchi, *Macromolecules* **21**, 617(1987).
51. W. Rüll, H.H. Brintzinger, B. Rieger and R. Zolk, *Angew. Chem., Int. Eng. Ed.* **29**, 279(1990).
52. J.A. Ewen, R.L Jones, A. Razavi and J.D. Ferrara, *J. Am. Chem. Soc.* **110**, 6255(1988).
53. N. Ishihara, T. Seimiya, M. Kuramoto and M. Uoi, *Macromolecules* **19**, 2465(1986).
54. A. Zambelli, P. Longo, C. Pellecchia and A. Grassi, *Macromolecules* **20**, 2035(1987).
55. C. Pellecchia, P. Longo, A. Grassi, P. Ammendola and A. Zambelli, *Makromol. Chem. Rapid Commun.* **8**, 277(1987).
56. G. Erker, R. Nolte, R. Aul, S. Wilker, C. Krtiger and R. Noe, *J. Am. Chem. Soc.* **113**, 7594(1991).
57. H. Sinn, J. Bliemeister, D. Clausnitzer, L. Tikwe, H. Winter and O. Zarncke, in "*Transition Metals and Organometallics as Catalysts for Olejin Polymerization*", eds. W. Kaminsky and H. Sinn, Springer-Verlag, Berlin-Heidelberg, 1988, p. 257.
58. J.J. Eish, K.R. Caldwell, S. Werner and C. Kriiger, *Organometallics* **10**, 3417(1991).
59. C.Y. Sishta, R.M. Hathorn and T.J. Marks, *J. Am. Chem. Soc.* **114**, 1112(1992).
60. D. Cam and U. Giannini, *Makromol. Chem.* **193**, 1049(1992).
61. I. Tritto, M.C. Sacchi and S. Li, *Macromol. Chem. Rapid Commun.* **15**, 217(1994).
62. H.H. Brintzinger, B. Rieger and R. Zolk, *Angew. Chem.* **102**, 339(1990).
63. P. Burger, K. Hortmann and H.H. Brintzinger, *Makromol. Chem. Macromol. Symp.* **66**, 127(1993).
64. W. Kaminsky, R. Engehausen and K. Zoumis, *Makromol. Chem.* **193**, 1643(1992).
65. I.M. Lee, W.J. Gauthier, J.M. Ball, B. Iyengar and S. Collins, *Organometallics* **11**, 2115(1992).

66. W. Spaleck, M. Antberg, J. Rohrmann, A. Winter, B. Bachmann, P. Kiprof, J. Behm and W.A. Herrmann, *Angew. Chem.* **104**, 1373(1992).

67. J.A. Ewen, M.J. Elder, R.L. Jones, S. Curtis and H.N. Cheng, *"Catalytic Olejin Polymerization"*, eds. T. Keii and K. Soga. Kodansha, Tokyo, 1990, p. 439.

68. S. Collins, Y. Hong, R. Ramachandram and N. Taylar, *Organometallics* **10**, 2349(1991).

69. W. Spaleck, F. Küber, A. Winter, J. Rohrmann, B. Bachamann, M. Antberg, V. Dolle and E.F. Paulus, *Organomerallics* **13**, 954(1994).

70. H. Krauledat and H.H. Brintzinger, *Angew. Chem. Int. Ed. Eng.* **29**, 1412(1990).

71. W.E. Piers and J.E. Bercaw, *J. Am. Chem. Soc.* **112**, 9406(1990).

72. C.A. Jolly and D.S. Marynick, *J. Am. Chem. Soc.* 111, 7968(1989).

73. N. Koga and K. Morokuma, *Chem. Rev.* **91**, 823(1991).

74. H. Weiss, M. Ehrig and R. Ahlrichs, *J. Am. Chem. Soc.* **116**, 4919(1994).

75. E.J. Arlman and P. Cossee, *J. Catal.* **3**, 99(1964).

76. N. Ishihara, M. Kuramoto and M. Uoi, *Macromolecules* **21**, 3356(1988).

77. L. Oliva, P. Longo, A. Grassi, P. Ammendola and C. Pellecchia, *Makromol. Chem. Rapid Commun.* **11**, 519(1990).

78. G. Ricci, S. Italia, A. Giarrusso and L. Porti, *J. Organomet. Chem.* **451**, 67(1993).

79. C. Ricci, S. Italia and L. Porri, *Macromolecules* **27**, 868(1994).

80. K. Soga and D.H. Lee, *Makromol. Chem.* **193**, 1687(1992).

81. K. Soga, T. Uozumi, M. Saito and T. Shiono, *Macromol. Chem. Phys.* **195**, 1503(1994).

82. G. Natta, P. Pino, G. Mazzanti and R. Lanzo, *Chim. Ind.(Milan)*, **39**, 1032(1957).

83. D.S. Breslow and N.R. Newburg, *J. Am. Chem. Soc.* **79**, 5073(1957).

84. J.J. Eisch, A.M. Piotrowski, S.K. Brownstein, E.J. Gabe and F.L. Lee, *J. Am. Chem.* Soc. **107**, 7219(1985).

85. A. Zambelli, P. Longo and A. Grassi, *Macromolecules* **22**, 2186(1989).

86. X. Yang, C.L. Stern and T.J. Marks, *J. Am. Chem. Soc.* **113**, 3623(1991).

87. J.C.W. Chien, W.M. Tsai and M.D. Rausch, *J. Am. Chem. Soc.* **113**, 8570(1991).

88. L.E. Schock and T.J. Marks, *J. Am. Chem. Soc.* **110**, 7701(1988).

89. J.C.W. Chien and B.P. Wang, *J. Polym. Sci. Polym. Chem.* **26**, 3089(1988).

90. K. Soga and H. Nakatani, *Macromolecules* **23**, 957(1990).

91. J.C.W. Chien, and D. He, *J. Polym. Sci. Polym. Chem.* **29**, 1603(1991).

92. K. Soga and M. Kaminaka, *Makromol. Chem. Rapid Commun.* **13**, 221(1992).

93. W. Kaminsky and F. Renner, *Makromol. Chem. Rapid Commun.* **14**, 239(1993).

94. W. Spaleck, M. Antberg, I. Rohrmann, A. Winter, B. Bachmann, P. Kiprof, J. Behm and W.A. Herrmann, *Angew. Chem. Int. Ed. Engl.* **31**, 1347(1992).

95. W. Kaminsky and R. Spiehl, *Makromol. Chem.* **190**, 515(1989).

96. S. Collins, W.M. Kelly and D.A. Holden, *Macromolecules* **25**, 1780(1992).

97. H. Yasuda and H. Tamai, *Prog. Polym. Sci.* **18**, 1097(1993).

98. K. Soga, H. Deng and T. Shiono, *Macromolecules* **28**, 3067(1995).

99. A. Mogstad and R.M. Waymouth, *Macromolecules* **25**, 2282(1992).

100. R. Mülhaupt, T. Duschek and B. Rieger, *Makromol. Chem. Macromol. Symp.* **48/49**, 317(1991).

101. T. Shiono and K. Soga, *Macromolecules* **25**, 3356(1992).

102. V. Busico and R. Cipullo, *Prog. Polym. Sci.* **26**, 443(2001).

103. L. Resconi, L. Cavallo, A. Fait and F. Piemontesi, *Chem. Rev.* **100**, 1253(2000).

104. H.G. Alt and A. Köppl, *Chem. Rev.* **100**, 1205(2000).

105. V.C. Gibson and S.K. Spitzmesser, *Chem. Rev.* 103, 283(2003).

106. E.Y. Chen and T.J. Marks, *Chem. Rev.* 100, 1391(2000).

107. E.P. Moore Jr., ed. "*Polypropylene Handbook: Polymerization, Characterization, Properties, Applications*", Hanser, Munich, 1986.

108. E.P. Moore Jr., ed. "*The Rebirth of Polypropylene: Supported Catalysts*", Hanser, Munich, 1998.

109. J. Boor Jr., "*Ziegler−Natta Catalysts and Polymerizations*", Academic, NewYork, 1979.

제 4 장

메탈로센계 중합촉매

ORGANOMETALLIC CATALYSTS FOR OLEFIN POLYMERIZATION

1. 개요

메탈로센(metallocene)은 전이금속 또는 전이금속 할로겐 화합물에 시클로펜타디에닐(cyclopentadienyl, C_5H_5, Cp) 리간드가 배위 결합된 화합물로서 샌드위치 구조로 되어 있는데, 중심원자가 금속이라는 점과 샌드위치의 모양을 지니고 있다는 점에서 메탈로센으로 명명되었다. 메탈로센 화합물은 1954년에 페로센(Ferrocene, Cp_2Fe)을 Wilkinson과 Fischer가 처음 발견함으로써 알려졌다. 4족 전이금속인 티타늄계 메탈로센 화합물을 1950년대부터 중합촉매로 사용하고자하는 시도가 있었으나, 활성이나 분자량이 낮아 실용화에 이르지 못하였다.

1980년 Kaminsky와 Sinn이 비스시클로펜타디에닐 티타늄디클로라이드(biscyclopentadienyltitanium dichloride, Cp_2TiCl_2) 화합물이 물과 트리메틸알루미늄(trimethylaluminum, TMA)으로 합성된 공촉매인 메틸알루미녹산(methyaluminoxane, MAO) 존재하에서 에틸렌과 프로필렌중합에 매우 효과적임을 보고한 후 중합촉매로서 연구가 활발히 진행되었다. 하지만 이 메탈로센은 유기금속화학 분야에서는 훨씬 오래전부터 잘 알려진 화합물이다. 1951년 Pauson과 Miller는 동시에 Fe와 Cp 리간드로 구성된 화합물을 각각 다른 경로로 합성하였으며, Fe와 Cp기가 σ-결합을 하고 있는 구조 (1)(그림 4.1)을 제안하였다. 그러나 이듬해 Wilkinson은 Miller와 Pauson에 의해 합성된 오렌지색 고체의 구조는 2개의 Cp기가 Fe의 위아래에서 π-결합을 한 샌드위치 구조임을 규명하였으며, 이것을 페로센(Ferrocene)으로 부름으로써 소위 메탈로센이 탄생되었다. 비록 유기금속화합물은 1827년 Zeise에 의해 처음 발견되었으나, 페로센의 합성 및 구조 분석은 유기금속화학 분야의 이정표적인 사건이었으며, 많은 사람들은 페로센의 탄생이 현대적인 의미에서 유기금속화학의 출발점으로 인식하고 있다 해도 과언이 아니다. 페로센의 발견 이후 Cp기는 가장 유용한 리간드로 지금까지 이용되고 있다. 페로센의 발견 이후 Cp기는 거의 모든 전이금속과 안정한 화합물을 생성하는 것으로 밝혀져 불균일계 금속촉매의 특성 연구를 목적으로 하는 유기금속 분야에서 요구되는 비교적 안정한 유기금속 모델 화합물의 합성에 널리 이용되고 있다. 페로센의 합성된 후 불과 몇 년 뒤인 1955년 유기금속화학의 또 하나의 이정표인 Ziegler−Natta 촉매인 $TiCl_4/AlEt_3$가 알려져 1950년대를 이 분야의 가장 화려한 시대로 기억하게 되었다. Cp 리간드는 균일계촉매 연구의 학문적인 분야에, Ziegler−Natta 촉매는 중합촉매 연구의 실용적인 면에서 각각 현저한 발전을 이룩하였다. 그 이후 1980년 Kaminsky의 MAO 발견으로 두 분야에서 균일계 메탈로센 중합촉매의 이름으로 함께 주목받게 된 것은 참으로 의미 있을 뿐 아니라, 페로센 및 Ziegler−Natta 촉매와 견줄만한 기념비적인 물질로 관심을 끌고 있는 것은 더욱 재미있는 일이다.

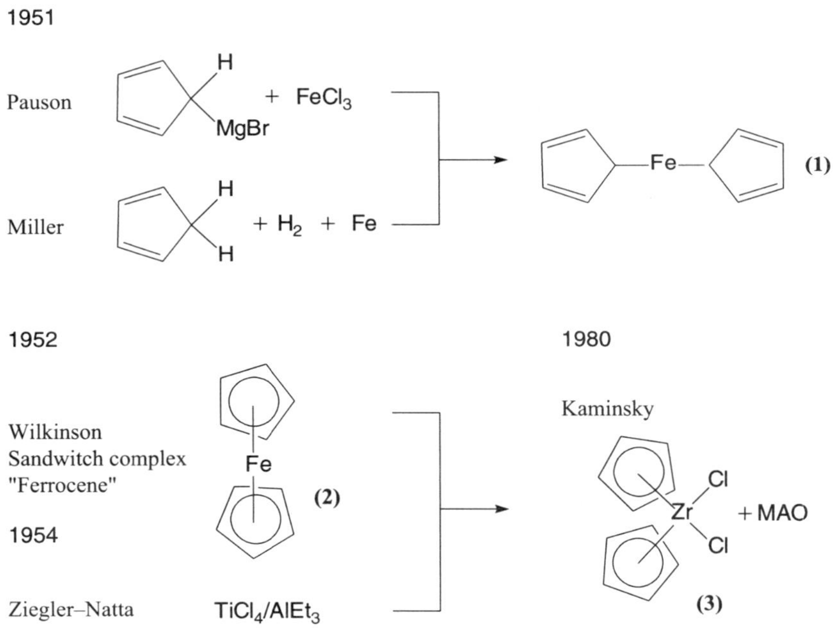

그림 4.1 • 메탈로센 촉매의 발견

1940년대는 속도론(kinetic), 1950년대는 비닐고분자의 중합 메커니즘을 연구하던 시기였다. 1950년대에 고체상의 입체규칙성을 가지는 폴리올레핀이 탄생되었고, 이로 인해 1960년대에 입체규칙성의 비닐고분자를 합성한 화학의 대변혁을 낳게 되었다. 1990

년대에 새로운 성질을 가진 비닐고분자의 제조와 관련된 또 다른 대변혁을 낳은 입체규칙성을 가지는 가용성 촉매인 메탈로센이 등장하게 되었다.

입체규칙성을 가지는 불용성인 Ziegler-Natta 촉매는 다음과 같은 문제를 가지고 있다. 첫째, 입체규칙적인 고분자는 입체구조 제어로 형성되지만 고분자 성질은 이론적인 최대치에 미치지 못하고 있는데, 이는 다양한 촉매활성점이 존재하는 고체촉매 구조 때문이다. 둘째, 촉매활성이 낮은 경우에는 고체상 촉매가 성장하는 고분자 내에 혼합되어 오염물질로 남아있어 촉매잔사 제거공정이 추가적으로 필요하다. 셋째, 고체상 촉매는 다양한 활성점이 혼재되어 정확한 구조와 중합활성점의 규명이 어렵다.

새로운 가용성 촉매인 메탈로센 촉매는 위의 문제점에 대한 다음과 같은 해결책을 제시할 수 있다. 첫째, 단일활성점에서 성장이 이루어져 고체상 촉매로부터 형성된 고분자와 비교해서 규칙적인 나선형구조를 형성한다. 둘째, 메탈로센 촉매를 사용한 경우는 촉매활성이 높아 촉매나 공촉매가 거의 포함되지 않은 고분자 제조가 가능하여 정제공정이 필요 없다. 셋째, 메탈로센 촉매는 균일한 한 가지의 전자와 입체구조를 가지기 때문에 보다 균일한 고분자의 제조가 가능하다.

1 발견

고분자 구조를 변화시켜 고분자의 성질을 조절할 수 있는 기술을 개발하고자 하는 것은 많은 학자들의 희망이었다. 이에 1980년 이후 Ziegler-Natta 촉매와 견줄 만큼 폴리올레핀 제조 기술에 혁신적인 영향을 미칠 새로운 촉매가 개발되었고, 이를 이용하여 상업화하려는 연구가 진행되고 있다. 메탈로센 촉매 혹은 균일계촉매라고 일컫는 이 유기금속촉매는 기존의 촉매와 공정에서는 상상할 수 없었던 전혀 새로운 물성을 갖고 중합이 불가능하다고 여겨진 고분자를 제조할 수 있는 초석을 마련한 점에서 올레핀 중합 역사에서 Ziegler-Natta 촉매 이후의 획기적인 발견으로 평가받고 있다.

Kaminsky와 Sinn에 의해 1980년에 본격적으로 연구되기 시작한 메탈로센 촉매는 좁은 분자량분포, 다양한 입체규칙성 조절, 높은 공단량체 함량, 균일한 공단량체 조성 등의 특징을 가진 폴리올레핀을 얻을 수 있게 하였다.

반응 속도 연구에 적합한 균일계촉매인 Cp_2TiCl_2가 $TiCl_4$ 대신 올레핀 중합에 사용될 수 있다는 것을 Breslow가 발견한 이후, 많은 연구가 진행되었다. 에틸렌중합에서 고활성(6×10^4 g-PE/g-Ti·h·atm)을 나타내며, 아탁틱 PP를 생성하는 $Cp_2Ti(CH_3)_2/AlR_3\text{-}H_2O$의 촉매계를 발견하기에 이르렀다. 이러한 Kaminsky-Sinn 촉매 이외에 V계 균일촉매에 의한 에틸렌-프로필렌 공중합 및 프로필렌의 신디오탁틱 중합을 중심으로 연구가 행해졌으며, 다양한 유기금속화합물을 사용하여 입체특이성 고분자의 합성이 가능하게 되었다(그림 4.2).

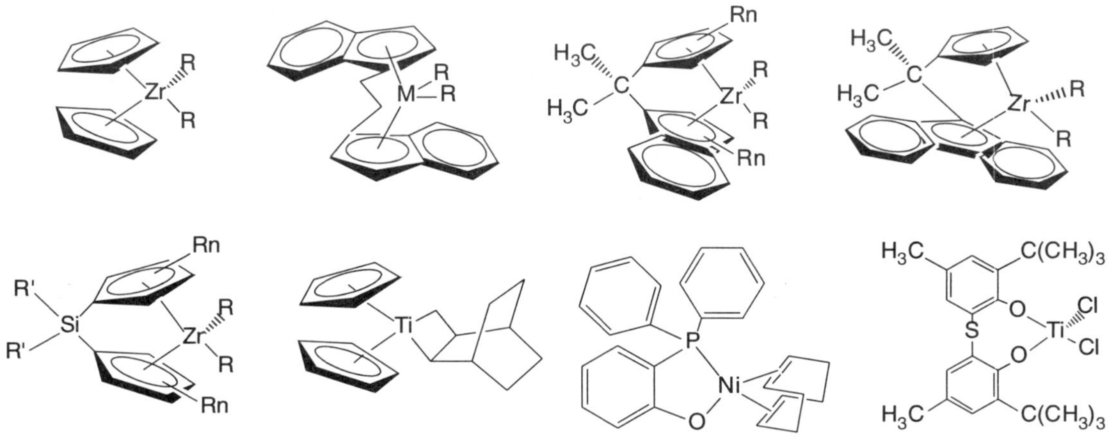

그림 4.2 • 올레핀 중합에서 높은 활성을 가진 메탈로센 및 비메탈로센계 촉매

최근 유기금속화합물을 이용한 고분자의 합성이 학계와 산업계의 많은 주목을 받고 있다. 현재 가장 활발히 연구되고 있는 분야는 메탈로센계 화합물을 촉매로 이용하는 폴리올레핀 분야와 알킬리덴 금속화합물을 사용한 시클로올레핀의 개환중합 분야이다. 특히 메탈로센 촉매는 폴리올레핀이 플라스틱 산업에서 차지하는 비중이 크다는 것과 폴리올레핀 생산업체가 연구개발 능력이 우수한 대기업이라는 점, 그리고 촉매 기술이 폴리올레핀의 물성에 직접 관련된다는 점 등으로 인해 매우 빠르게 발전되고 있으며, 경쟁 또한 치열하게 전개되고 있다. 특히 1991년 이후 세계적인 석유회사들이 경쟁적으로 연구결과를 발표하고 있는데, 이것은 향후 플라스틱 제조를 선도할 메탈로센 촉매 분야의 주도권을 잡기 위한 노력으로 보인다. 이러한 분위기에서 국내의 관련업체들도 높은 관심과 함께 메탈로센 연구를 진행하고 있다. 현재까지 메탈로센 촉매 연구에 투자된 전체 금액이 30억 달러에 다다를 정도로 많은 연구가 진행되어 왔다.

1950년대 Ziegler와 Natta에 의하여 개발된 고밀도폴리에틸렌과 폴리프로필렌 등장 이후, 메탈로센 촉매를 이용하여 새로운 형태의 폴리에틸렌, 폴리프로필렌, 폴리스티렌 등이 개발되었고, 현재 고기능성, 특히 정보 및 광학 소재에 응용할 수 있는 고분자와 이를 제조하기 위한 촉매에 대한 연구가 많이 진행되고 있다. 그 결과 새로운 전이금속 촉매에 대한 연구를 통해 Ziegler−Natta 촉매가 구현하지 못한 고투명 저절연성 고분자가 개발되고 있다. 이러한 일련의 연구 성과로 시클로올레핀계 고분자가 투명성, 내열성, 내약품성이 우수하고 복굴절률과 수분흡수율이 매우 낮아 광학용 소재, 축전지용 필름, 저유전체와 같은 정보전자소재, 저흡수성 주사기, 고발포 포장과 같은 의료용 소재에 다양하게 응용될 수 있게 되었다.

1980년대 후반 일본의 Mitsui화학, JSR, Nippon Zeon과 독일의 Ticona, 미국의 BF Goodrich 등에서는 고투명, 저유전 고분자로서 폴리노르보넨(polynorbornene, PNB), 시클로올레핀 공중합체(Cyclic Olefin Copolymer, COC)와 같은 고리형 올레핀계 고분자를 상업화하기 시작하였다. 이와 관련한 고리형 올레핀 중합 기술은 Ring Opening Methathesis Polymerization(ROMP), 메탈로센 촉매 중합, Ni, Pd-촉매 중합 등을 들 수 있고 모두 전이금속촉매를 사용하고 있으며, 중심금속, 리간드 구조, 촉매조성 변화를 통하여 서로 다른 중합 특성 및 구조가 다른 고분자를 제조할 수 있다.

이러한 메탈로센 화합물이 중합촉매로서 주목을 받게 된 계기는 1976년 Sinn이 Ziegler−Natta 촉매와 같은 올레핀 중합촉매에 있어서 촉매독으로 작용하여 활성점을 피독시키는 물이 메탈로센 촉매계에 소량 첨가되면 오히려 활성을 월등히 향상시킨다는 사실을 발견하면서 부터이다. Kaminsky는 소량 첨가된 물이 결과적으로 공촉매로 투입된 TMA와 반응하여 메틸알루미녹산(methylaluminoxane, MAO)이라는 새로운 화합물을 생성시키고, 이 MAO가 새로운 공촉매로써 메탈로센 촉매계에 작용한다는 사실을 밝혔다. 즉, 메탈로센과 MAO를 공촉매로 하는 새로운 촉매계가 성립된 것이다.

메탈로센 화합물은 그림 4.3과 같이 MAO 공촉매가 배위적으로 불포화된 메탈로센 화합물의 양이온 활성종을 형성하고 동시에 이를 안정화시킴으로서 활성촉매를 형성한다. 활성화된 메탈로센 촉매에 올레핀 화합물이 접근하면 중심금속과 올레핀의 π-전자가 배위결합을 이루고, 불안정한 결합을 갖는 전이상태를 거쳐 올레핀이 알킬기와 결합함으로써 중합이 진행되게 된다. 이때 올레핀 중합에서는 중심금속으로 Ti, Zr, Hf 등 4족(ⅣB족) 전이금속이 주로 사용된다.

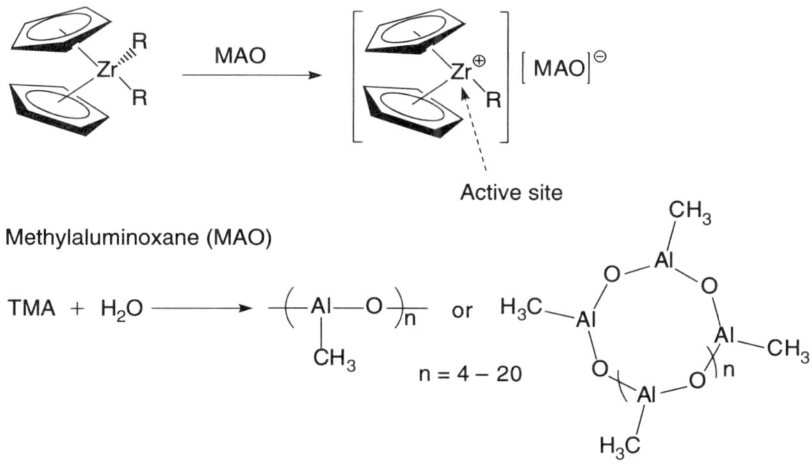

그림 4.3 ∙ 메탈로센 촉매의 활성종과 MAO 구조

1981년 미국 Exxon사의 Ewen은 메탈로센 화합물에 배위된 Cp 리간드의 구조에 따라 고분자의 구조를 제어할 수 있다는 것을 발견하였다. 촉매의 입체구조에 따라 같은 단량체를 사용하더라도 서로 다른 입체규칙성을 가진 고분자를 얻을 수 있는 것이다. 그림 4.4와 같이 메탈로센 촉매는 다양한 구조로 제조할 수 있으며 생성 고분자의 입체규칙성도 제어할 수 있다. Cp 리간드가 하나인 화합물도 촉매로 사용되어 신디오탁틱 폴리스티렌의 제조가 가능하게 되었다.

메탈로센을 구조적 특징에 따라 대별해보면 일반 메탈로센 (bent metallocene), 다리 결합을 가진 안사메탈로센(ansa-metallocene), 구속기하 촉매(constrained geometry catalyst, CGC), 그리고 반쪽 메탈로센(half-metallocene) 등이 있다. 일반 메탈로센은 에틸렌중합에서 높은 활성을 나타내며, 안사메탈로센은 이소탁틱 또는 신디오탁틱 폴리프로필렌 제조가 가능하다. 구속기하촉매는 에틸렌 단독중합에서 긴 가지를 가진 폴리에틸렌 제조가 가능하며, 에틸렌과 α-올레핀의 공중합뿐만 아니라 에틸렌과 스티렌의 공중합도 가능하다. 또한 Cp 리간드가 하나인 반쪽 메탈로센은 스티렌 중합에서 신디오탁틱 중합이 가능하다(그림 4.4).

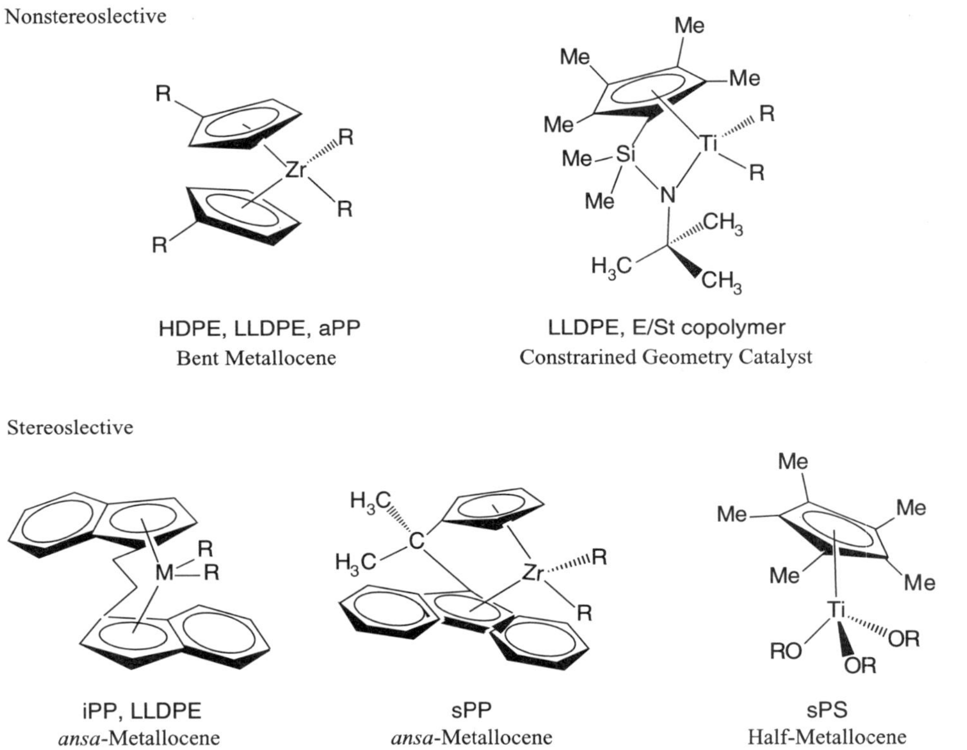

그림 4.4 • 대표적인 메탈로센 촉매

2 정의

유기금속화학에서 메탈로센은 샌드위치 형태의 비스시클로펜타디에닐금속 착물을 말하는 것이지만, 오늘날에는 금속중심에 또 다른 치환이 있는 착물은 물론이고 시클로펜타디에닐이 하나인 반쪽 구조 또는 멀티시클로펜타디에닐 착물을 포함하여 폭넓게 사용된다. 그럼에도 불구하고 "metallo-"라는 접두사는 B, Si 혹은 As와 같은 비금속원소를 포함하는 착물이 현재 발견되는 것을 고려할 때 제한적으로 사용될 수밖에 없다. 메탈로센 착물은 주기율표상의 많은 원소들에 대해 알려져 있는데, 주족 원소(1, 2, 13, 14, 15족)가 하나 이상의 Cp 리간드와 π-결합을 하고 있는 많은 화합물들을 개괄적으로 포함한다. 메탈로센 화합물은 Cp 리간드를 포함하는 착물로 제한되었지만, 헤테로시클로펜타디에닐, 아렌, 카르보릴, 보라조일과 같은 시클로펜타디에닐의 유사체는 물론이고 확장 π-구조를 가진 Cp 리간드를 포함하는 주족 착물에 대한 연구도 많이 발전되어 있다.

주족 메탈로센 화학의 현재 평가는 전이 메탈로센 화학의 성립과 비교할 때, 약 20년간 지체되었다. 그리고 현재 대부분의 결과들은 고체와 가스상 구조의 데이터에서 얻어진 것들이다. 이 화합물들이 전이금속 유사체와 공통되는 특징들을 가지고 있지만, 유기금속화학의 새로운 장이 새로운 구조의 합성에 의해 열렸다. 대부분의 착물은 공기에 민감하고 표준산화상태에 있지만, Cp 리간드는 그룹 13(+1)과 그룹 14(+2)의 원소들이 더 낮은 산화상태의 예외적인 안정성을 가지게 한다.

주족 원소는 구조적으로 오각형 실린더(pentagonal cylinder)로 특징지을 수 있는 Cp 리간드와 다양한 방법으로 상호 반응한다. 모노헵토 상호작용(monohapto interaction)이라고 부르는 실린더 내부에 원소를 가지고 있는 화합물은 내부 원소가 실린더형의 탄소 중심과 가까이 위치하여 η^1으로 표기된다. 만약 내부 원소가 실린더형의 하나 이상의 탄소 중심과 등거리에 있다면 그 착물들은 각각 η^2, η^3, η^4 혹은 η^5의 헵틱성(hapticity)을 가지게 된다. 이런 형식(η^1~η^5)의 착물도 메탈로센으로 분류되며, Cp 실린더 외부에 원소가 있는 경우에는, 가장 가까이에 있는 탄소원자가 보통 삼각평면성(trigonal planarity)에서 크게 비틀어져 있다. Cp 고리 안의 결합길이와 결합각이 불균등하게 되어 Cp의 경우처럼 변하게 된다. 이러한 화합물들은 원자와 탄소 중심이 sp^3 혼성(hybridization)을 하고 있다고 생각되며 σ-착물로 분류된다.

1　　2

이-, 삼헵토 착물이 때때로 주변의 배위(peripheral coordination)를 포함한 것으로 묘사된다. 그것은 1과 같이 전이금속 유사체와 편재된 이중결합의 Cp 면을 가져 지속적인 비틀림을 유발한다. 반대로, 주족 메탈로센은 전형적으로 Cp 형태 안의 C–C 결합이 상대적으로 작은 혼돈을 보이고, 헵토성이 현저하게 감소하며 평면성이 화합물 2와 같이 유지된다. 더욱이, 주족 원소들의 경우 σ-와 멀티헵토 구조의 에너지 차이는 작다. 가장 설득력 있는 것은 헵틱성 사이의 무시할 수 있을만한 에너지 차(4~8 KJ/mol)를 보이는 트리시클로펜타디에닐알루미늄 유도체들의 실험적 및 이론적 연구이다. σ-와 π- 상호작용의 분명한 차이는 주족 원소의 많은 Cp 유도체에서는 가능하지 않고, 헵토성의 분류에는 불완전성이 있다는 것이다.

Cp 유도체의 결합 모델에 대한 정의는 리간드-원소 간 상호작용에서 이온특성도(degree of ionic character)에 의해 더욱 더 복잡하게 된다. 전기음성물질은 매우 넓은 범위는 전이금속원소보다 주그룹에 유용하고, 대부분의 π-블록 메탈로센은 원소와 Cp 리간드 사이의 공유 상호작용에 관련이 있음을 고려해야 하지만, 알칼리와 알칼리 토류 메탈로센은 대개 이온으로 보이고 여전히 둘 다 전이금속 유사체와 관련된 구조적인 특징을 가지고 있다. 결합유형에서 상이점으로 두 가지의 화합물 명명법이 발달하였다. 즉 많은 이온 화합물들은 대체로 분자식 ECp_n으로 나타내고 "원소 시클로펜타디에니드"로 언급되는 반면에 공유화합물은 대개 분자식 Cp_nE로 "시클로펜타디에닐 원소"라고 부른다. 명명법과 분자식의 두 가지 유형을 유지하지만 대부분의 화합물이 이온과 공유적 특성을 타나내므로 반드시 결합유형을 암시하지는 않는다.

주족 메탈로센의 발달은 치환된 Cp 리간드의 사용을 촉진하여, 이들 중 가장 일반적인 것은 종종 모체인 Cp 유사체보다 열안정성이 높은 착물을 형성하는 펜타메틸시클로펜타디에닐(Cp*)이다. 다른 리간드의 범위는 Cp_n 치환으로 표시되는데, 여기서 지수(n = 1~5)와 치환기 유형(M = methyl, iPr = isopropyl, t-Bu = tertiary butyl, Ph = phenyl, Bz = benzyl, D = dimethylsilyl, T = trimethylsilyl, P = diphenylphosphino)을 나타내고, Cp*는 M_5Cp를 의미한다.

많은 Cp 리간드의 부피가 큰 성질은 착물에 대해 흥미로운 뒤틀림을 부과할 수 있지만, 대부분의 조건에서 그들이 원소-탄소 결합분해(cleavage)와 함께 치환반응을 일으키는 좋은 리빙 그룹이라고는 할 수 없다. 원소 중심에 보조 배위를 할 수 있도록 곁가지 작용기(CpN, CpO, N = dimethyaminoethyl, O = methoxyethyl)를 도입하는 방법은 여러 가지의 화학과 새로운 분자구조와 함께 메탈로센의 개발로 새로운 차원을 제공한다.

3 특성

일반적인 Ziegler−Natta 촉매는 활성점인 금속성분이 불활성인 고체 표면에 분산되어 활성점의 성질이 균일하지 않기 때문에 다활성점 촉매(multi-site catalyst)라고 부른다. Ziegler−Natta 촉매로 에틸렌과 부텐을 공중합할 때 중합된 고분자의 분자량과 각 고분자에 함유된 공단량체인 부텐의 분포가 활성점에 따라 서로 다르다. 이에 반하여 메탈로센 촉매는 일정한 구조를 갖는 하나의 활성점을 형성하고 모든 활성점이 동일한 특성을 갖는 단일활성점 촉매(single-site catalyst)라고 할 수 있다. 따라서 중합된 고분자의 분자량과 공단량체의 분포도 균일하다. 또한 메탈로센 촉매는 Ziegler−Natta 촉매보다 공중합 활성이 좋아 고분자 내의 공단량체의 함량을 크게 높일 수 있다.

일반적으로 메탈로센 촉매로 얻은 고분자는 분자량분포가 좁기 때문에 고분자량 성분이 적어서 투명도가 높으며, 저분자량 성분도 없어서 수지 특유의 맛이나 냄새의 문제가 없다. 또한 공중합 성능이 우수하기 때문에 유연하고 강도가 크며 내환경성이 좋다. 이러한 특성을 이용하여 메탈로센계 폴리에틸렌은 기존 제품보다 강도와 투명도가 극히 높은 필름을 만들 수 있고, 공단량체의 함량을 극대화시켜 밀도가 아주 낮은 탄성체(elastomer) 영역의 제품도 얻을 수 있다. 또한 폴리프로필렌의 경우에는 촉매구조 변화에 따라 iPP 또는 sPP 구조를 선택적으로 만들 수 있다.

폴리스티렌의 경우 일반적인 중합법으로 aPS를 얻지만, 메탈로센 촉매를 사용하면 곁가지가 교대로 엇갈리게 배열된 새로운 신디오탁틱 폴리스티렌(syndiotatic polystyrene, sPS)을 만들 수 있다. 이러한 sPS는 결정성이 높고, 내열성과 내화학성이 우수하다.

이밖에 메탈로센 촉매의 탁월한 공중합 성능을 이용하여 제조된 에틸렌/프로필렌/디엔 공중합체(ethylene/propylene/diene terpolymer, EPDM)는 가황속도 증가 등 새로운 물성이 기대되고 있으며, 노르보넨(norbonene)과 같은 고리형 단량체와 에틸렌을 공중합한 시클로올레핀 공중합체(cycloolefin copolymer, COC)는 무정형의 물질로 광학소재로서 유망한 소재이다.

이러한 메탈로센 고분자 제품의 개발은 폴리올레핀과 같은 범용 소재를 고성능화하여 신규 수요를 만들어낼 뿐 아니라 값이 비싸고 재활용이 어려운 기존 제품을 대체하는 효과가 있어서, 특히 중저급의 엔지니어링 플라스틱이 가장 큰 영향을 받을 것으로 생각된다.

메탈로센 촉매 기술이 갖는 보다 큰 의미는 분자 수준의 고분자 구조와 물성 제어라는 개념의 도입이라고 볼 수 있다. 즉 촉매의 구조를 설계함으로써 원하는 고분자의 구조를 결정할 수 있는 길이 열리게 된 것이다. 이는 신제품 개발을 용이하게 할 뿐 아니라, 궁극적으로는 고객의 수요를 반영하여 고분자를 설계하는 새로운 생산방식으로 이어지리라 생각된다. 이 경우 제품의 물성이 사용된 단량체에 따라 결정되는 기존의 제품과는 달리 고객이 원하는 물성에 따라 정교하게 설계된 제품이 될 것이다.

메탈로센 촉매는 Ziegler－Natta 촉매와 다른 여러 가지 특징을 가지고 있다. 첫째로 메탈로센의 구조를 변형시킴에 따라 여러 가지 입체특이성을 가진 중합체를 제조할 수 있다. 둘째로 중합 가능한 단량체의 종류가 다양하여 여러 가지 α-올레핀뿐만 아니라 시클로올레핀의 고리구조가 유지되면서 중합할 수가 있다. 셋째로 불균일성인 Ziegler－Natta 촉매계에서는 전이금속의 일부만이 활성점으로 작용하는데 반하여, 균일성인 메탈로센 촉매에서는 대부분의 금속이 중합에 참가함으로써 보다 높은 중합활성을 나타낸다. 넷째로 메탈로센 촉매는 균일한 성질의 활성점을 가지고 있음에 따라 분자량분포가 좁은 중합체나 공단량체의 함량이 높은 공중합체와 공단량체의 분포가 보다 균일한 공중합체를 제조할 수 있다.

메탈로센계 촉매가 많은 주목을 받고 있는 주된 이유와 장점은 메탈로센 촉매에 의해서 고분자를 제조할 경우 원하는 구조를 가진 고분자의 합성이 가능하기 때문이다. 다시 말하자면 원하는 물성을 가진 고분자의 구조를 설계한 후 이에 알맞은 촉매를 설계하고 합성하여 계획된 고분자를 합성할 수 있을 것으로 기대되기 때문이다. 이것은 촉매 및 고분자 합성연구자들의 오랜 꿈을 실현시키는 것일 것이다. 메탈로센 촉매의 어떠한 특성이 원하는 구조를 가진 고분자의 합성을 유도하는지 살펴보기 위해서는 기존의 Ziegler–Natta 촉매와 메탈로센 촉매의 특성을 비교하여 표 4.1에 나타내었다.

표 4.1 ◦ 메탈로센 촉매와 Ziegler–Natta 촉매의 비교

특성	Ziegler–Natta 촉매	메탈로센 촉매
촉매성분	$TiCl_4$, $TiCl_3$	Cp_2ZrCl_2, Cp_2TiCl_2
공촉매	$AlEt_3$	MAO($AlMe_3$ + H_2O)
공촉매/촉매 몰 비율	100 이내	100 이상
중합 메커니즘	배위	배위
촉매활성점	양이온 특성	양이온 특성
제조 고분자	LLDPE, HDPE, VLDPE, iPP	VLDPE, LLDPE, HDPE, iPP, sPP, sPS, sPMMA etc
공단량체 종류	1-부텐, 1-헥센, 1-옥텐	α-올레핀(C_4–C_{30})

거시적으로 보아 두 촉매는 모두 촉매 중심금속이 IV족에 속하는 전이금속이며, 공촉매는 III족에 속하는 알루미늄이다. 또한 촉매성분이 공촉매의 도움 없이는 촉매활성점을 생성할 수 없다는 점과 생성된 활성점이 전자가 결핍된 양이온 특성을 보이는 점도 공통점이며 중합 메커니즘도 모두 배위 중합이다. 이러한 비슷한 점들로 인해 메탈로센 촉매를 크게 Ziegler–Natta 촉매로 분류되며 균일계 Ziegler–Natta 촉매로 부르는 것이다. 하지만 이러한 비교는 개괄적인 것이며, 촉매를 거시적으로 관찰한 것에 불과하므로 엄밀한 의미에서 촉매의 특성을 비교한 것으로 볼 수 없다. 왜냐하면 촉매의 특성 비교는 촉매활성점의 관점에서 관찰하는 것이 의미 있기 때문이다.

Ziegler–Natta 촉매는 반응계 내에서 전기적, 입체적 성질이 다른 여러 개의 활성점이 생성되며 이들 활성점들은 활성점마다 특성에 알맞은 고분자를 생성하게 된다. 따라서 생성되는 고분자의 구조와 분포는 활성점의 수와 분포에 대응하여 표 4.2에 나타난 것처럼 다양한 분자량과 곁가지 분포를 가진 고분자들이 혼합되어 있는 고분자가 제조된다.

Ziegler–Natta 촉매의 특성은 촉매 제조상 나타나는 본질적인 것이므로 특성 조절이 거의 가능하지 않다. 따라서 공정적인 변수 조절에 의한 특성 조절이 활발히 연구되고 있으나 촉매가 고분자 특성에 끼치는 영향이 공정에 미치는 영향보다 더 크기 때문에 이런 접근은 한계가 있다. 반면 메탈로센 촉매는 활성점들의 전기적, 입체적 특성이 균일하여 생성되는 고분자의 특성 역시 균일한 분자량과 곁가지 분포를 이루어 촉매의 이름도 단일활성점 촉매라고 한다. 촉매의 구조가 바뀌면 다른 구조의 단일활성점이 생성되며 촉매 구조에 따라 활성점 특성이 정해지고, 생성되는 고분자의 구조 역시 정해지는 조직적인 연결성이 나타난다. 따라서 원하는 특성의 고분자가 설계되면 여기에 적합한 촉매를

표 4.2 • Ziegler-Natta 촉매와 메탈로센 촉매의 활성점 비교

Ziegler-Natta 촉매	촉매	메탈로센 촉매
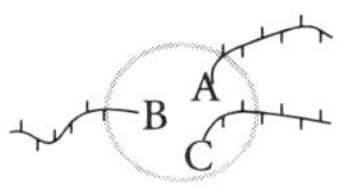	모양	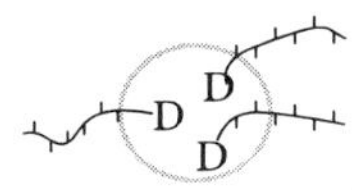
다중점(A, B, C…)	활성점의 수	단일점(n개의 D site)
활성점 수에 따라 다양	분자량	n개의 일정한 고분자
넓다	분자량분포	~2
활성점에 따라 다르다	공단량체와의 반응	일정하다
불규칙한 분포	곁가지 분포	규칙적인 분포
다양한 고분자의 구조가 혼합된 것	전체 고분자 구조	일정한 고분자의 집합체

제조하여 원하는 구조를 가진 고분자의 합성이 가능하게 된다.

표 4.1에 나타난 바와 같이 Ziegler-Natta 촉매로는 VLDPE, LLDPE, HDPE 등의 PE와 iPP만을 생산할 수 있으나 메탈로센 촉매로는 PE, iPP 뿐 아니라 sPP, sPS, sPMMA, 폴리시클로알켄 등 기존의 Ziegler-Natta 촉매나 기존의 중합법으로 만들 수 없었던 입체규칙성 고분자를 제조할 수 있어 그 적용 범위 또한 점점 넓어질 것으로 기대된다.

메탈로센 촉매는 사슬성장이 보다 정확한 나선형구조를 형성하는 것을 가능하게 할 뿐만 아니라 더 높은 입체규칙성을 가진 비닐고분자를 얻을 수 있고, 촉매활성점의 균질성 때문에 좁은 분자량분포를 가진 고분자 제조가 가능하다. 이러한 효과로 강도와 인장 성질이 향상된 고분자를 제조할 수 있다. 에틸렌에 대한 메탈로센 촉매의 사용은 Ziegler-Natta 촉매와 같은 고체상 촉매를 사용하여 제조된 PE와 비교하여 가지가 적게 달린 PE 사슬의 합성이 가능하다. 표 4.3은 Ziegler-Natta 촉매를 사용하여 제조한 PE과 메탈로센 촉매로 제조한 경우의 성질을 비교한 것이다.

표 4.3 • Ziegler-Natta 촉매와 메탈로센 촉매에 의한 폴리프로필렌의 성질 비교

Properties	Unit	Metallocene	Ziegler-Natta Cat.
Density	g/cm^3	0.967	0.964
Melt Index	g/10min	1.3	1.1
Haze		4.2	10.5
Tensile Modulus	psi	800	750
Tensile Strength	psi	9400	7300
Elongation at Break	%	630	670

4 입체화학적 제어

메탈로센 촉매의 대표적인 두 가지 특성은, 촉매적인 관점에서 단일활성점 촉매라는 것과 생성 고분자의 측면에서는 다양한 올레핀을 입체규칙성을 가지게 제조할 수 있는 점이다. 예를 들어 Ziegler－Natta 촉매로는 iPP만 생산되나 메탈로센 촉매로는 sPS를 만들 수 있는데, 이와 같은 메탈로센 촉매의 입체화학적 구조 조절을 활성점의 관점에서 설명할 수 있다.

그림 4.5에 나타낸 것 같이 양이온 활성점은 두 개의 Cp기와 한 개의 R(성장하고 있는 고분자 사슬)이 금속 원자 주위에 있으며 중합은 단량체의 배위와 삽입으로 진행된다. 입체규칙성은 활성점에 단량체가 배위될 때 결정되며 배위결합은 중심금속 주위, 즉 활성점의 크기 및 입체적인 환경에 의해 선택적으로 유도된다. 여기서 단량체의 배위방향 조절 메커니즘은 사슬말단기 제어(chain-end control)와 활성점 입체구조 제어(enantiomorphic site control)이다.

사슬말단기 제어는 단량체의 배위방향이 바로 전에 삽입된 단량체 단위의 입체화학에 의해 결정되는 메커니즘이다. 그림 4.5는 프로필렌 단량체가 배위될 때의 4-요소 전이상태(4-membered transition state)와 이미 삽입된 프로필렌의 메틸기가 서로 입체 작용

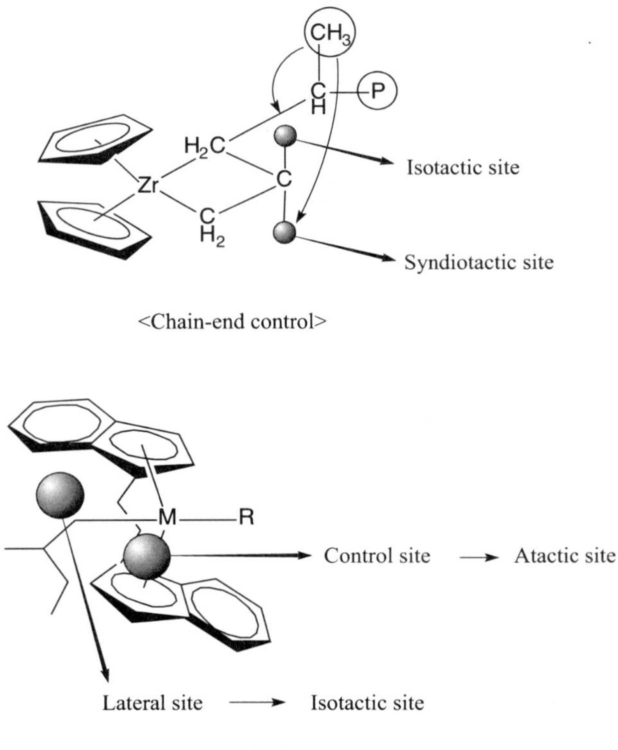

그림 4.5 • 사슬말단기 구조와 입체구조 제어

하여 이소탁틱 혹은 신디오탁틱 활성점을 조절하는 것을 나타낸다. 그림으로는 신디오탁틱 방향이 다소 유리할 것으로 기대되며 실제적으로 VCl_3에 의한 sPP합성이 이 메커니즘으로 처음 제안되고 설명되었다. 또한. 사슬말단기 제어에 의한 iPP의 구조는 표 4.4에 나타난 것처럼 입체블록(stereoblock) 형의 iPP를 생성한다. 이것은 중합 도중 한 개의 단량체가 반대 방향으로 배위 및 삽입되면 다음에 도입되는 단량체의 배위방향이 영향을 받아 계속적으로 반대 방향으로 배위되기 때문이다.

표 4.4 • PP 제조 시 메탈로센 화합물들의 입체구조 제어

Catalyst	Type	Tacticity	Stereochemistry
Cp_2TiPh_2	Unbridged Metallocene	isotactic	chain-end control
VCl_3	Non-metallocene	syndiotactic	chain-end control
Cp_2ZrCl_2	Unbridged Metallocene	atactic	–
$TiCl_4$	Ziegler–Natta	isotactic	Enantiomorphic site control
$Et(Ind)_2ZrCl_2$	Bridged Metallocene	isotactic	Enantiomorphic site control
$iPr(Cp)(Flu)ZrCl_2$	Bridged Metallocene	syndiotactic	Enantiomorphic site control

반면 입체구조 제어는 활성점의 리간드와 중심금속의 구조가 열역학적으로 유리한 방향의 단량체 배위를 유도하는 메커니즘이다. 그림 4.5는 대표적인 안사-메탈로센 촉매인 ethylenebisindenyzirconium dichloride ($Et(Ind)_2ZrCl_2$)의 예로 단량체의 배위자리로 중앙 자리(growing polymer chain과 R 사이)와 뒷자리(growing polymer chain 옆자리)가 가능한데 뒷자리에 배위되는 것이 에너지적으로 유리하다. 그런데 뒷자리는 인데닐의 페닐링 바로 아래이므로 프로필렌이 배위될 때 메틸기는 입체적 장애를 피하기 위해 페닐링과는 반대쪽으로 활성점에 접근하여 배위된다.

결과적으로 뒷자리는 에너지적으로 유리하고 이소탁틱을 유도하는 자리가 되어 생성되는 고분자의 입체화학을 조절한다. 이 메커니즘으로 생성된 iPP는 중합 시 한 개 단량체가 반대 방향으로 배위, 삽입되어도 활성점 자체의 비대칭이 유지되므로 다시 원래 방향의 배위가 계속되어 iPP를 만든다. 이 구조는 Ziegler–Natta 촉매로 제조된 iPP와 같은 것이므로, Ziegler–Natta 촉매의 입체화학적 제어는 입체구조 제어임을 알 수 있다. 여기서 한 가지 중요한 점은 촉매의 입체화학적 제어 메커니즘이 활성점으로 설명되지만 활성점 구조를 직접 관찰하여 입증된 것이 아니라, 생성된 고분자의 구조를 분석하여 활성점 구조를 밝히는 접근으로 이루어졌다. 이것은 활성점 자체를 관찰하는 것이 실험적으로 어렵기 때문인데 향후 좀 더 확실한 활성점의 특성조사에 기인된 촉매 특성향상을 위해서는 활성점 모델 화합물의 합성과 중합 연구가 뒷받침되어야 할 것이다.

표 4.4를 살펴보면 몇 가지 재미있는 점이 발견되었다. 첫째, 사슬말단기 제어는 중심금속 Ti나 V일 때 나타나고 Zr의 경우에는 나타나지 않는다. Ti(IV)의 이온반경은 0.65Å

인데 비해 Zr(VI)의 이온반경은 0.79Å이다. 따라서 Ti나 V의 경우 이온 반경이 작아 금속 주위의 배위구(coordination sphere)가 리간드와 고분자 주쇄로 밀집되어 있어 미리 삽입된 단위의 입체적인 모양이 배위되는 모노머에 영향을 줄 수 있다. 반면 Zr은 상대적으로 이온 반경이 커서 이와 같은 영향이 작기 때문이라 설명된다. 둘째는 촉매구조의 영향이 크다는 점이다. 즉, 일반(bent) 메탈로센은 입체화학적 제어가 없거나 있는 경우에는 사슬말단기 제어로 진행되고 다리결합 메탈로센은 활성점 입체구조 제어로 진행됨을 보여준다. 다리결합 메탈로센의 활성도는 구조가 유연성이 없으므로 배위자리의 비대칭이 계속 유지되어 올레핀의 배위방향이 고정되기 때문이다. 촉매 설계자의 관점에서는 활성점 입체구조 제어가 사슬말단기 제어보다 매력적인데, 이는 사슬말단기 제어는 촉매의 리간드 설계에 크게 영향받지 않으나, 활성점 입체구조 제어는 촉매의 리간드의 크기, 유연성, 전기적 및 입체적 영향 등에 의해 촉매활성점의 구조가 결정되어 생성되는 고분자의 특성에 직접적인 영향을 주기 때문이다.

2. 촉매 성분

1 메탈로센

새로운 가용성의 입체규칙성 중합촉매는 금속원자, 공촉매 또는 짝이온(counterion) 그리고 리간드의 세 가지 특징이 요구된다. 주요 금속원자로는 Zr, Ti, Hf, Sc, Th 그리고 희토류(Nd, Yb, Y, Lu, Sm)가 많이 사용된다. Cp는 가장 일반적으로 사용되어온 리간드이지만 치환된 Cp기와 다리결합 Cp기를 포함하여 다양한 구조들이 사용되고 있고, 금속 리간드기로는 이염화 지르코늄(zirconium dichloride)이 가장 광범위하게 사용된다.

메탈로센은 Cp와 그 유도체인 인덴(indene), 플루오렌(fluorene) 등에서 얻을 수 있는 아래와 같은 리간드를 가지고 있는 유기전이금속화합물이다.

Cyclopentadienyl(Cp) Indenyl(Ind) Fluorenyl(Flu)

가장 대표적인 메탈로센 촉매로는 아래와 같은 구조를 가진 것들이 있다.

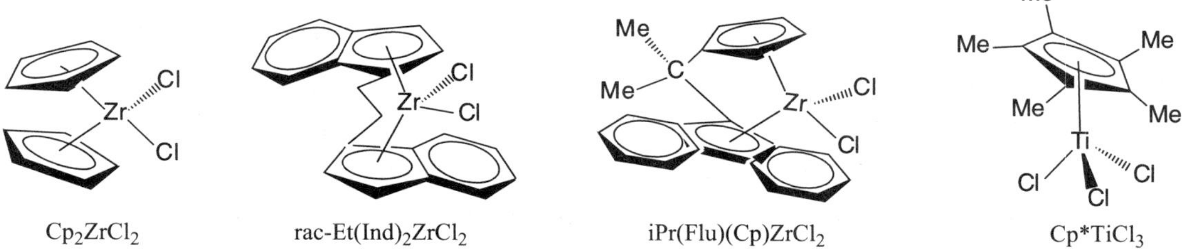

Cp_2ZrCl_2 rac-Et(Ind)$_2$ZrCl$_2$ iPr(Flu)(Cp)ZrCl$_2$ Cp*TiCl$_3$

Cp_2ZrCl_2를 사용하여 에틸렌을 중합하였을 때 고활성을 나타내었으나, 프로필렌중합에서는 단지 aPP 만이 생성되었다. 따라서 입체규칙성을 가지고 있는 메탈로센 촉매의 필요성이 대두되었고, 이를 극복하기 위하여 입체장애(steric hindrance)가 큰 리간드를 설계하여 새로운 메탈로센의 개발에 노력을 경주하였다. 그 결과로 광학활성을 가지는 안사(ansa)메탈로센 화합물인 에틸렌비스(1-인데닐)지르코늄 디클로라이드(ethylenebis(1-indenyl)zirconium dichloride, rac-Et(Ind)$_2$ZrCl$_2$) 등으로 iPP를 제조하게 되었고, 이소프로필리덴-9-플루오레닐-1-시클로펜타디에닐지르코늄 디클로라이드(isopropylidene-1-cyclopentadienyl-9-fluorenyl zirconium dichloride, iPr(Cp)(Flu)ZrCl$_2$) 촉매로는 sPP를 얻게 되었다. 이러한 안사-메탈로센으로 시클로펜텐, 노르보넨 등의 시클로올레핀의 중합 및 공중합도 가능하게 되었다. 또한 삼염화 펜타메틸시클로펜타디에닐티타늄(pentamethylcyclopentadienyltitanium trichloride, Cp*TiCl$_3$)을 이용하여 새로운 고분자 소재인 신디오탁틱 폴리스티렌(sPS)을 제조할 수 있게 되었다.

1980년 이후 여러 가지 형태의 메탈로센이 합성되어 그 특성이 연구되었고 지금까지 알려진 화합물들은 구조적인 특성, 반응성 및 생성 고분자에 따라 몇 종류로 분류될 수 있다. 본 절에서는 효과적인 메탈로센의 특성 이해를 목적으로 메탈로센을 구조에 따라 분류하여 설명하고자 한다.

❶ 벤트(bent) 메탈로센

Kaminsky 촉매인 Cp_2ZrCl_2를 시작으로 초기 메탈로센 연구의 중심을 이룬 화합물로서 촉매활성은 높지만 입체특이성은 나타나지 않는다. 따라서 입체규칙성이 요구되는 고분자의 합성에는 적합하지 않으므로 주로 PE 제조 촉매로 연구되어 왔다. 표 4.5는 알려진 화합물들의 에틸렌중합에서 상대적인 활성도 비를 나타낸 것이며 여러 논문을 서로 비교하여 환산된 것이므로 반응 조건에 따라 차이가 있을 수 있으나 대체적인 비교로는 충분하리라 생각된다. 중심금속은 Zr이 대부분이고 Hf의 경우는 Zr보다 활성이 낮으며 분자

표 4.5 • Cp'_2MX_2의 활성도 비교

Catalyst	Activity ratio	비고
$(5,6\text{-}Me_2Ind)_2ZrCl_2$	14	
$(Ind)_2ZrCl_2$, $(Ind)_2ZrMe_2$, $(4,7\text{-}Me_2Ind)_2ZrCl_2$	7	
$Cp_2Zr(CH_2SiMe_3)_2$	5	$Et(Ind)_2ZrCl_2$
$Cp_2Zr(CH_2Ph)_2$	3.5	
Cp_2ZrPh_2	3	
$(MeCp)_2ZrCl_2$	1.8	
Cp_2ZrMe_2, Cp_2ZrCl_2	1	25×10^6 g-PE/g-Zr·h
Cp_2HfCl_2	0.7	
$(Me_5Cp)_2ZrCl_2$	0.3	

량은 오히려 크며, Ti는 열적 안정성이 나쁜 것으로 알려지고 있다.

따라서 중심금속은 특별한 경우가 아니면 Zr을 이용하고, Cp리간드는 다양하게 사용되었으며 인데닐은 Cp보다 활성도가 7배 크고 인데닐의 4, 5 위치에 메틸기가 치환되면 활성도가 Cp보다 14배나 증가한다. 이런 경향은 전반적으로 촉매의 전기적인 효과로 설명된다. 즉 촉매에 전자 밀도를 증가시키는 방향으로 리간드가 변화하면 활성이 증가된다. 이것은 전술한 바와 같이 양이온 활성점을 안정화시키는 효과가 크기 때문이다. Cp외에 치환기인 X의 효과는 다소 복잡하다. X가 Cl과 메틸은 큰 차가 없으나 페닐(phenyl), 벤질(benzyl), 네오실릴펜틸(neosilylpentyl)로 갈수록 활성도가 조금씩 증가한다.

다리결합이 없는 메탈로센 화합물은 모두 입체특이성을 보이지 않는 것은 아니다. 1991년 Erker는 입체적으로 매우 큰 치환체를 Cp에 붙인 메탈로센인 rac-$[CpCH(CH_3)Ph]_2ZrCl_2$와 rac-$[CpCH(CH_3)cyclohexyl]_2ZrCl_2$를 합성하여 프로필렌을 중합시켜 iPP를 얻었다. 뿐만 아니라 최근 Razavi는 메틸이 치환된 플루오레닐기로$(1\text{-methylfluorenyl})_2ZrCl_2$를 합성하여 iPP를 얻었다.

이 결과는 다리결합이 없는 메탈로센이라도 부피가 큰 치환체가 존재하여 리간드의 자유회전(free rotation)을 방지하면 활성점 주위에 비대칭이 생겨 입체화학적 성질이 나타남을 말한다. 따라서 입체화학적 성질의 문제는 다리결합의 유무가 아니라 활성점의 고정도(rigidity)가 영향을 주는 것을 알 수 있다.

요약하면 다리결합이 없는 메탈로센은 중심금속으로 Zr이 바람직하며 Cp리간드는 전자밀도가 클수록 활성도를 향상시키고 높은 활성도와 낮은 입체특이성으로 인해 PE제조에 매우 효과적인 촉매이다.

❷ 다리결합(bridged) 안사-메탈로센

안사-메탈로센은 리간드가 연결된 구조로서 대칭성에 따라 세 가지로 나눌 수 있다(그림 4.6). 2개의 Cp기가 같고 C_2 대칭성(symmetry)이 있는 대칭 다리결합 메탈로센이고, 첫째는 C_2 대칭성은 없으나 σ 대칭성이 있는 비대칭성(nonsymmetric) 안사-메탈로센이 있다. 이 중에서 대칭성 메탈로센이 가장 많이 연구되어 있으며 특히 다리결합이 에틸렌(ethylenic)기와 디메틸실릴(dimethyl silyl)기인 경우에 높은 활성도와 이소탁틱 입체규칙성을 나타낸다. 전기적 및 입체적인 영향은 전술한 바와 같이 전자주게기가 치환되면 양이온 금속 중심에 전자 밀도를 높여 활성도가 향상된다. 치환기가 인데닐기의 경우에는 5-요소고리(5-membered ring)에 도입되면 입체장애가 커서 활성도를 감소시키는 반면에 6-요소고리(6-membered ring)에 도입되면 입체효과는 미약하고 전기적인 효과가 주로 영향을 미치게 된다.

두 번째는 대칭성이 있는 비대칭의 안사-메탈로센으로 다리결합이 2,2-디메틸프로필리덴이며 분자 내에 σ 대칭성이 존재하는 Cp기와 플루오레닐기를 가진 화합물로 매우 효과적인 sPP 촉매이다. 따라서 sPP 촉매는 다리결합의 종류보다 한 개의 Cp기와 한 개의 플루오레닐기가 존재하는 것이 더 중요하다. 세 번째 종류는 전혀 대칭성이 없는 것으

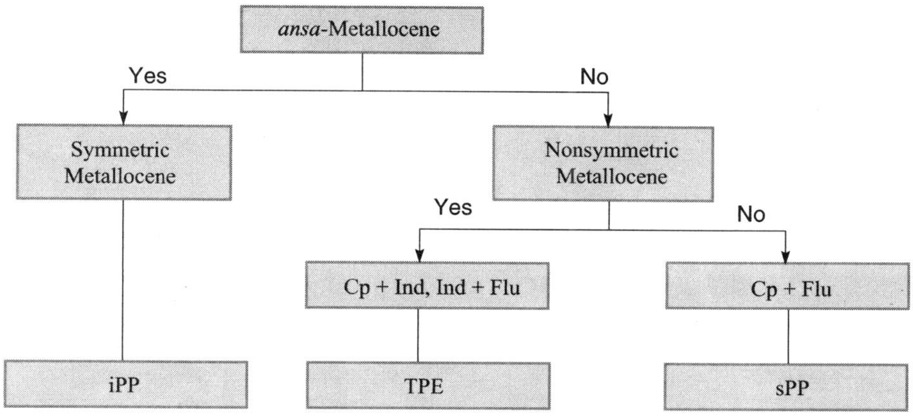

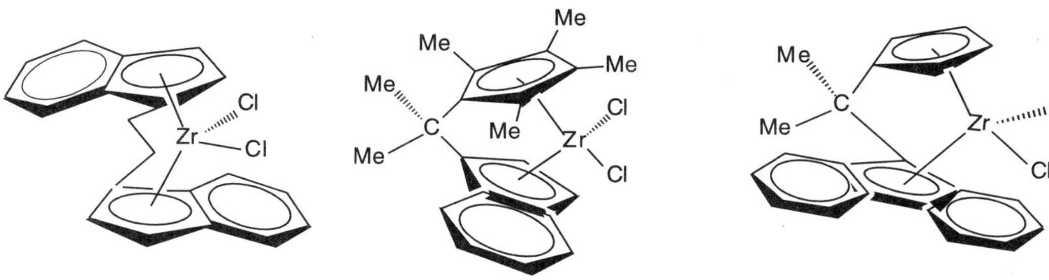

rac-Et(Ind)$_2$ZrCl$_2$　　iPr(TMCp)(Ind)ZrCl$_2$　　iPr(Cp)(Flu)ZrCl$_2$

그림 4.6 • 입체규칙성 중합이 가능한 안사-메탈로센 구조

로 열가소성 탄성체(thermoplastic elastomer, TPE) 제조 촉매인데 1990년 Chien에 의해 처음 보고되어 지금까지 알려진 촉매는 Cp기와 인데닐기로 된 안사-메탈로센과 인데닐기와 플루오레닐기로 구성된 안사-메탈로센이 있다. 전자의 경우는 중합 과정에서 단량체가 인데닐기의 페닐 고리위의 위치에서 배위, 삽입이 진행되면 이소탁틱성을 나타내고 반대 방향으로 중합이 진행되면 입체규칙성이 없어진다. 실험 결과 두 개의 활성점 사이의 에너지 차이가 작아 단량체 배위와 중합이 교대로 진행되어 이소탁틱 결정 영역과 아탁틱 무정형 영역이 존재하여 TPE를 만든다.

결론적으로 안사-메탈로센은 입체규칙성 제어가 가능하며, 리간드 구조와 대칭성에 따라 고분자의 입체규칙성이 변화함으로 메탈로센 촉매 중 가장 중요하게 인식되어 활발히 연구가 진행되고 있다.

그동안 지속되어온 제4족 금속(Ti, Zr, Hf)을 이용한 메탈로센 화합물의 주된 연구 중의 하나는 중합체의 입체규칙성을 정교하게 조절할 수 있도록 대칭적이면서도 공간적으로 견고한 다리결합 리간드(bridged ligand)를 가지는 다양한 형태의 안사-메탈로센의 합성과 그들의 α-올레핀 중합에 관한 것으로 그 결과는 현재까지 많은 문헌에 보고되어 왔다. 리간드의 방향족 고리에 입체적 장애를 주는 다양한 치환기를 도입하거나 다리결합 리간드의 크기나 원자수 그리고 원자의 성질을 적절히 변형시킴으로써 활성화된 메탈로센 촉매계의 중합 특성을 원하는 방향으로 이끌어 나가려는 수많은 시도가 진행되어 매우 성공적으로 진행되어온 것을 알 수 있다.

에틸렌이나 스티렌 중합의 경우에는 메탈로센 촉매계의 구조적 변화는 중합활성, 공단량체의 삽입능력 그리고 분자량에 영향을 미친다고 알려져 있고, 프로필렌의 경우에는 이러한 요소가 중합활성, 위치선택성(regioselectivity) 및 입체선택성(stereoselectivity), 분자량 그리고 매우 높은 입체규칙성을 갖는 고분자에서 완전한 무정형의 소중합체에 이르기까지 탁틱성에 큰 영향을 미친다고 알려져 있다.

폴리올레핀의 입체구조는 물성에 큰 영향을 주게 된다. 폴리프로필렌의 예를 들면, TPE는 1950년대 Natta에 의해 최초로 발견되었으며, 이들의 특징을 입체블록 고분자(stereoblock polymer)라고 설명하였다. iPP는 결정성 고분자인 결정성 열가소성수지를, aPP는 녹는점이 없는 고분자인 무정형 탄성체를 생성시키는데, TPE의 특징은 폴리프로필렌 사슬구조 중에 입체구조 자체가 다른 단위가 규칙적 단위로 블록을 이루고 있는 구조를 지니고 있다. TPE는 메탈로센 촉매 구조 및 반응 조건을 변화시킴으로써 정교하게 그 구조와 물성 조절이 가능하다.

1990년대에 Chien이 대칭성이 전혀 없는 촉매를 사용하여 입체블록 고분자를 합성하였고, 1995년에는 Collins가 두 리간드가 탄소 혹은 실리콘 원자로 연결, 고정된 두 개의 비등방 활성점(unequivalent site)을 가지는 안사-메탈로센으로 입체블록 고분자를 합성하였다.

❸ 구속기하촉매(Constrained Geometry Catalyst, CGC)

구속기하촉매(Constrained Geometry Catalyst, CGC)는 아래와 같이 중심금속이 한 개의 헤테로원자(heteroatom)에 연결되어 있는 구조이며, Dow Chemical에서 합성하여 구속기하촉매로 불리게 되었다.

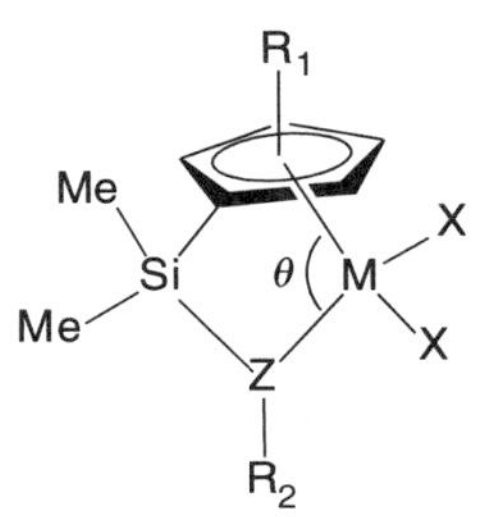

R_1 = H or alkyl
R_2 = alkyl
Z = Hetero atom (N, O, S)
M = Ti, Zr
X = Halogen, alkyl

안사-메탈로센과 비교하여 하나의 Cp기 대신 헤테로원자로 치환된 것으로, CGC의 특성은 바로 이 치환기에서 비롯된 것이다. 헤테로원자의 치환은 전기적으로 헤테로원자의 큰 전기음성도로 인해 활성점의 전자 결핍 상태를 크게 하여 Cp기가 2개 있는 촉매에 비해 다소 낮은 활성을 보이며, 입체적인 효과로 Cp기보다 크기가 작은 헤테로원자가 활성점의 입체적 장애를 줄여 단량체의 접근을 쉽게 해 활성에 도움을 주는 반면 입체특이성은 감소시킨다. 그러므로 CGC는 입체특이성이 크게 요구되지 않는 PE 촉매로 사용되고, 특히 활성점이 커서 공단량체의 반응성이 좋아 에틸렌 공중합체의 합성에 탁월한 장점을 보인다. 또한 선형 저밀도폴리에틸렌(Linear Low Density Polyethylene, LLDPE) 합성의 주쇄에 짧은 사슬 가지(short chain branch)뿐 아니라 긴 사슬 가지(long chain branch)가 미량 있으므로 타 촉매로 합성된 공중합체보다 좋은 물성을 나타낸다. CGC계 촉매의 특성 비교 수단으로 Cp기 중심과 중심금속 그리고 헤테로원자 사이의 각인 θ를 사용한다. θ가 작을수록 활성점은 커지고, 촉매의 공중합 특성도 향상된다. θ의 크기는 Cp기와 헤테로원자 사이의 길이와 헤테로원자에 결합된 R_2의 종류에 영향을 받는다. θ가 가장 작은 것으로는 디메틸실릴(dimethyl silyl)이고, R_2가 t-Butyl인 경우로 102° 이나, 가장 큰 것은 디메틸실릴이 두 개 연결된 것과 R_2가 벤질인 경우로 120° 정도이다. 따라서 촉매 설계와 합성 시에 제조할 고분자의 구조를 감안하여 θ가 적합한가를 검토하는 것이 중요하다. 결국 CGC는 헤테로원자를 도입함으로써 기존의 두 개의 Cp기 촉매계와는 다른 특성과 개념을 도입시킨 촉매이며, 에틸렌 공중합체 제조에 효과적이다.

④ 반쪽 메탈로센(Half-metallocene)

한 개의 Cp 리간드 및 그 유도체를 가지고 있는 반쪽 메탈로센(Half-metallocene)은 Ishihara에 의해 알려졌으며, 스티렌의 신디오탁틱 중합이 가능하여 sPS 제조 촉매라고 부른다. 물론 sPS 제조 촉매로서 테트라벤질 티타늄(tetrabenzyl titanium) 등의 화합물이 알려졌으나, 낮은 활성으로 인해 실용성은 기대할 수 없었다. 지금까지 알려진 sPS제조 촉매의 특징은 메탈로센 화합물의 중심금속은 Ti이고, 같은 리간드를 가져도 금속이 Zr, Hf, V 등의 경우에는 중합 결과 aPS만이 합성될 뿐 신디오탁틱성을 나타내지 않는다. sPS 촉매는 반드시 1개의 Cp기만을 가져야 하고, Cp기에 알킬기 치환이 많을수록 활성이 증가한다. 2개의 Cp기가 존재하는 메탈로센은 알킬기가 1개 치환되면 전기적인 영향으로 활성이 증가하나, 알킬기 치환이 증가하면 입체적 장애가 발생하여 오히려 활성이 떨어지는 경향이 있지만, 단일 Cp 메탈로센은 Cp기의 알킬기 치환이 미치는 입체적인 장해보다는 양이온 활성점을 안정화시키는 전기적인 영향이 크게 작용한다. 이것은 Zambelli에 의해 제안된 아래와 같은 활성점 구조를 보면 쉽게 설명이 된다.

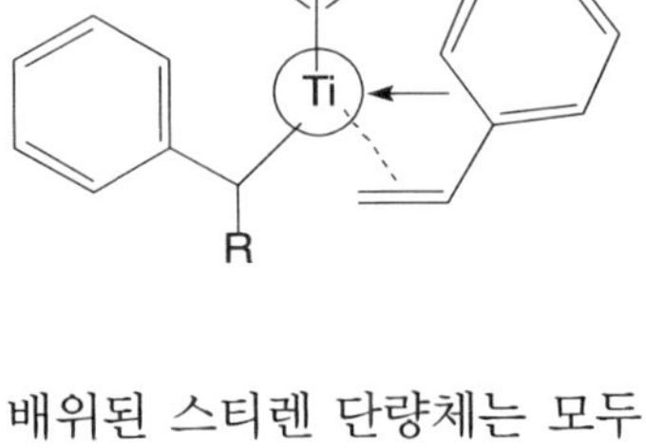

성장하는 고분자 사슬과 배위된 스티렌 단량체는 모두 Cp기의 반대쪽에 놓여있어 Cp기와는 큰 입체적 상호작용이 없음을 알 수 있다. 또한 배위된 스티렌은 2개의 이중결

합이 중심금속인 Ti와 결합하여, 신디오탁틱 입체규칙성에 필요한 단량체 배위를 이룬다. 그리고 Cp 리간드 이외의 중심금속의 치환기 X는 촉매 특성에 큰 영향이 없다. 표 4.6을 보면 X가 Cl에서 메톡시(methoxy)로 변하여도 활성이 비슷함을 알 수 있다.

표 4.6 • Cp′TiX_3 촉매의 sPS 제조 활성도

Catalyst	Activity(g-sPS/g-Ti)
$TiCl_4$	350
$Ti(OC_2H_5)_4$	800
Cp_2TiCl_2	90
$CpTiCl_3$	8,600
$CpTi(OMe)_3$	10,000
$(Me_4Cp)Ti(OMe)_3$	130,000
$(Me_5Cp)Ti(OMe)_3$	200,000

단일 Cp 메탈로센 화합물은 sPS 합성에 매우 효과적이고 입체특이성을 얻기 위해 스티렌 단량체가 η^4형식으로 금속 중심에 배위하며 1개의 Cp기만이 존재하므로 Cp기의 크기가 큰 영향을 미치지 않고 전자밀도를 증가시킬 수 있는 Cp기일수록 효과적인 촉매이다.

한편, $CpTiCl_3$-MAO 촉매계를 이용하여 에틸렌과 스티렌을 공중합한 결과, 에틸렌-스티렌 공중합체가 얻어졌으며 이때 공중합체의 구조는 [MAO]/[Ti] 비에 의존하여, 그 비가 작은 경우에만 랜덤 공중합체가 생성된다. 그리고 이 촉매계를 이용하여 기존의 담지 메탈로센의 단점인 활성저하 문제를 해결할 수 있는 고활성 $MgCl_2$-담지 $CpTiCl_3$-MAO 촉매계가 개발되어 폴리에틸렌과 유사랜덤(pseudorandom) 에틸렌-스티렌 공중합체를 얻었다는 사실이 보고되어 있다.

$CpTiCl_3$-MAO 촉매계를 이용한 공액 디엔(conjugated diene)인 이소프렌과 부타디엔의 단독중합 및 스티렌과의 공중합에 대한 연구도 보고되어 있다. 즉 단독중합의 반응성은 이소프렌, 스티렌, 부타디엔의 순으로 증가하며, 스티렌과 부타디엔의 반응성비의 곱($r_1 \times r_2$)이 1.6으로 랜덤 공중합체가 생성된다고 하였다. 또한 이소프렌과 스티렌의 공중합에서는 $r_1 \times r_2$가 2.3으로 역시 랜덤 공중합체가 얻어지지만, 중합활성은 극히 낮다. 이는 촉매활성점에서 이소프렌과 티탄과의 π-디에닐 배위가 스티렌과의 배위에 비해 강하기 때문으로 소량의 이소프렌이 첨가되어도 활성은 급격히 감소한다.

2 공촉매

중성인 메탈로센은 과량의 메틸알루미녹산(methylaluminoxane, MAO) 등의 루이스산과 같은 다른 적당한 공촉매와의 반응으로부터 형성되고 활성 자리는 이것에 의해 생성된 양이온 메탈로센-알킬이다.

메탈로센 촉매의 공촉매로는 MAO가 많이 사용되고 있으며, 이 MAO는 삼메틸알루미늄(trimethylalumium, TMA)을 가수분해하여 얻을 수 있다. MAO의 구조는 아직까지 확실하지 않으나 선형, 고리 및 구 형태 등의 구조를 갖는 중합도 4~20의 올리고머(oligomer)이다.

MAO의 발견으로 폴리올레핀 제조 및 이상적인 촉매 설계가 가능한 균일계 중합촉매가 개발 되었으며, MAO는 몇 가지 역할이 있다고 믿는다. 즉, 활성 자리로 강하게 배위하는 것은 없지만, 양이온으로서 촉매 복합체를 유지한다. 또한 알킬기로 염화물 원자 중 하나를 대체하고 2차 염소를 제거하여 메탈로센 염화물을 알킬화시킨다. 그러므로 메탈로센이 불포화 양이온 복합체인 Cp_2MR^+를 형성하게 된다.

메탈로센-알킬-올레핀 복합체 형태의 활성금속을 포함하는 이온쌍에 올레핀이 근접하여 배위하며 이 복합체는 성장하는 고분자 사슬로 올레핀이 삽입하기 위한 중간단계이다. 촉매 복합체의 구조에 따라 단량체에 대하여 활성과 입체선택성을 제어한다. MAO와 같은 강력한 친 산소 분자는 촉매의 불활성화(poisoning)를 방해하며, 이것의 사용을 촉진하는 물과 알코올과 같은 루이스염기에 민감하다.

Zambelli 등은 rac-Et$(H_4Ind)_2ZrCl_2$ 및 rac-Et$(Ind)_2ZrCl_2$ 촉매에 공촉매로서 MAO 대신에 $AlMe_2F$와 $AlMe_3$의 혼합물을 사용하여 톨루엔 중에서 프로필렌의 중합을 행하였다. 그 결과를 MAO계와 비교하면 중합활성은 상당히 낮았으나, iPP의 미세구조는 거의 동일하게 얻어졌다. 이때 용매를 톨루엔 대신에 디클로로메탄(CH_2Cl_2)으로 바꿈에 따라 중합활성은 대폭 증가되었다.

플루오르화 화합물 유도체로만 생성 가능한 이알루미늄 음이온$([Al_2Me_6F]^-)$에 의하여 배위불포화 양이온종이 생성될 수 있는데, Ewen은 톨루엔 중에서 [rac- Et$(H_4Ind)_2ZrMe]^+$ 또는 $[iPr(Cp)(Flu)ZrMe]^+$형의 양이온 착물이 합성될 수 있다는 것을 발견하고 이것을 이용하여 프로필렌의 중합을 행하였다. 전자로 얻어진 PP는 rac-Et$(H_4Ind)_2ZrMe_2$-MAO계에서 얻어진 PP와 같은 이소탁틱 미세구조를 가지고 있으며, 그 반면에 후자로 얻어진 sPP는 iPr(Cp)(Flu)$ZrMe_2$-MAO에서 얻어진 것과 비교하여 이소탁틱 구조를 많이 포함하고 있기 때문에 낮은 녹는점을 가지는 것으로 알려졌다.

메탈로센 촉매가 많은 관심을 끌고 발전하고 있는 것은 메탈로센 화합물 자체가 가진 특성이 흥미롭기 때문이지만, 공촉매인 MAO의 역할 또한 매우 중요하기 때문이다. 보는 관점에 따라서는 Kaminsky의 Cp_2ZrCl_2 발견이 메탈로센 촉매의 발전 계기가 되었다기보다는 MAO를 발견하였기 때문에 오늘의 발전이 있었다고 볼 수 있을 만큼 공촉매인 MAO의 중요성은 아무리 강조해도 지나치지 않을 것이다. Ziegler−Natta 촉매의 공촉매로 다양한 알킬알루미늄 화합물을 사용하지만, 메탈로센 촉매의 경우에는 효과적인 활성을 얻으려면 MAO가 필수적인 공촉매로 사용되어야 한다.

이와 같은 중요성에도 불구하고 MAO에 대해 알려진 것이 많지 않다. 이것은 연구를 하지 않아서라기보다는 MAO 자체가 소중합체이고 합성할 때 반응 조건에 매우 민감하여 실험의 재현성을 얻기가 쉽지 않고, 정확한 MAO 분석이 어렵기 때문이다. 지금까지의 MAO 연구 결과로 밝혀진 구조와 역할을 정리하면 다음과 같다.

첫째는 MAO는 선형구조와 고리구조의 2가지 형태가 존재하고, n은 보통 4~20이지만 10~20인 경우보다 효과적인 공촉매 역할을 한다. 선형구조와 고리구조는 많은 시도에도 불구하고 분리되지 못하였으므로 각각의 특성 차이를 정확히 이해하지 못하는 상태이다.

두 번째는 MAO의 역할인데, 일반적으로 다음 3가지가 가장 중요하게 인식되고 있다. 우선 알킬화반응으로 MAO는 메탈로센을 메틸화시켜 금속-메틸기 결합을 형성하여 양이온 활성점을 만든다. 다음은 생성된 양이온의 짝이온으로서 활성점을 안정화시키는 역할이며, 마지막으로 반응계 내의 불순물 제거제(impurity scavenger)로서의 역할이다. MAO는 자체가 루이스산이므로 전자주게인 불순물과 우선적으로 반응하여 활성점을 보호한다.

세 번째는 MAO 내에 TMA의 존재 유무와 존재의 필요성에 관한 문제이다. MAO를 TMA와 H_2O의 반응으로 합성하여 분리정제할 때 미반응의 TMA가 MAO에 남아있게 되어 메탈로센과 반응 시 메틸화에 관여할 수 있다는 것이다. 실제 MAO의 양을 줄이기 위해 TMA를 섞어서 반응시켜도 큰 영향이 없는 것을 확인하였지만, 최근 TMA 없이 MAO가 공촉매로서 매우 효과적임을 보여 TMA의 존재가 중요치 않음을 시사하고 있다.

네 번째는 공촉매로서 사용되는 MAO의 양이다. 메탈로센 촉매를 사용할 때 [Al]/[Zr]의 비가 증가할수록 활성도와 입체특이성이 증가하며 효과적인 활성도를 얻으려면 몰비가 최소 10^3 단위는 되어야 한다. MAO의 과도한 사용으로 실용적인 면에서 문제를 안고 있다. 즉, 우선 합성된 고분자 내에 Al 성분이 너무 많아져 이의 제거를 위한 공정이 요구되며, MAO의 비싼 가격으로 인해 생산비가 올라가게 되고 위험한 화합물을 많이 사용하게 되는 등의 단점이 발생하게 된다. 현시점에서 이 문제 해결의 뚜렷한 대안은 없으나 공촉매로서 MAO를 사용치 않는 양이온 메탈로센 촉매 사용, MAO와 TMA를 함께 사용하여 전체적인 MAO 양을 줄이는 방안 그리고 메탈로센을 적당한 담지체에 담지시키는 방안 등이 활발하게 연구되고 있다.

MAO는 메탈로센의 공촉매로서 매우 효과적인 장점이 있는 반면에 합성의 재현성, 과다한 사용 및 비싼 가격 등의 단점을 가지고 있다. 따라서 향후 메탈로센 촉매의 실용화를 위해 이러한 문제 해결이 요구되고 있으며, 이를 위해서는 합성의 정교한 조절과 정확한 분자구조의 확립 및 명확한 반응 메커니즘을 통한 역할 판명이 실용적인 연구와 함께 병행되어야 할 것이다.

MAO 이외에 큰 음이온을 만들 수 있는 $Ph_3C^+B(C_6F_5)_4^-$ 등의 붕소화합물이 MAO를 대체하여 금속양이온 착물을 안정화시키는 목적으로 사용될 수 있는데, 이 경우 메탈로센 촉매의 알킬화 및 활성화는 다른 반응 경로를 통하여 부여되는 것이 필요하며 불순물도 다른 물질로써 제거하여야 한다.

3. 활성점 형성

전술한 바와 같이 메탈로센 촉매의 가장 큰 특성은 촉매의 본질인 활성점이 하나라는 것과 생성되는 고분자의 입체규칙성으로 요약할 수 있다. 본 절에서는 두 특성의 관련성을 좀 더 깊게 살펴보고자 한다.

1 성질

Cp_2TiX_2-AlR_nCl_{3-n} 촉매계에 의한 에틸렌중합에서 $(Cp_2TiR)^+$형의 양이온종이 활성종이라는 결과가 많이 보고되어 있다. Jordan 등은 양이온 착물인 $(Cp_2Zr(THF))^+(BR_4)^-$ (R = Me, Bz)을 합성 분리하여 이들 착물이 저활성이지만 단독으로 에틸렌중합 능력을 가진다는 것을 알았으며, 최근 전자주게(electron donor)가 없는 착물이 보고되었다. Gassman 등은 Cp_2ZrX_2-MAO계를 XRS로 조사하여 양이온 종의 생성을 확인하였다. Jeske 등은 $(Cp^*{}_2LnH)_2$ (Ln = La, Nd, Sm, Lu, Cp* = η^5-$CpMe_5$)를 합성 분리하여 톨루엔 중에서 에틸렌중합을 행한 결과, 이들이 Kaminsky-Sinn 촉매에 필적하는 초기 활성을 가진다고 보고하였다. 이들 란탄족 착물이 f-전자의 존재를 제외하고는 IVB족의 양이온 착물($[Cp_2MMe]^+$, M = Ti, Zr, Hf)과 비슷한 전자구조를 갖고 있다는 점은 매우 흥미 있는 사실이다.

이들 결과는 Kaminsky-Sinn 촉매에 있어서 MAO가 배위불포화 양이온 착물의 생성과 안정성에 관여하고 있다는 것을 강하게 시사하고 있으나, MAO의 명확한 역할에 대해서는 보다 많은 연구가 필요하다고 생각된다.

메탈로센 촉매의 활성점은 양이온 금속 원소를 가진 것으로 이해되고 있다. 양이온 활성점은 아래의 식에 나타난 것처럼 메탈로센 화합물과 공촉매인 MAO의 반응으로 생성된다. 반응 중 생성되는 양이온 중간체인 (1), (2) 그리고 (3)은 직접 분리되어 확인되지 않았으나, 1986년 Jordan이 화합물 (4)를 산화 분해하여 양이온 화합물 (5)를 분리하였다. 그 이후 계속된 연구를 통해 메탈로센 촉매의 활성점이 양이온 특성을 가진 것에는 이견이 없으며, 최근에는 키랄 구조의 양이온 메탈로센을 직접 제조하여 공촉매 없이 고분자를 합성하려는 연구가 활발하게 진행되고 있다.

양이온 활성점을 통한 중합은 올레핀의 배위와 삽입을 통해 진행되며, 이 과정들은 생성된 활성점의 반응성과 안정성에 의해 좌우된다. 반응성과 안정성은 활성점을 구성하고 있는 Cp 리간드의 전기적 입체적 특성에 의해 조절된다. 따라서 간과하지 말아야 될 것은 양이온 활성점의 짝이온의 종류 및 역할이다. 짝이온의 자세한 구조는 밝혀지지 않았지만 공촉매인 MAO로부터 생성된 것으로 여겨지며 특별히 일반 알킬알루미늄보다 MAO가 유일한 공촉매로 사용되는 것은 MAO가 짝이온으로서 양이온의 안정화에 매우 효과적으로 작용하기 때문이다.

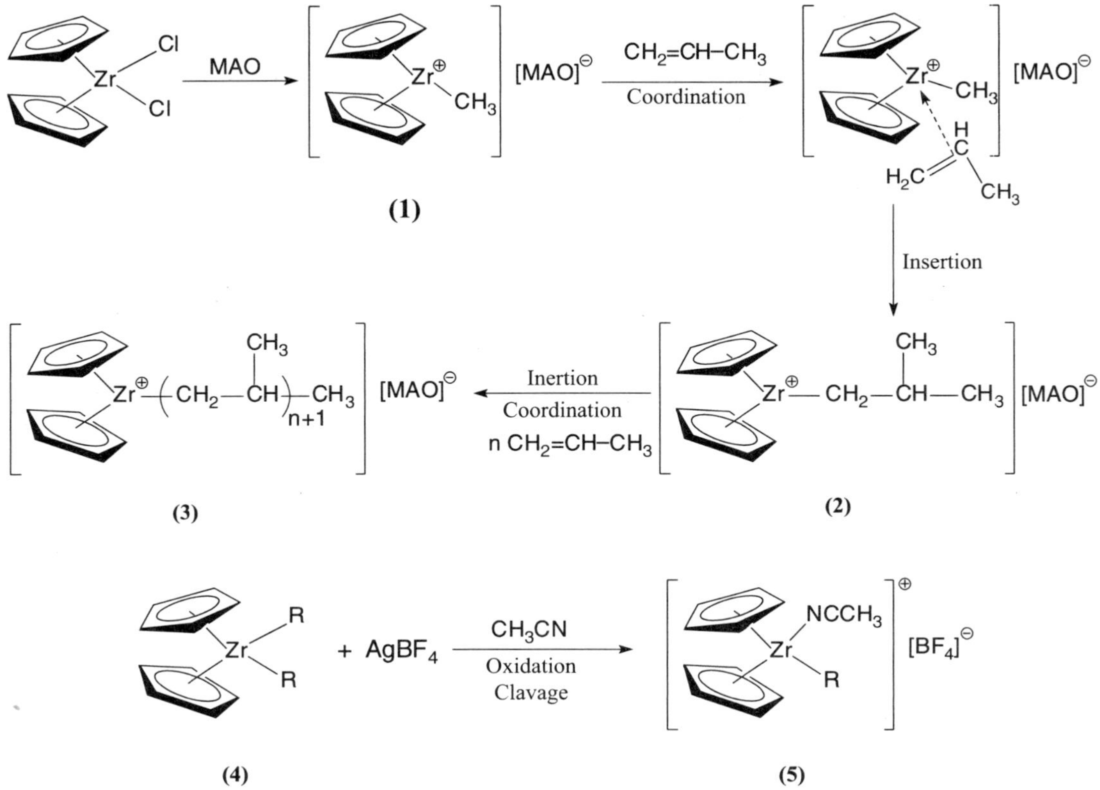

그림 4.7 • 메탈로센 촉매의 양이온 활성점

2 전기적, 입체적 특성

메탈로센 촉매의 활성점은 양이온 특성을 가지므로 전자주게(electron-releasing)기인 메틸기와 에틸기가 Cp기의 H 대신 치환되면 활성과 분자량이 상승한다는 것을 표 4.7에서 알 수 있다.

표 4.7 • Cp기의 치환에 따른 활성도와 분자량 비교

Catalyst	Activity(kg–PE/g–Zr·h·atm)	$\overline{Mw}$
Cp_2ZrCl_2	252	140,000
$(MeCp)_2ZrCl_2$	467	212,000
$(EtCp)_2ZrCl_2$	306	171,000
$(Me_5Cp)_2ZrCl_2$	71	63,000

표 4.8에서도 인데닐기의 5, 6 위치에 메틸기가 치환되면 활성이 증가하지만, Cl기가 도입되면 활성도는 1/7로 낮아지고 분자량도 크게 감소한다.

표 4.8 • 비스인데닐 메탈로센의 치환체에 따른 활성도와 분자량

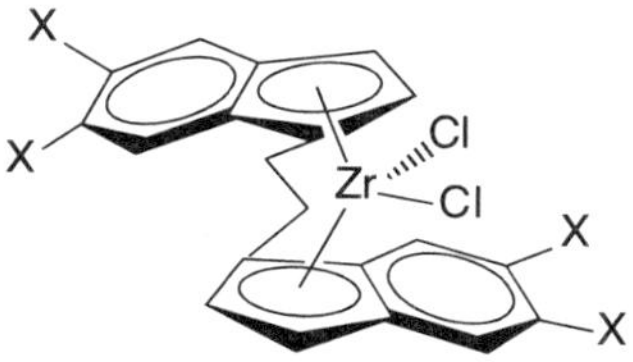

x	k_p(Kg-PP/mmol-Zr·h)	$\overline{Mn}$
H	14,000	250,000
Me	25,200	278,000
Cl	1,900	127,000

Cl기의 도입으로 활성점이 전자를 보충하려는 경향이 강하여 금속과 리간드, 즉 Cp-Zr 결합과 Zr-R 결합이 강해진다. 이것은 결과적으로 올레핀의 삽입단계에서 요구되는 Zr-R 결합 단절을 어렵게 하여 성장속도상수(k_p)를 감소시켜 촉매의 활성을 저하시킨다. 또 k_p 감소는 상대적으로 성장반응의 경쟁반응인 정지단계의 β-H 제거 기회를 증가시켜 분자량이 감소된다. 다른 설명으로는 양이온 활성점과 짝이온의 결합에 중점을 둔 것으로 전자가 부족한 양이온일수록 짝이온이 양이온 활성점에 음이온이 밀착되어 있어 모노머가 중심금속에 접근키 어려워 k_p가 감소하고 활성도가 작아진다. 이것은 실제 양이온 메탈로센 촉매 합성 시 높은 활성도를 얻기 위해서는 비배위 짝이온인 $[B(C_6F_5)_4]^-$의 사용이 필수적임을 감안하면 쉽게 이해될 수 있을 것이다.

촉매에 영향을 주는 것은 전기적 요소 뿐 아니라 입체적인 요소도 중요하다. 표 4.7을 보면 Cp의 치환체가 메틸로부터 에틸 그리고 펜타메틸로 갈수록 다시 말하면 전자를 밀어주는 기가 많아질수록 활성과 분자량이 감소하여 전술한 전기적인 효과와 반대되는 결과를 보일뿐만 아니라 표 4.9와 같이 인데닐기에 한 개의 메틸이 치환되면 활성이 반으로 줄어 이것 역시 전기적인 영향과는 거리가 먼 결과를 나타내는 것이다. 이런 결과들은 촉매의 특성을 전기적인 영향으로만 설명하는데 한계가 있음을 나타낸다. 즉 활성점 가까이에 치환체가 있으면 전기적인 효과뿐만 아니라 입체적으로 활성점 주위가 복잡해져 올레핀의 배위를 지연시켜 활성을 감소시킨다.

표 4.9 • 실릴 다리결합 메탈로센의 치환체에 따른 활성도와 탁티성

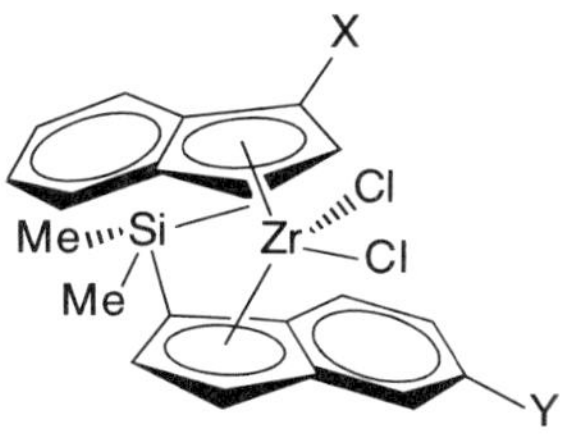

Substituents	Activity(kg-PP/mmol-Zr·h)	mmmm(%)
X = Y = H	190	81.7
X = Me, Y = H	99	88.5
X = H, Y = iPr	245	88.6

표 4.7과 표 4.9에 의하면 Cp_2ZrCl_2의 경우 Cp 리간드의 치환기가 에틸기부터 입체적인 효과에 의한 에틸렌의 배위가 지연된다고 볼 수 있으며, 실릴 다리결합 인데닐 치환기를 가진 메탈로센의 경우에는 5-요소고리(5-membered ring)의 치환은 활성점에 근접해 있어 메틸 치환만으로도 활성도를 저하시킨다. 반면 활성점에서 비교적 떨어진 6-요소고

리(6-membered ring)의 치환은 이소프로필 같은 큰 치환체도 오히려 활성도와 입체규칙성을 증가시켜 준다. 이것은 입체적인 방해보다는 이소프로필기의 전기적인 전자밀도 증가가 크게 영향을 주기 때문이다. 결국 입체적인 효과는 치환기의 크기 뿐 아니라 치환 위치도 매우 중요하다. 이러한 일련의 실험결과들은 메탈로센 촉매가 리간드의 전기적, 입체적 특성에 매우 민감하게 영향을 받아 이를 생성하는 고분자에 전달해주는 것을 나타낸다.

또한 일반적으로 전자를 밀어주는 치환체는 활성도와 분자량 및 입체규칙성 향상을 유도하고, 큰 치환체는 활성도를 저하시키는 결과를 낳지만 많은 경우 예외적인 결과가 나타나므로 이와 같은 일반론이 항상 적용되지는 않는다. 이것은 여러 가지 이유가 있을 수 있지만 리간드 변화에 따른 촉매활성점의 정확한 구조를 예측하기 힘들기 때문이다. 따라서 촉매 설계 시 적용된 아이디어는 실험을 통한 검증이 반드시 필요하다.

4. 중합 메커니즘

개시반응과 성장반응은 알킬기-고분자 사슬에 대하여 에틸렌의 전배위(precoordination)와 삽입을 통해 일어난다. 정지반응에서는 수소화 지르코늄과 긴 사슬 α-올레핀이 생성된다. β-H 제거반응에 의하여 긴 사슬 α-올레핀은 선형 고밀도폴리에틸렌을 형성할 수 있거나, 다양한 가지형과 선형 생성물을 제공하기 위해 프로필렌, 1-헥센 또는 1,5-헥사디엔과 같은 단량체가 공단량체로 사용될 수 있다. 이러한 IVB족 메탈로센 촉매의 전체적인 활성은 시간당 촉매 그램당 폴리에틸렌 1톤을 초과하므로 수율이 매우 높다.

IVB족 메탈로센 촉매의 주요한 제한점은 공기와 습기에 매우 민감하고 헤테로원자를 함유하는 단량체와 상호작용을 할 수 있다는 것이다. 결합되지 않은 전자쌍을 가진 헤테로 원자를 함유하는 단량체인 경우에 산소와 같은 헤테로원자에 대해 탄소-탄소 이중결합대신에 루이스산 금속 중심으로 우선적으로 배위한다.

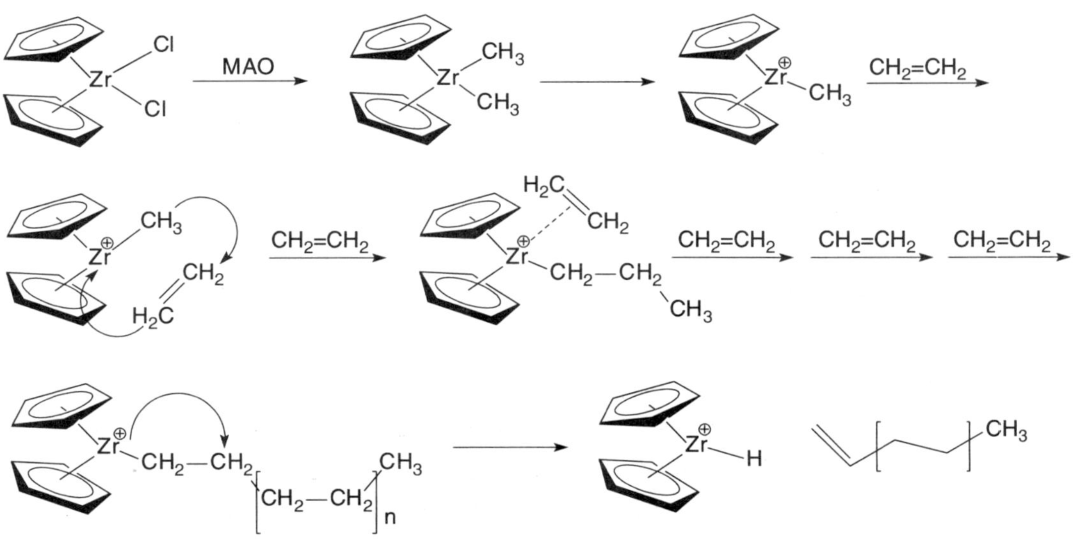

그림 4.8 • 메탈로센 촉매의 에틸렌중합 메커니즘

메탈로센 촉매의 올레핀 중합반응 메커니즘은 그림 4.8에 나타내었듯이 개시반응, 성장반응, 정지반응 및 사슬이동반응 등으로 구분되는 사슬중합반응 메커니즘을 따른다.

1 개시반응

메탈로센 촉매의 활성점은 금속양이온 착물이며, 이는 MAO에 의하여 알킬화 및 활성점을 형성한다.

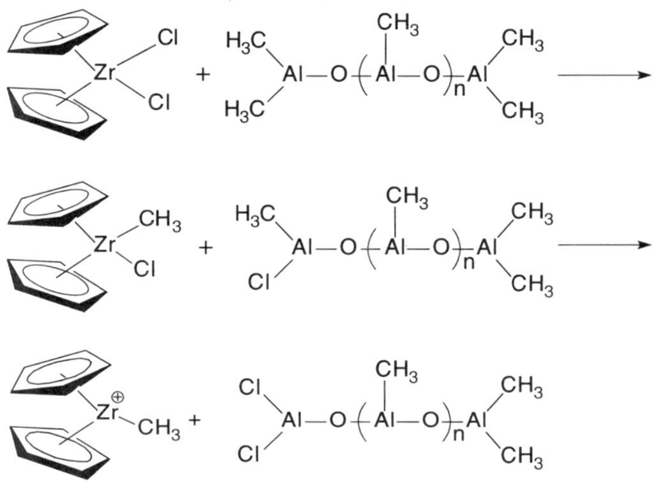

금속양이온 착물은 반응성이 매우 높으므로 금속양이온과 배위결합을 하지 않을 정도로 입체장애가 큰 음이온으로 이를 안정화시켜야 한다. 따라서 MAO는 메탈로센 촉매를 알킬화 및 이온 활성화시키며, 생성된 양이온 형태의 메탈로센 알킬 및 상대이온을 안정화시키고 불순물과 반응하여 중합활성점을 보호하는 등의 다양한 역할을 한다.

2 성장반응

개시반응에서 생성된 금속양이온 착물은 올레핀 단량체와 배위결합을 형성하며 올레핀 단량체가 삽입함으로써 성장반응이 진행된다.

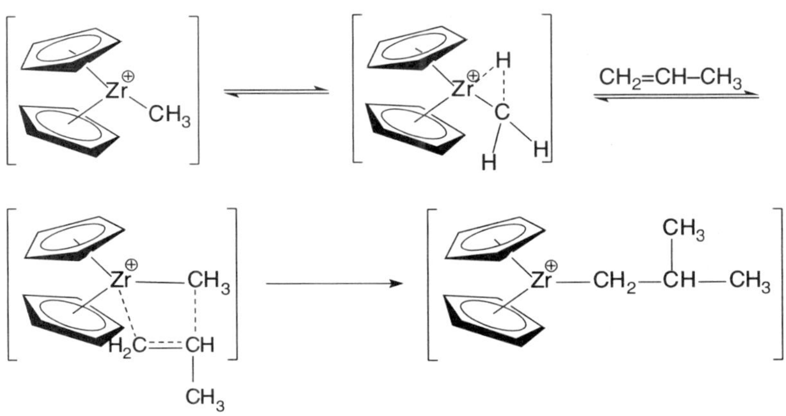

이때 단량체 삽입 방식으로는 1,2-부가이나, 메탈로센 촉매의 구조에 따라 2,1-부가가 간혹 발생하여 고분자의 배열선택성이 낮아진다. 단량체의 삽입 후 새로이 형성된 알킬기는 올레핀 단량체가 배위되었던 위치로 이동하여 빈 배위자리를 남기며 다음에 삽입되는 단량체가 이 빈자리에 배위되는 방식으로 성장반응이 진행된다.

3 사슬이동반응

메탈로센 촉매에 의한 올레핀 중합반응의 성장은 사슬이동반응에 의하여 정지되는데, 주요한 사슬이동반응으로는 β-H 제거반응(β-hydrogen elimination)이 있다.

아래와 같이 공촉매인 MAO로의 사슬이동반응도 많이 일어난다.

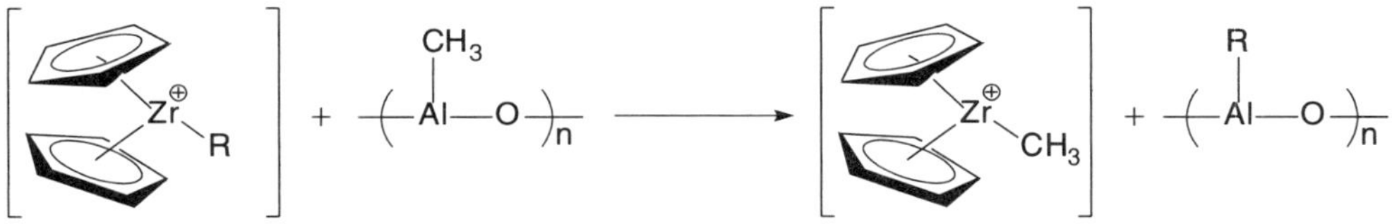

중합온도가 낮을 때는 주로 β-H 제거반응에 의하여 고분자의 분자량이 결정되지만, 높은 온도에서는 MAO로의 사슬이동반응도 고분자의 분자량에 큰 영향을 미친다. 촉매에 전자를 공여하는 리간드가 결합되어 금속의 전자밀도가 증가하면 촉매의 활성과 고분자의 분자량이 모두 상승한다. 그러나 촉매에 결합된 리간드의 수가 너무 많거나 입체 장애가 지나치게 큰 경우에는 촉매의 활성과 고분자의 분자량이 감소할 수도 있다.

수소에 의하여도 사슬이동반응이 아래와 같이 진행될 수 있다.

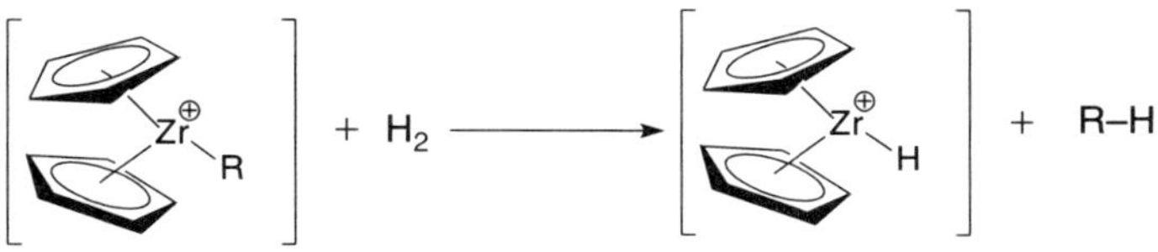

Ziegler–Natta 촉매의 경우와는 달리 메탈로센 촉매에 의한 올레핀 중합에서 분자량 조절의 목적으로 수소가 사용되지 않는 것이 보통인데, 그 이유는 수소가 촉매의 활성을 감소시키며 메탈로센 촉매가 수소첨가반응을 촉진하여 올레핀 단량체를 탄화수소로 포화시킬 수 있기 때문이다.

5. 메탈로센 고분자

메탈로센 촉매를 이용한 새로운 고분자 제품이 개발되어 선진국뿐만 아니라 국내에서도 생산되고 있다. 메탈로센 화합물의 구조를 적절히 설계함으로써 새로운 특성을 가진 고분자를 제조할 수 있으며, 현재까지 메탈로센의 구조와 생성 고분자의 특성과의 연관관계를 이해하기 위한 새로운 형태의 메탈로센 합성에 많은 노력을 기울여왔다. 따라서 많은 메탈로센 촉매가 개발되어 있지만, 이를 생산에 적용하기 위해 새로운 공정을 적용하기에는 비용이 너무 많이 필요하게 되므로 기존의 공정을 이용할 수 있는 방법을 찾지 않으면 안 되는 실정이다.

용액중합법을 제외한 기상, 슬러리 및 벌크중합 등의 현재 생산공정에서 이들 메탈로센 촉매를 적용하기 위해서는 중합체의 회수가 기존 공정에서 무리 없이 이루어져야 하는 것은 물론이고, 생산된 중합체가 너무 작다거나 크기 때문에 발생할 수 있는 이송, 건조, 펠렛화(pelletizing) 등의 공정상에서의 문제뿐만 아니라 물성적인 측면에서의 문제가 발생되지 않아야 하므로, 생성 중합체의 입자 모양 및 크기의 조절이 필요하다. 따라서 촉매의 담지화가 필요불가결하다. 이러한 배경으로 중합체의 형태를 향상시키면서 메탈로센 촉매의 장점을 유지할 수 있는 효율적인 메탈로센 담지 방법을 개발하기 위해 많은 연구가 이루어지고 있지만, 담지 시 활성이 급격히 저하되는 등의 문제점으로 인하여, 실질적으로 상업화에 들어간 경우는 적으며 가시적으로 큰 성과를 얻지 못하고 있다.

메탈로센 촉매의 상업화에 가장 큰 걸림돌 중의 하나는 촉매 가격이 너무 비싸다는 것이다. 일반적으로 폴리에틸렌 1톤을 생산하는 데 Ziegler–Natta 촉매는 20 달러 정도가 소요된다. 메탈로센 촉매 자체도 고가이지만, 일반적인 알킬알루미늄과 같은 공촉매와는 달리 고가인 MAO가 수백 내지 수천 배 더 많이 사용되기 때문에 촉매의 경제성 문제가 심각하게 제기되었으나, 현재 상업화가 진전됨에 따라 현재는 폴리에틸렌 1톤당 촉매비용이 50 달러 수준까지 낮춰진 것으로 알려졌다.

한편 메탈로센으로 제조된 LLDPE는 Ziegler–Natta 촉매를 사용한 경우보다 물성은 크게 개선되나, 현재의 가공 조건으로는 가공이 다소 용이하지 않다는 문제도 있다. 따라서 고분자 주사슬에 긴 곁가지를 도입하는 등 분자구조를 변형하여 가공성을 개선하는 방안을 연구하고 있다. 메탈로센으로 제조한 폴리프로필렌은 아직 충분하지 않은 촉매활성과 물성 및 용도 개발이 주된 과제라 하겠다.

메탈로센 촉매는 기상공정에의 직접 적용이 불가능하여 최근에는 무기담지체를 사용한 담지메탈로센 촉매에 대한 연구가 활발하다. 메탈로센 촉매도 담지화를 통하여 불균일상으로 만든 후 사용하면 중합체 입자의 형태를 효과적으로 조절할 수 있고, 미세한 입자가 적게 생성되므로 건조공정 혹은 이송공정 등의 후처리공정 운전이 용이하다.

세계 석유화학업계는 메탈로센 촉매 기술을 상업화하기 위하여 1998년부터 현재까지 30억 달러 이상의 집중적인 R&D 투자를 한 것으로 알려져 있다. 또한 이러한 신기술의 등장에 따라 연구 개발에 따른 위험 부담을 최소화하기 위하여 전략적 제휴를 활발히 추진하고 있다. 미국의 Exxon은 저밀도폴리에틸렌(low density polyethylene, LDPE)을 생산하는 고압공정에 메탈로센 촉매를 적용하여 1991년 최초로 메탈로센 폴리에틸렌의 상업화에 성공하고 Exact^{TM} 제품을 판매하기 시작하였고, Dow도 당사의 CGCT(constrained geometry catalyst technology)와 용액공정을 이용하여 1993년에 폴리에틸렌계 제품의 상업 생산에 성공하고 Insite^{TM} 제품을 판매하고 있다. 이들 제품의 특징은 메탈로센 촉매의 탁월한 공중합 성능을 이용하여 1-부텐, 1-헥센 등의 공단량체 함량을 극대화시켜 밀도가 0.88~0.91 영역의 LLDPE라는 것이다. 이어서 일본의 Mitsui, 미국의 Univation, 영국의 BP 등이 폴리에틸렌 생산에 가장 많이 사용되는 기상공정에 메탈로센 촉매를 적용하여 상업화하였다. sPS는 Idemitsu와 Dow가 협력하여 상업화를 추진하고 있으며, COC는 독일의 Hoechst와 일본의 Mitsui가 공동으로 상업 제품을 출시하고 있다.

폴리프로필렌의 경우에는 공정과 제품의 상업화는 비교적 느린 편인데, 1985년 iPP를 위한 촉매가 개발된 이후 sPP를 개발하기 위한 연구도 활발히 이루어지고 있다. 대표적인 기업으로는 Exxon, Hoechst, Fina 등의 회사로, PP 상업화를 위한 메탈로센 촉매 중심으로 활발히 연구하고 있다.

이와 같이 메탈로센 고분자는 폴리에틸렌을 중심으로 이미 상당히 상업화가 진행되었으며, 국내에서도 메탈로센 LLDPE를 생산하여 포장 용기 등에 사용하고 있다. 메탈로센 LLDPE는 2005년 세계 총생산량 1,690만 톤 중 90만 톤이 메탈로센 촉매로 제조되었다. 반면에 메탈로센 EPDM과 폴리프로필렌은 아직 범용보다는 특수 용도로 소량 시생산되고 있다. 메탈로센 폴리프로필렌에 대해서는 2015년 세계 수요가 iPP 경우에 200만 톤(4%), sPP 경우에는 이 보다 적은 5~15만 톤 예상된다. 이밖에 지금까지 적용되지 않았던 HDPE 영역을 비롯하여 아크릴레이트와 같은 극성 분자와 올레핀의 공중합 등으로 메탈로센 촉매의 적용 대상이 넓혀질 것으로 생각된다.

최근 해외 석유화학업계의 사업영역 재설정과 대형화 추세와 함께 이러한 신기술의 상업화는 업체 간 전략적 제휴를 유도하고 있다. 그 대표적인 예로서 1997년도에만 미국의 Exxon과 Union Carbide는 Univation(기상공정 LLDPE 분야)을, 일본의 Mitsui와 Sumitomo는 Evolue Japan(기상공정 LLDPE 분야)를, 독일의 Hoechst와 BASF는 Targor(PP 분야)를, Dow와 DuPont은 DuPont-Dow Elastomer(EPDM 분야) 등의 합작회사를 신설하였다.

조만간 세계 고분자 산업은 메탈로센 촉매와 같은 신기술을 매개로 하여 상당한 변혁을 겪을 전망이고, 이미 국내 석유화학업계에서도 메탈로센 폴리에틸렌 범용 제품의 생산, 판매가 이루어질 것으로 판단된다.

1 올레핀 중합

❶ 이소탁틱중합

에틸렌중합에 고활성을 나타내는 Cp_2ZrMe_2/MAO 촉매계는 프로필렌중합에도 고활성을 나타내며, 앞서 말한 불균일계 Ziegler−Natta 촉매로서 얻을 수 있는 iPP와는 달리 [mm] = 0.25, [mr] = 0.50, [rr] = 0.25의 입체배열 분포를 가진 통계적으로 완전히 불규칙한 구조의 aPP를 만들 수 있다. 여기에 반해 Ewen 등은 전이금속화합물로서 Cp_2TiPh_2를 사용하여 −85~0°C의 온도에서 프로필렌중합을 하면 아키랄(achiral)활성종을 가짐에도 불구하고 이소탁틱 PP가 생성된다는 것을 알았다. 이 PP의 미세구조는 불균일계촉매에서 얻을 수 있는 아래의 구조 (I)이 아닌 (II)의 구조를 가지다는 것이 밝혀졌는데, 이 결과는 위의 촉매계에 의한 프로필렌의 이소탁틱중합이 사슬구조 제어에 의해 진행된다는 것을 시사하고 있다.

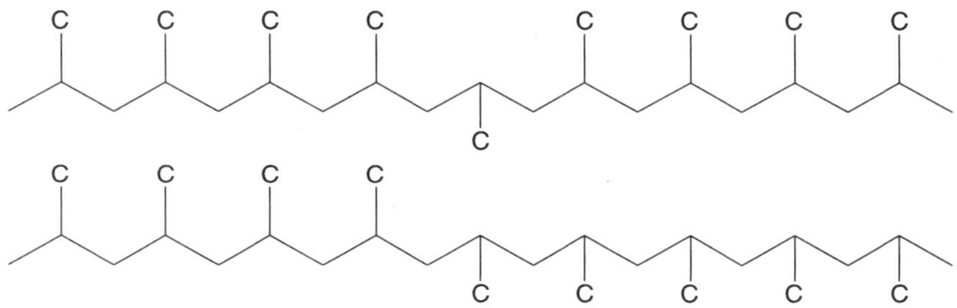

(I)

(II)

Zambelli 등은 사슬이동제(chain transfer reagent)로서 $Al(^{13}CH_3)_3$, $Al(^{13}CH_2CH_3)_3$를 첨가하여 프로필렌 및 1-부텐을 중합하였으며, 이때 Ti-$^{13}CH_3$, Ti-$^{13}CH_2CH_3$ 결합에 단량체가 삽입되는 양식을 상세히 검토하였다. 그 결과로 성장사슬말단의 삼차 탄소가 키랄(chiral)한 경우에만 단량체가 삽입될 때 입체특이성이 생기며, 삼차 탄소에 있는 치환기 크기의 차이가 많이 날수록 입체규칙성이 높아진다는 것을 명백히하였다. 이와 같은 아키랄 착물을 사용한 저온에서의 이소탁틱중합은 중합 메커니즘 연구 면에서 규칙성([mm] < 72%)은 균일계 V촉매에 의한 신디오탁틱중합([rr] = 80%)처럼 그렇게 높지는 않았다.

한편 Ewen과 Kaminsky 등은 전이금속화합물로 키랄 Ti, Zr 및 Hf 착물을 사용하면 프로필렌의 이소탁틱 중합이 진행되며, 보통의 불균일계촉매의 경우와 같이 (I)의 구조를 가진 iPP가 얻어진다는 것을 발견하였다. 이렇게 얻은 PP의 분자량분포($\overline{Mw}/\overline{Mn}$)는 약 2이고 활성종은 한 종류라고 생각되었다. Zambelli 등은 rac-Et(Ind)$_2$TiMe$_2$/MAO 촉매계에 대해 앞서 설명한 방법으로 중합 메커니즘을 검토하였으며, 그 결과로 Et(Ind)$_2$Ti-R 결합에 단량체(C = C–R′)가 삽입반응할 때에 R 또는 R′가 에틸기보다 클 경우에는 R이 키랄이 아니더라도 중합체가 입체선택성을 가진다는 것을 보고하였다. 이것은 불균일계 Ziegler−Natta 촉매에 의한 이소탁틱 중합 메커니즘과 일치한다. 그러나

rac-Et(Ind)$_2$ZrCl$_2$/MAO 또는 rac-Et(H$_4$Ind)$_2$ZrCl$_2$/MAO계로 얻어지는 iPP에는 불균일계촉매에서는 볼 수 없는 구조(III)과 (IV)가 소량 존재한다고 알려져 있다. 따라서 불균일계 Ti촉매 및 이들 균일계촉매에 의해 합성한 iPP의 물성을 비교 검토하여 보면 후자에서 얻어진 iPP가 비교적 낮은 녹는점을 나타낸다는 것이 밝혀졌다.

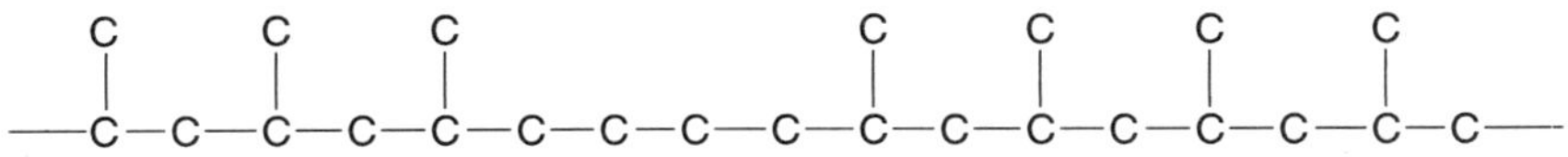
(III)

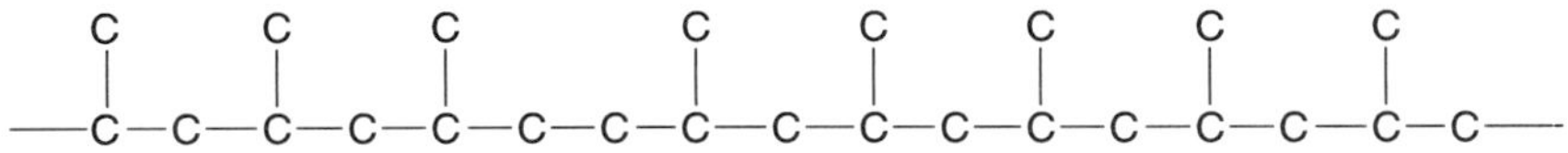
(IV)

한편 위와 같은 키랄 착물을 광학 분할하여 한 종류만의 이성질체를 사용함으로써 좌 또는 우 나선 구조를 가진 광학활성(optical active)의 iPP 및 이소탁틱 폴리부텐을 얻을 수 있다. 그러나 주사슬의 나선 구조에서 유래한 광학활성은 중합체가 일단 용해 또는 용융되면 없어진다. Pino 등은 Et(Ind)$_2$ZrCl$_2$/MAO계 촉매를 사용하고 다량의 수소 공존하에서 프로필렌의 올리고머화를 행하였다. IR, ^{13}C-NMR 및 광학 회전(optical rotation) 분석으로부터 생성 소중합체는 이소탁틱 구조를 가지고 성장 개시 말단의 키랄 탄소(chiral carbon)는 (S) 구조를 갖고 있다는 것을 밝혔으며, 이 결과로부터 중합반응의 전이상태를 아래와 같이 추정하였다.

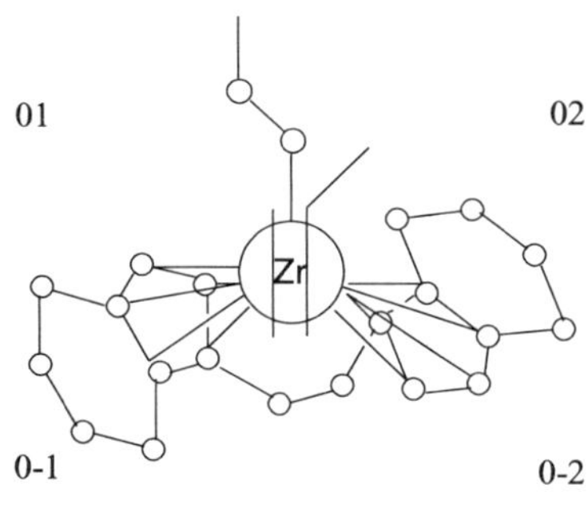

그림 4.9 • Et(Ind)$_2$ZrCl$_2$/MAO계 촉매에 의한 프로필렌중합반응의 전이상태

❷ 신디오탁틱중합

VCl$_4$-AlR$_2$Cl-anisole계와 V(acac)$_3$-AlR$_2$Cl계는 저온(−78°C)에서 프로필렌의 신디오탁틱리빙중합을 일으키며, 바나듐 아세틸아세토네이트 화합물은 −40°C 이하에서 거의 100%의 개시제 효율로 프로필렌의 신디오탁틱리빙중합이 가능한 것은 잘 알려진 사실이다.

한편 Ewen은 Hf 또는 Zr 메탈로센 촉매와 MAO로 상온에서 입체규칙성이 높은 sPP를 얻을 수 있다는 사실을 발견하였다. Hf 착물을 사용하여 25°C에서 프로필렌을 중합하면 [rrr] = 0.86, $\overline{Mw} = 1.3 \times 10^5$, $\overline{Mw}/\overline{Mn} = 1.9$의 sPP가 얻어졌고, 고분자의 미세구조가 입체결함을 가지고 있다는 사실로부터 이러한 신디오탁틱중합은 아래 그림 4.10에 나타낸 바와 같이 촉매규제에 의해 진행된다고 생각될 수 있었다.

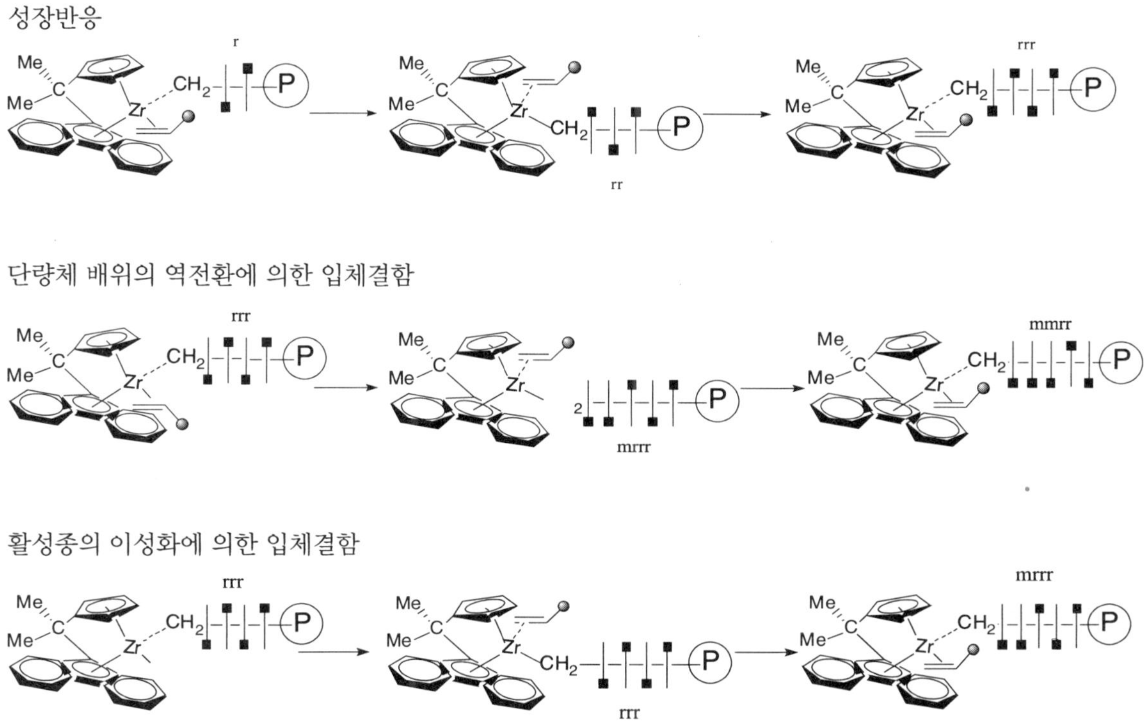

그림 4.10 • 촉매규제에 의한 신디오탁틱 중합 기구

즉 고분자의 성장사슬에 올레핀이 부가됨에 따라 중합이 진행된다는 모델에서 활성종의 키랄성이 바뀌어 프로필렌의 배위양식이 re, si, re, si…인 교대 구조를 가지게 되기 때문에 sPP가 생성되는 것으로 알려져 있다. 여기에 덧붙여 생성 고분자가 가지는 입체결함의 대부분이 rmmr 및 rrmr이므로 촉매규제 메커니즘의 타당성이 다시 한 번 증명되었다. 즉 rmmr은 단량체 배위의 전환, rrmr은 활성종의 이성화(성장말단의 이동)에 각각 기인하는 것으로 해석되었다.

Ti 혹은 Zr의 Cp, 알콕시 또는 벤질화합물을 MAO와 함께 사용함으로써 신디오탁틱 폴리스티렌의 합성도 가능하게 되었다. 이때 Ti 또는 Zr과 중합체와의 결합에 스티렌이 배열선택성을 높게 하여 2,1- 부가하고 있다는 사실과 사슬이동반응은 주로 성장말단으로부터 β-H이 빠져나옴에 의한 것이라는 사실 등이 ^{13}C-NMR에 의한 고분자의 분석으로부터 명백해졌다.

Soga 등은 $Ti(OBu)_4$-MAO계 촉매를 사용하여 각종 *p*-치환 스티렌의 공중합을 행하였다. 여기에서 얻어진 결과를 Hammett 법칙에 적용한 결과, 치환기 정수 δ는 예상 외로 음의 부호가 되었으며, 한편 이 촉매계에서는 스티렌과 올레핀과의 공중합은 되지 않으나, 양이온 중합성이 큰 인덴(indene)과의 공중합체는 쉽게 얻어졌다. 이러한 결과로 스티렌의 배위 양이온 중합 메커니즘을 제안하였다. 또한 $Ti(OBu)_4$-MAO계에 의하여 4-메틸-1,3-펜타디엔이 신디오탁틱-1,2 중합을 일으킬 수 있다는 것도 Zambelli에 의해 보고된 바 있다.

위에서 말한 바와 같이 통상의 Kaminsky계 촉매로는 완전히 아탁틱, 신디오탁틱 혹은 이소탁틱이라고 볼 수 있는 균일한 고분자가 생성되므로 불균일계 Ziegler−Natta 촉매에서 얻어지는 아탁틱 고분자처럼 입체블록 고분자를 만들지 않는다.

그러나 Chien 등은 $Et(Ind)_2ZrCl_2$-MAO계로 여러 온도에서 프로필렌을 중합하여 얻은 PP를 상세하게 분석한 결과, 70°C에서 얻어진 PP 중에서 끓는 n-헵탄에는 가용이나 끓는 n-헥산에는 불용인 부분은 67%의 이소탁틱 펜타드(mmmm)를 가지며 보통의 iPP(α-결정구조)와는 다르게 주로 γ-결정구조를 가진 결정화도 59%의 iPP라는 것을 보고하였다.

Miyatake 등은 황 다리구조를 가진 알콕시 착물을 사용하면 비교적 프로필렌의 반전단위(inversion unit)를 많이 포함한 고분자량의 aPP가 생성되고 신디오탁틱 폴리스티렌도 고수율로 얻어진다는 것을 보고하였다.

앞에서 말한 $V(mmh)_3$-$AlEt_2Cl$계는 에틸렌-프로필렌 공중합에도 고활성을 나타내며 이때 단분산성의 고분자가 얻어지는데, −60°C에서 1시간 중합하면 바나듐 1 g당 약 10 kg의 에틸렌-프로필렌 랜덤 공중합체(EPR)가 얻어졌다. 1,5-헥사디엔의 단독중합 및 프로필렌과의 공중합도 리빙중합으로 진행하여 1,5-헥사디엔이 고리화반응(cyclization) 혹은 1,4-삽입된 공중합체가 얻어졌다.

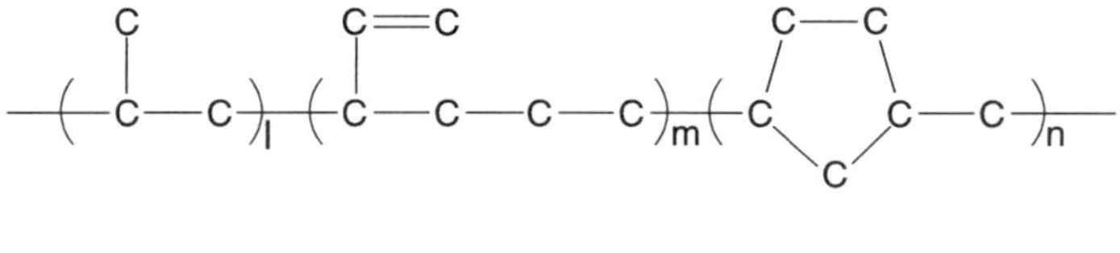

메탈로센 촉매도 EPR의 합성에 매우 유효한데, Busico 등은 Cp_2TiMe_2-$AlMe_3/H_2O$ 촉매로 얻어진 EPR을 ^{13}C–NMR를 상세히 분석하여 공중합 반응성비를 구하였는데, 그 값($r_E = 18.6$, $r_P = 0.032$, $r_E \times r_P = 0.60$)이 균일계 V 촉매의 값과 거의 일치하여 이 촉매가 EPR 제조에 적당하다는 것을 알게 되었다. Kaminsky 등도 Cp_2ZrMe_2-MAO 촉매로 에틸렌-프로필렌-디엔의 삼원공중합을 행하여 고활성(10~100 kg-Polymer/g-Zr·h)이며 디엔 함량이 0.5~8%인 공중합체를 얻었다.

앞에서 언급했듯이, 재료의 강도는 각각의 고분자 사슬이 더 높은 질서도를 가짐으로 증가되기 때문에, PE는 가지의 수가 적고, PP와 같이 치환된 고분자의 경우에는 치환된 탄소의 질서도가 증가해서 밀도가 커지고, 각각의 고분자 사슬 세그먼트가 더 단단하게 되어 고분자 전체의 강도가 증가하고 기체투과성이 현저히 낮아진다. 이러한 물성의 차이로 인하여 얇은 필름을 사용하는 분야에서 단일활성점을 가지는 메탈로센 촉매로 제조된 재료의 사용은 증가하고 있다. 단일활성점인 메탈로센으로 제조한 LLDPE는 기체투과성이 낮고, 강도가 높아 기존의 LLDPE는 보다 얇은 필름, 무거운 원료의 보관 등의 용도에 많이 이용되고 있다. 단일활성점은 제품의 투명성, 질김성(toughness)을 더욱 좋게 하고, 더 쉽게 밀봉(sealing)되는 성질을 가진 재료를 만들 수 있기 때문이다.

2 시클로올레핀 중합

Kaminsky 등은 rac-Et(Ind)$_2$ZrCl$_2$/MAO계를 사용하여 시클로펜텐, 시클로부텐, 노르보넨의 단독중합을 행하여 표 4.10과 같이 높은 녹는점의 1,2-부가중합체를 얻었다. 하지만, 아키랄 Cp$_2$ZrCl$_2$로서는 고분자가 얻어지지 않는다고 하였다.

메탈로센/MAO 촉매에 의한 노르보넨 단독중합 및 에틸렌과의 공중합에 대한 많은 연구가 수행되었으며, 표 4.11은 지르코노센의 π-리간드 구조 변화에 따른 노르보넨 중합 결과를 나타내었다. 일반적으로 노르보넨 단량체는 에틸렌, 프로필렌에 비해 더 큰 입체장애를 갖기 때문에 중합활성이 낮고 여러 메탈로센 촉매 중에서 입체장애가 적은 Cp$_2$ZrCl$_2$가 노르보넨에 대해 가장 높은 중합활성을 보인다. 메탈로센 촉매에 의해 합성된 노르보넨 단독중합체는 600°C 정도에서 열분해되며 일반 유기용매에 거의 녹지 않는다.

표 4.10 • Et(Ind)$_2$ZrCl$_2$-MAO계에 의한 시클로알켄의 결합

Monomer	Temp.(℃)	Activity(kg-Polymer/g-Zr)	Tm(℃)
시클로펜텐	22 0	195 32	395 395
시클로부텐	0 −10	149 50	485 485
노르보넨	20	40	>60

노르보넨 단량체는 전자적, 입체적 효과를 고려할 때 Zr-H 혹은 Zr-C 결합과의 cis-exo 방향의 배위가 유리하다. Zr 금속에 대해 β-H이 Zr-C 결합과 endo- 혹은 trans- 위치에 있기 때문에 β-H 제거반응에 의한 사슬정지가 일어나기 어렵고 그 결과 노르보넨 고분자의 말단기에 이중결합이 포함되지 않는다.

가공성 개선을 위해 에틸렌 혹은 α-올레핀과의 공중합체, 즉 COC에 대한 연구가 진행되었다. 표 4.12는 안사-지르코노센/MAO 촉매의 리간드 구조 변화에 따른 노르보넨/에틸렌 공중합 결과이다.

표 4.11 • 지르코노센/MAO 촉매계에 대한 노르보넨 단독중합 결과

Catalyst	(mol/L × 10^{-4})	[Al]/[Zr]	Activity [kg/mol·h]	$\overline{Mn}$	$\overline{Mw}/\overline{Mn}$
Cp_2ZrCl_2	7.1	240	1.6	9.3×10^3	2.0
rac-Et(Ind)$_2$ZrCl$_2$	9.2	560	0.8	insoluble	–
rac-Et(H$_4$Ind)$_2$ZrCl$_2$	10.0	510	0.8	insoluble	–
rac-Me$_2$Si(Ind)$_2$ZrCl$_2$	4.4	410	0.7	insoluble	–
meso-Me$_2$Si(Ind)$_2$ZrCl$_2$	4.4	470	0.7	insoluble	–
Me$_2$C(Cp)(Flu)ZrCl$_2$	5.6	340	0.9	2.7×10^4	2.0
Ph$_2$C(Cp)(Flu)ZrCl$_2$	4.4	410	2.2	–	–

※ 중합 조건: 중합온도 = 25℃, 노르보넨 농도 = 2M, 용매 = 톨루엔, Ind = 인데닐(indenyl), Flu = 플루오레닐(fluorenyl)

표 4.12 • 안사-지르코노센/MAO 촉매계에 대한 노르보넨 단독중합 결과

Catalyst	X_N	x_N	Activity [kg/mol·h]	$\overline{Mw}$	Tg(Tm)[℃]
Me$_2$C(Cp)(Flu)ZrCl$_2$	0.90	0.43	961	135000	111
	0.95	0.50	1785	158000	135
Me$_2$C(3-MeCp)(Flu)ZrCl$_2$	0.89	0.41	5721	252000	106(215)
	0.94	0.44	1602	431000	118(243)
Me$_2$C(3-BuCp)(Flu)ZrCl$_2$	0.91	0.37	205	7300	97(242)
	0.93	0.39	142	8900	103(255)
Me$_2$Si(Cp)(Flu)ZrCl$_2$	0.90	0.41	14316	1123000	65
	0.95	0.47	11084	431000	129
Me$_2$Si(Ind)(Flu)ZrCl$_2$	0.80	0.26	70	135000	21(126)
	0.91	0.22	86	57000	82(129)
meso-Me$_2$Si(Ind)$_2$ZrCl$_2$	0.49	0.17	260	200000	2(118)
	0.70	0.30	27	222000	77
meso-Et(Ind)$_2$ZrCl$_2$	0.90	0.25	180	245000	51
	0.98	0.39	7	81400	n.d.
meso-Me$_2$Si(H$_4$Ind)$_2$ZrCl$_2$	0.71	0.16	992	66000	–2(58)
	0.89	0.33	290	70000	115

* 중합 조건: 중합온도 = 30℃, [Zr] = 5 × 10^{-6} , MAO = 2.5 g/L, ethylene = 0.24 M, toluene, X_N = norbonene molar ratio in feed, x_N = norbornene molar ratio in polymer

여러 촉매 중에서 [Me$_2$Si(Cp)(Flu)]ZrCl$_2$ 촉매가 가장 높은 중합활성을 보이고 생성된 공중합체는 높은 노르보넨 함량 및 높은 분자량을 보이는 반면 메조(meso)-안사-메탈로센의 경우 전반적으로 중합활성이 낮았다. 공중합체의 Tg는 노르보넨 함량과 공중합체의 미세구조에 따라 20~135°C의 넓은 범위를 보이며 $[Me_2C(Cp)(Flu)]ZrCl_2$ 촉매가 가장 높은 Tg(135°C)를 보였다.

α-올레핀과 고리형 올레핀의 공중합체는 1954년 DuPont사에 의해 처음으로 상업화 시도가 있었으나, 전이금속촉매를 이용한 에틸렌과 노르보넨의 상업화는 1973년 구동독의 Leuna에 의해서이다. Leuna사에 의해 개발된 에틸렌과 노르보넨의 공중합체는 티타늄계의 Ziegler－Natta 촉매를 이용하였으나 잔류 불순물로 인하여 생성된 공중합체가 투명하지 않았으며, Tg가 140°C 이하로 제한되었다. 그 후 일본의 Mitsui 화학에서 바나듐 촉매와 알킬알루미늄 공촉매를 이용하여 Apel이라는 이름으로 에틸렌과 테트라시클로도데센 공중합체를 상업화하였다. 이후 독일의 Ticona는 Mitsui 화학과 공동으로 메탈로센-MAO 촉매를 이용하여 고리형 올레핀 공중합체(COC)를 Topas라는 상품명으로 출시하였다.

Ticona는 현재 토너 바인더 레진, 포장재, 광학용, 의료용 제품 및 축전 필름(capacitor film)등의 용도로 5가지 등급의 제품을 생산하고 있다. 각 등급은 공중합체 내의 노르보넨 함량의 변화에 따른 Tg가 다른 점(80~180°C)이 가장 큰 특징이다.

Topas의 광학 특성은 PMMA와 비슷하지만, 열적 안정성이 더 우수하고 수분흡수율은 PMMA의 1/10 정도이다. PC와 비교해서는 강도가 우수하고, PMMA 및 PS와 비교해서 균열 성장(crack propagation)에 대한 저항성이 동등한 것으로 알려져 있다. 이와 같은 낮은 수분흡수율과 열적 안정성, 특히 고온에서 변형이 적어 사출성형시 치수안정성이 우수하다. 이외에도 복굴절률이 낮고, 단파장 영역에서 투과율이 우수하여 차세대 고용량 DVD소재에 응용가능성을 보여준다. 넓은 범위의 온도와 주파수에 대해 일정한 전기적 특성을 가지고 있고 상온에서의 유전상수는 2.35이며, 온도가 올라감에 따라 생기는 유전손실이 PP나 다른 올레핀 계열의 고분자보다 낮은 특성을 지니고 있다. 따라서 박막 축전기에 적용이 가능하며, 이 경우 PP로 된 축전기보다 크기가 작고 더 많은 에너지를 충전할 수 있어서 AC 모터 시동기, 고주파수 반도체 회로 등에 적용할 수 있다. 축전기용 필름은 얇고 견고하며 우수한 연성을 갖고 금속화가 잘 되어 축전기 선능을 향상시킬 수 있다.

Topas를 PE와 블렌딩한 경우 인장강도 및 수분 흡수방지와 같은 분리막 성질이 증가하므로 식료품, 의약품, 화장품을 위한 포장재에 응용될 수 있다. Topas로 제작된 다층막은 poly(vinylidene chloride)(PVdC)로 코팅된 PVC처럼 가공될 수 있다. 즉, 고발포 포장재를 제작하는 경우 PVC/PVdC의 경우보다 더 낮은 온도와 더 적은 순환 과정으로 열가공할 수 있고 우수한 수분 차단과 균일한 두께의 고발포 포장재를 제조할 수 있다. PET 또는 PP와 블렌딩하는 경우 필름의 마찰력과 불투명성이 증가하는 반면 수축률이 감소되어 수축필름 제작에 응용될 수 있다. Topas의 첫 상업화 제품은 Bayer Aspirin 포장에 사용되었으며, 이 제품은 중심 부분이 240 μm의 두께를 가지고 그 양쪽에 15 μm의 PP 필름이 적층되어있다.

3 스티렌 유도체의 신디오탁틱중합

스티렌은 중합에 의해 페닐기의 배치가 다른 3가지 형태의 중합체, 즉 아탁틱, 이소탁틱 및 신디오탁틱 폴리스티렌(aPS, iPS, sPS)이 가능하다. Ziegler−Natta 촉매에 의한 올레핀 및 스티렌의 중합에서 얻어지는 중합체는 주로 이소탁틱 구조이며, 신디오탁틱 중합체의 제조가 용이하지 못하였다.

메탈로센과 MAO로 구성된 균일계촉매에 의한 스티렌의 신디오탁틱중합은 일본의 Idemitsu사의 Ishihara의 연구를 시작으로 발전되었으며, 촉매로 사용될 수 있는 티탄 화합물의 종류를 표 4.13에 나타내었다.

표 4.13에서 알 수 있듯이 티타늄 화합물과 하프-티타노센(half-titanocene)의 리간드 종류 및 원자가에 따라 촉매활성은 $TiBr_4$, $TiCl_4$, $Ti(OMe)_4$, $Ti(OEt)_4$, $CpTiCl_3$, Cp^*TiCl_3 순으로 증가한다.

이 중에서 $CpTiCl_3$, Cp^*TiCl_3 등이 비교적 큰 활성을 가지며 최근에는 인데닐티타늄 트리클로라이드[$(Ind)TiCl_3$]가 $CpTiCl_3$에 비해 높은 활성과 입체규칙성을 가진다고 알려져 있다. 또한 Cp 리간드를 가진 티타늄 화합물이더라도 Cp 리간드의 치환기에 따라 촉매활성이 달라지는 것을 표 4.14에서 알 수 있다. Cp 리간드의 치환기가 전자 공여체인 경우 활성이 증가하는데, 이는 전자 척력 치환기에 의해 촉매활성점이 안정되기 때문으로 활성점의 양이온 메커니즘을 뒷받침한다.

표 4.13 • 다양한 금속화합물을 MAO와 사용한 스티렌 중합 결과

Catalyst	[Ti] mmol	[Al]mmol	Conversion(wt%)	Stereospecificity
$TiCl_4$	0.05	40	4.1	syndiotactic
$TiBr_4$	0.05	40	2.1	syndiotactic
$Ti(OCH_3)_4$	0.05	40	3.8	syndiotactic
$Ti(OC_2H_5)_4$	0.05	40	9.5	syndiotactic
$CpTiCl_3$	0.05	30	99.2	syndiotactic
Cp^*TiCl_3	0.05	45	100.0	syndiotactic
$(Cp^*)_2TiCl_2$	0.05	30	2.0	syndiotactic
$Ti(\eta\text{-}C_6H_6)_2$	0.05	25	5.4	syndiotactic
$Ti(\eta\text{-}(CH_3)_2C_6H_4)_2$	0.05	25	5.7	syndiotactic
$Ti(\eta\text{-}(CH_3)_3C_6H_4)_2$	0.05	25	6.0	syndiotactic
$Ti(acea)_2Cl_2$	0.05	40	0.4	syndiotactic
$ZrCl_4$	0.05	40	0.4	atactic
$Zr(O\text{-}n\text{-}Bu)_4$	0.05	8	0.1	atactic
$Zr(\eta\text{-}C_7H_8)_2$	0.05	40	1.3	atactic
Cp_2ZrCl_2	0.05	28	3.2	syndiotactic

(계속)

(계속)

$Zr(CH_2C_5H_5)_4$	0.2	16	2.0	syndiotactic
Cp_2HfCl_2	0.02	40	1.4	atactic
Cp_2VCl_2	0.05	40	0.7	atactic
$Co(acac)_3$	0.02	10	1.8	atactic
$Ni(acac)_2$	0.25	20	80.8	atactic

표 4.14 • 치환된 시클로펜타디에닐티타늄 트리메틸옥사이드 중합활성

Catalyst	Activity (kg-sPS/mg-Ti)
$CpTi(OMe)_3$	10
$(Me_3Si)_2CpTi(OMe)_3$	25
$Me_4CpTi(OMe)_3$	130
$Me_3SiCpTi(OMe)_3$	135
$Cp^*Ti(OMe)_3$	200
$EtMe_4CpTi(OMe)_3$	210

하프-티타노센의 리간드 종류뿐만 아니라 음이온 부분 리간드(ancillary ligand)의 종류에 따라서도 활성이 달라진다. 즉, Cp^*TiX_3-MAO 촉매계를 이용한 스티렌의 중합에서 음이온 부분 리간드 X의 종류를 달리하여 중합한 결과를 표 4.15에 나타내었다.

표 4.15 • 다양한 메탈로센을 이용해 중합한 sPS의 녹는점과 전환율

Catalyst	Conversion(%)	Tm(℃)
$Cp^*Ti(OMe)_3$	55	270
Cp^*TiCl_3	25	269
$Cp^*Ti(O\text{-}t\text{-}Bu)_3$	6	270
$Cp^*Ti(O\text{-}i\text{-}Pr)_3$	55	271
$Cp^*Ti(O\text{-}i\text{-}C_3HF_6)_3$	2	270
$Cp^*Ti(OPh)_3$	54	270
$Cp^*Ti(O\text{-}C_6H_4CH_3)_3$	49	270

전자 척력기인 Cl과 iso-C_6F_6기 및 부피가 큰 t-부톡시기를 가진 경우는 활성이 낮았으나 메톡시, 이소프로필옥시드, 페녹시 및 p-메틸페녹시기가 존재하는 촉매의 활성은 훨씬 높았다. 이는 음이온 부분 리간드가 활성점의 성장속도에 영향을 주기 때문이다. 그러나 sPS의 분자량과 녹는점은 X의 종류에 관계없이 거의 비슷하였다.

지르코늄 화합물을 이용하여도 sPS가 얻어지지만, 티타늄 화합물에 비해 그 촉매활성과 입체규칙성이 낮은데, 이는 티타늄에 비해 지르코늄의 전자 친화도가 작고 이온 반경이 크기 때문이다.

하프-티타노센 중에서 리간드 치환기의 종류와 중합온도가 sPS의 분자량에 미치는 영향을 그림 4.11에 나타내었다.

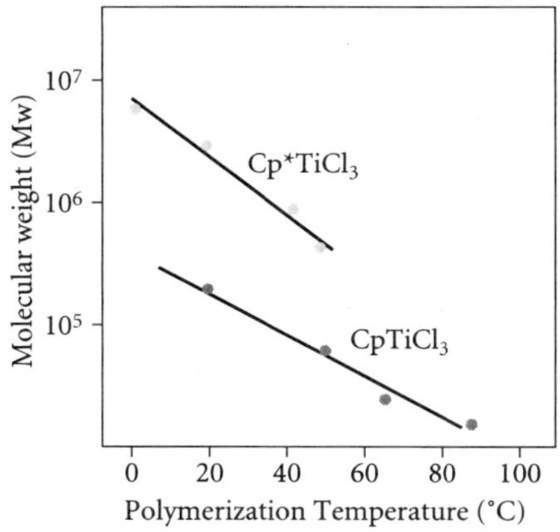

그림 4.11 • 중합온도가 분자량에 미치는 영향

$CpTiCl_3$에 비해 Cp^*TiCl_3를 사용한 경우의 분자량이 훨씬 크게 나타났다. 이는 전자주게 치환기에 의해 촉매활성점의 안정화 및 β-H 사슬이동반응이 상대적으로 지연되기 때문이다. 그리고 중합온도를 감소시킴에 따라 sPS의 분자량은 증가하였다. 또한 $CpTiCl_3$/MAO 촉매계에서 중합온도가 증가할수록 sPS의 Tm이 낮아지는데, 이는 입체규칙성이 감소하기 때문이다.

$CpTiCl_3$/MAO 촉매계를 사용한 스티렌의 중합에서 [MAO]/[Ti] 몰비가 증가할수록 촉매활성은 증가한다. 티탄의 산화수를 ESR로 분석하여 보면 [MAO]/[Ti] 몰비가 증가할수록 Ti^{+3}가 많아지는데 이러한 사실로 MAO의 환원력이 작용하여 Ti^{+4}를 Ti^{+3}로 환원시키며 Ti^{+3}만이 sPS생성의 활성점이라는 것을 알 수 있다. 공촉매인 MAO의 환원력이 약하기 때문에 촉매활성을 증가시키기 위해서는 많은 양의 MAO가 필요하다. 따라서 트리이소부틸알루미늄(TIBA)을 소량 첨가하면 촉매활성이 증가하나 과량의 TIBA 사용 시에는 활성이 감소한다.

여러 가지 안사-메탈로센을 이용한 프로필렌과 스티렌의 중합에서 촉매종류와 생성 중합체의 입체규칙성과의 관계를 조사하여 표 4.16에 나타내었다.

표에서 볼 수 있듯이 벤트 메탈로센 촉매로는 aPP와 sPS가 생성되고 키랄 메탈로센을 이용하면 iPP와 aPS가 얻어진다. 그러나 새로운 키랄 티타노센인 디페닐메틸렌-다리결합-인데닐시클로펜타디에닐 티타늄디클로라이드($Ph_2C(Cp)(Ind)TiCl_2$)를 사용한 경

표 4.16 • 촉매가 폴리프로필렌과 폴리스티렌 생성물의 입체규칙성에 미치는 영향

Catalyst	Stereoregularity	
	PP	PS
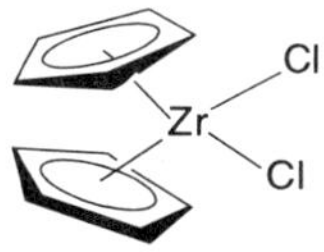	Atactic	Atactic
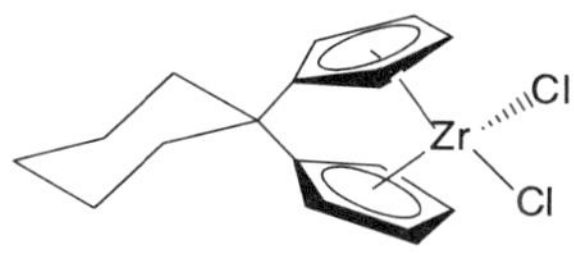	Atactic	Syndiotactic [rrrr] ≈ 1.0
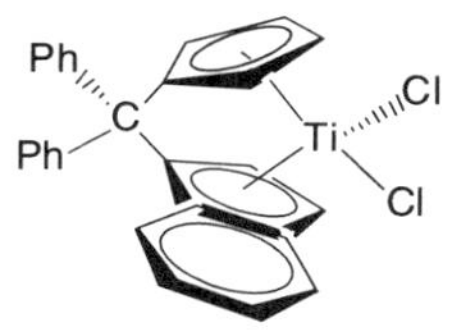	Isotactic [mm] ≈ 0.57	Syndiotactic [rrrr] ≈ 1.0
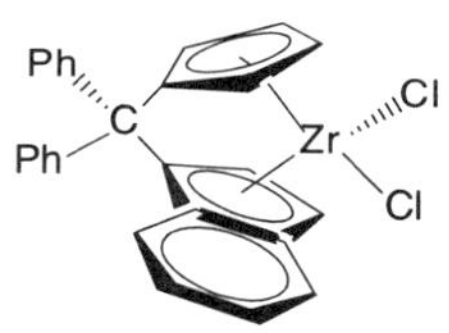	Atactic [mm] ≈ 0.19	Atactic
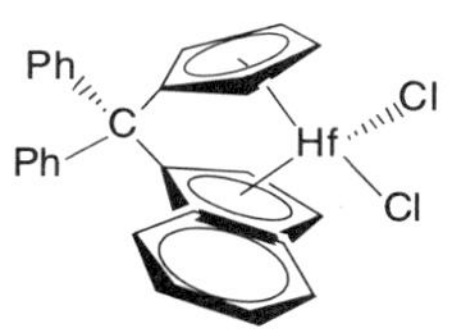	Isotactic [mm] ≈ 0.52	Atactic
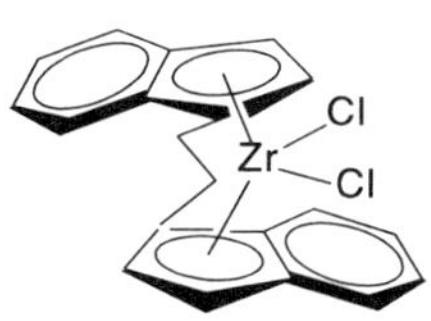	Isotactic	Atactic
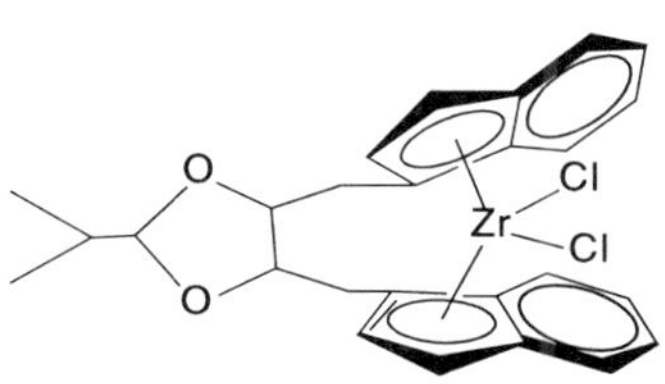	Isotactic [mm] ≈ 0.96	Atactic

우에는 특이하게 iPP와 sPS를 얻을 수 있었는데, 이 결과는 한 가지 촉매로 단량체의 종류에 따라 입체규칙성이 다른 중합체를 얻는 최초의 발견이다. 즉, 같은 촉매에 있어서 두 가지 형태의 삽입반응이 진행될 수 있어 스티렌의 신디오탁틱 중합 메커니즘이 올레핀의 이소탁틱 중합 메커니즘과 다른 것을 알 수 있다.

중합 메커니즘에서 촉매금속과 탄소결합 사이에 일어나는 스티렌의 삽입에 대해서는 많은 연구가 진행되어 스티렌의 위치 선택적 삽입은 두 가지 방법으로 진행됨을 알았다. $Ti(CH_2Ph)_4$-MAO 촉매계와 $Al(^{13}C_2H_5)_3$ 공존하에 스티렌 중합을 행하여 중합체의 말단구조가 $-CH(Ph)-CH_2-^{13}CH_2-CH_3$에 대응하는 좁은 공명선만 나타나는 것을 ^{13}C-NMR로 확인하였다. 이 사실로부터 티탄과 탄소 사이의 스티렌 삽입은 고위치 선택적으로 2,1-부가가 일어나 다음에 계속되는 단량체의 삽입은 고입체규칙성으로 진행됨을 알 수 있다.

한편 메탄올로 중합을 종료하여 얻은 중합체를 가스크로마토그래피로 분석한 결과 말단이 n-프로필벤젠과 에틸벤젠으로 되어 있는 것을 확인하였다. 말단에 에틸벤젠이 존재하는 것은 sPS의 연쇄이동이 성장사슬의 β-H 제거에 의해 일어나고 새로이 형성된 금속-수소 결합 사이로 스티렌의 삽입이 고위치 선택적으로 2,1-부가로 일어나기 때문이다. 이와 같은 메커니즘을 그림 4.12에 나타내었다.

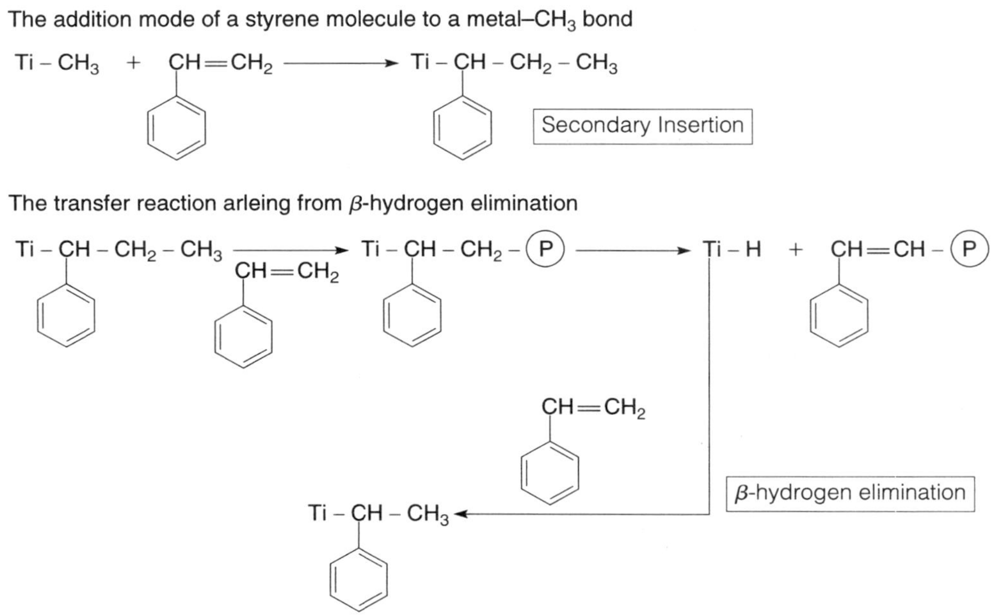

그림 4.12 • 스티렌 중합 시 신디오탁틱 생성 메커니즘

또한 그림 4.13에 나타낸 중수소화 스티렌을 사용한 실험에서 부가반응은 cis- opening에 의해 진행된다.

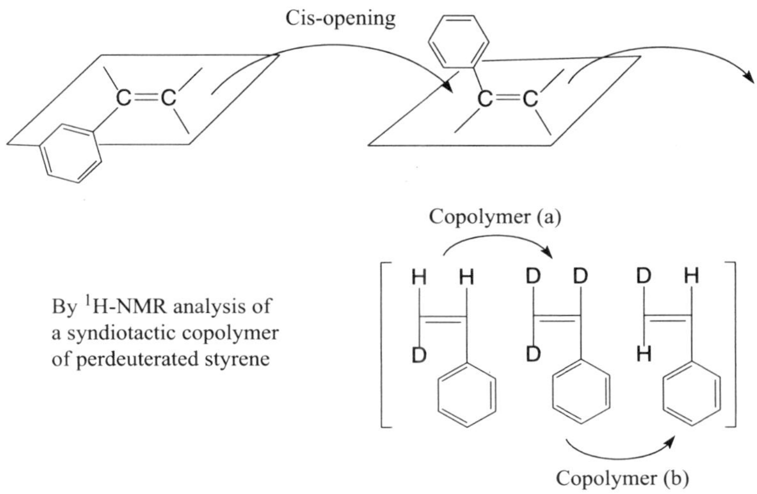

그림 4.13 • 스티렌의 이중결합에서 사슬 말단 성장에 의한 성장 반응

$CpTiCl_3$/MAO 촉매계를 이용하여 스티렌 유도체를 중합한 결과, 그림 4.14에서와 같이 촉매활성은 *m*-클로로스티렌, *p*-클로로스티렌, *p*-플로오로스티렌, 스티렌, *m*-메틸스티렌, *p*-메틸스티렌, *p*-t-부틸스티렌 순으로 증가한다.

반응성과 Hammett의 치환기 정수 σ값의 관계에서 알 수 있듯이, 벤젠고리의 치환기가 전자주게기인 유도체의 반응성은 스티렌보다도 높은 반면에 전자받게기를 가진 유도체의 반응성은 아주 낮았다. 이러한 사실은 스티렌의 입체규칙성 중합의 촉매활성점이

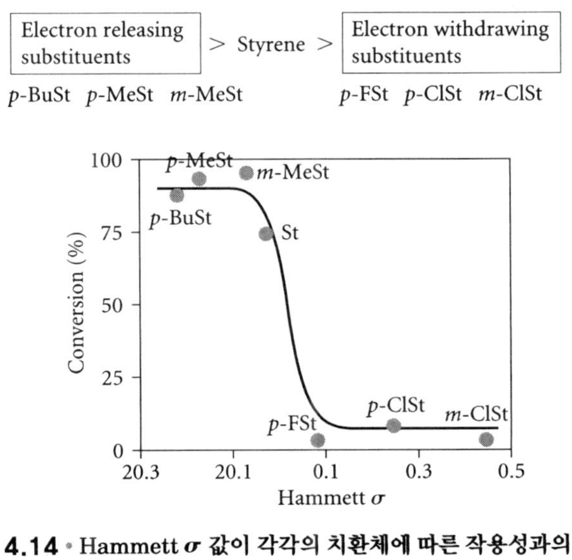

그림 4.14 • Hammett σ 값이 각각의 치환체에 따른 작용성과의 관계

양이온인 것을 시사한다.

위의 스티렌 유도체에서 얻은 중합체의 입체구조를 ^{13}C-NMR로 조사하여 모두 신디오탁틱 구조를 가지며, 스티렌 유도체에 있어서도 이소탁틱 중합체에 비해 신디오탁틱 중합체의 T_m과 결정화도가 모두 높다.

6. 개환복분해중합(ROMP)

개환복분해중합(Ring Opening Methathesis Polymerization, ROMP)에 사용되는 촉매들로서는 4~8족의 전이금속, 예를 들면 Ti, Zr, V, Nb, Ta, Cr, Mo, W, Re, Ru, Os, Rh, Ir 등이 사용되며 이중 Ti, W, Mo, Ru 금속이 가장 높은 활성을 보인다. 촉매 형태로는 카르보닐이나 산화물 형태의 금속화합물이 실리카나 알루미나에 담지되어 있는 $MoO_3/CoO/Al_2O_3$, WO_3/SiO_2 및 ReO_7/Al_2O_3와 같은 불균일계촉매 형태이거나, WCl_6, $WOCl_4$, $W(OR)_2Cl_4$, $MoCl_5$, $ReCl_5$ 및 $RuCl_3$ 등과 같은 염화물이 $LiAlR_4$, R_3Al, Et_2AlCl, $EtAlCl_2$ 및 R_4Sn 등과 같은 루이스산인 조촉매와 함께 사용되는 균일계촉매 형태이다.

균일계 ROMP 촉매의 경우 염화물 혹은 카르보닐 형태의 유기금속화합물이 루이스산 형태의 조촉매와 반응하여 금속카벤(metal carbene) 혹은 금속시클로부탄(metal-cyclobutane) 형태의 촉매활성종을 형성하고 이 활성종은 올레핀의 이중결합과 반응하여 금속시클로부탄의 고리중간체를 거쳐 이중결합을 갖고 있는 최종 생성물로 개환된다.

ROMP 고분자는 단량체 반복 단위당 한 개의 이중결합을 포함하고 있다. 이러한 이중결합은 고온에 견딜 수 있는 재료를 만들기 위한 고분자 간 가교반응에 이용될 수 있으나, 낮은 열산화 안정성을 유발하여 색상을 띠게 한다. 결국 ROMP 고분자는 그 자체로 광학용 재료로 사용하기에는 부적합하여 Pd 혹은 Raney-Ni과 같은 촉매에 의해 수소 첨가된 고분자로 바뀌어 사용된다. 최근에 일본의 Nippon Zeon, JRS에서는 수소첨가된 투명한 ROMP 고분자를 개발하고 있으며, 표 4.17과 그림 4.15는 Nippon Zeon사에서 제조한 고분자 중합 결과와 구조이다.

표 4.17 • Nippon Zeon사의 ROMP 중합 결과

Monomer		$\overline{M_w}(\times10^4)$	$\overline{M_n}(\times10^4)$	$\overline{M_w}/\overline{M_n}$	Tg(℃)	복굴절률(nm)
Name	wt%					
DCPD	–	–	–	–	93	30~90
MTD	–	6.2	3.0	2.1	152	25
MTD/NB	8/2	5.9	2.7	2.2	129	20
MTD/DCPD	8/2	6.1	2.9	2.1	140	20
ETD	–	16.0	6.1	2.6	147	40~150

(계속)

(계속)

ETD/DCPD	9/1	5.9	2.8	2.1	134	15
TD	–	–	–	–	163	40~130
TD/NB	8/2	5.7	2.6	2.2	126	30
TD/DCPD	8/2	6.4	2.8	2.3	137	35

※ 중합 조건: 촉매 = WCl_6(0.17wt%) + $AlEt_3$(0.5wt%) + NEt_3(1.4wt%), toluene, 20℃, 1 hr
DCPD = dicyclopentadiene, MTD = methyltetracyclododecene, ETD = ethyltetracyclododecene, TD = tetracyclododecene

고리형 올레핀 단량체 구조에 따라 ROMP 고분자의 열적, 광학적 성질이 변화되는데, 각 단량체의 알킬 가지의 길이가 늘어날수록 생성된 고분자의 유리전이온도(Tg)가 감소하고 단량체의 고리수가 증가할수록 Tg가 증가한다. 위의 중합 결과에서 P(TD)의 Tg(163°C)가 가장 높고 P(DCPD)의 Tg(93°C)가 가장 낮다.

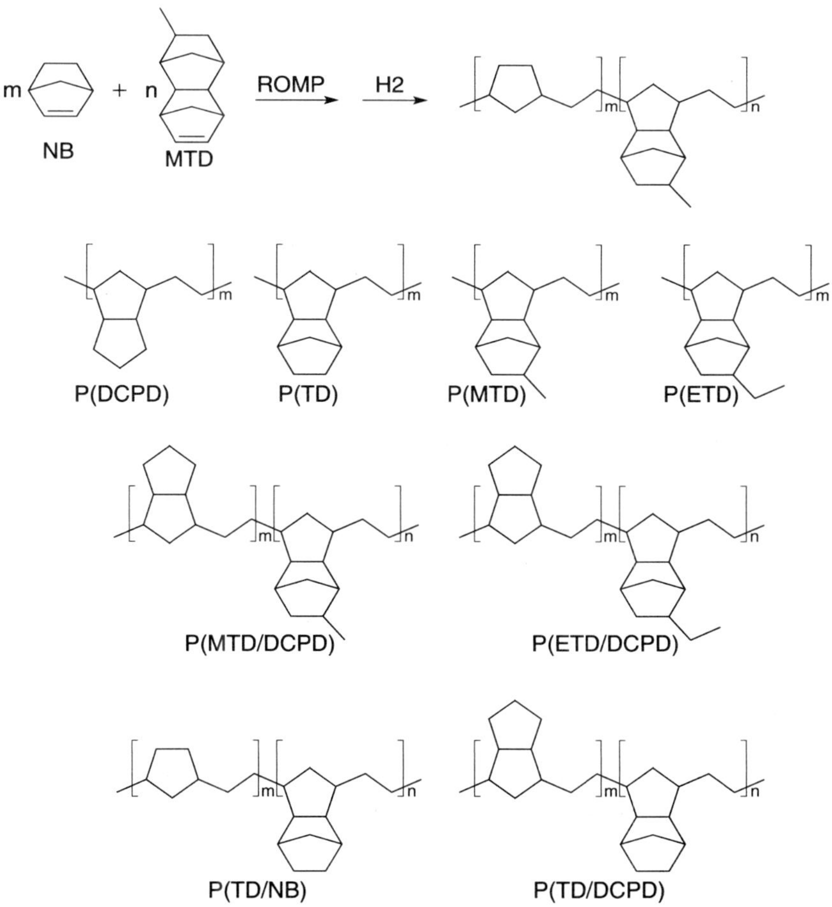

그림 4.15 • Nippon Zeon의 고리형 올레핀계 고분자

최초로 상업화된 ROMP 고분자는 1976년 상업화된 Norsorex라 불리는 노르보넨 고분자이고 현재 Nippon Zeon에서 생산하고 있다. Norsorex는 수소첨가 반응단계가 없으므로 고분자에 이중결합이 남게 되어 투명성은 떨어진다. Norsorex의 주요 용도는 기름 흡수용이나 진동 혹은 소음 흡수제 등으로 사용되고 있으며, 광학적 투명성은 보이지 않는다.

그 이후 일본에서 ROMP후 수소첨가반응을 추가하여 고분자 사슬의 이중결합을 제거한 투명 고분자에 대한 연구를 진행하였다. 이렇게 수소첨가된 ROMP 고분자는 무정형 열가소성수지로서 저밀도, 고투명성, 저복굴절률, 저수분흡수성, 내화학성, 고인장강도 등 우수한 물성을 가지기 때문에 PMMA와 PC를 대체할 매우 투명한 광학소재로서 이용될 수 있다. 일반적으로 ROMP 반응은 수소첨가반응을 수반하므로 경제적인 측면에서는 불리하나 충격강도와 같은 기계적 강도가 비교적 높은 고분자를 만드는 데 유리한 것으로 알려져 있다. 정밀 성형을 위해서 고분자는 우수한 유변학적 성질이 필요하며 또한 동시에 기계적 강도를 유지하기 위해서는 충분히 큰 분자량을 가져야 한다. 이러한 조건을 만족시키기 위하여 Nippon Zeon의 경우는 수평균분자량($\overline{Mn}$)이 약 20,000 정도이고 분자량분포($\overline{Mw}/\overline{Mn}$)가 약 2 정도의 고분자를 제조하였다. 생성된 고분자의 Tg는 단량체 종류나 단량체 조성비에 따라 조절이 가능하며 대략 40°C에서 160°C 사이의 온도 범위를 갖는다. Nippon Zeon에서는 다양한 등급의 제품을 Zeonex 혹은 Zeonor라는 상품명으로 출시하고 있으며, 이들 등급은 광학적 특성이나 전기적 특성 등은 유사하나 Tg나 HDT(Heat Distortion Temperature)와 같은 열적 특성 및 인장강도 혹은 신장률 등과 같은 기계적 특성에서 차이를 보이고 있다. Zeonex나 Zeonor의 용도는 렌즈, 디스크, 의료용기, 주사기 혹은 절연소재 등이다.

JRS은 극성 노르보넨을 포함하는 고분자인 Arton을 출시하였다. Arton 제품은 30~90%의 비극성 노르보넨과 5~70%의 극성 노르보넨으로 이루어져 있으며 중량평균분자량($\overline{Mw}$)은 약 20,000~700,000이고, Tg는 170°C 정도이다. 또한 복굴절률이 낮고(< 20 nm) 투명한 특성(투과도 92%)을 지니며 고분자 내 극성기가 존재하기 때문에 금속 부착성이 우수하여 렌즈나 광섬유 혹은 디스크용 광학 소재에 사용되고 있다. 다른 제품으로 Arton과 폴리페닐렌술폰(polyphenylene sulfide, PPS)을 블렌딩한 ArtoPPS라는 제품을 생산하고 있으며 이를 전자 재료의 금속첨가 모델링에 사용하고 있다.

참고문헌

1. D.S. Breslow and N.R. Newburg, *J. Am. Chem. Soc.* **79**, 5072 (1957).
2. H.H. Brintzinger, D. Fischer, R. Mülhaupt, B. Rieger and R. Waymouth, *Angew. Chem.* **107**, 1255 (1995).
3. W. Kaminsky, *J. Chem. Soc. Dalton Trans.* 1413 (1998).
4. W. Kaminsky and M. Arndt, *Adv. Polym. Sci.* **127**, 143 (1997).

5. M. Bochmann, *J. Chem. Soc. Dalton Trans.* 255 (1996).
6. P.C. Möhring and N.J. Coville, *J. Organomet. Chem.* **479**, 1 (1994).
7. H.G. Alt and E. Samuel, *Chem. Soc. Rev.* **27**, 323 (1998).
8. H.G. Alt and A. Köppl, *Chem. Rev.* **100**, 1205 (2000).
9. R.L. Halterman, in: A. Togni, R.L. Halterman (Eds.), "*Metallocenes: Synthesis, Reactivity, Applications*", Wiley, Weinheim, 1998, p. 455.
10. L. Resconi, L. Cavallo, A. Fait and F. Piemontesi, *Chem. Rev.* **100**, 1253 (2000).
11. G. Fink, B. Steinmetz, J. Zechlin, C. Przybyla and B. Tesche, *Chem. Rev.* **100**, 1377 (2000).
12. J.A. Ewen, L.R. Jones, A. Razavi and J.J. Ferrara, *J. Am. Chem. Soc.* **110**, 6255 (1988).
13. A. Razavi, L. Peters and L. Nafpliotis, *J. Mol. Catal. A* **115**, 129 (1997).
14. W.A. Herrmann, J. Rohrmann, E. Herdtweck, W. Spaleck and A. Winter, *Angew. Chem.* **101**, 1536 (1989).
15. G.G. Hlatky, *Chem. Rev.* **100**, 1347 (2000).
16. A. Andresen, H.-G. Cordes, J. Herwig, W. Kaminsky, A. Merck, R. Mottweiler, J. Pein, H. Sinn and H.-J. Vollmer, *Angew. Chem.* **88**, 689 (1976).
17. B. Temme, J. Karl, M. Dahlmann, K. Begander, G. Kehr, H. Luftmann, R. Fröhlich, T. Jödicke and G. Erker, in: J. Sun and C. Janiak (Eds.), "*Advances on Organometallic Catalysts and Olefin Polymerization in China and Germany*", Chemical Industry Press, Beijing, 2001, p. 89.
18. P.C. Wailes, R.S.P. Coutts and H. Weigold, "*Organometallic Chemistry of Titanium, Zirconium and Hafnium*", Academic Press, New York, 1974.
19. E.H. Braye, W. Hübel and I. Caplier, *J. Am. Chem. Soc.* **83**, 4406 (1961).
20. K. Sonogashira and N. Hagihara, *Bull. Chem. Soc. Jpn.* **39**, 1178 (1966).
21. G.W. Watt and F.O. Drummond Jr., *J. Am. Chem. Soc.* **92**, 826 (1972).
22. G. Fachinetti and C. Floriani, *J. Chem. Soc. Chem. Commun.* 66 (1977).
23. H. Alt and M.D. Rausch, *J. Am. Chem. Soc.* **96**, 5936 (1974).
24. J.L. Atwood, W.E. Hunter, H. Alt and M.D. Rausch, *J. Am. Chem. Soc.* **98**, 2454 (1976).
25. M.D. Rausch, W.H. Boon and H.G. Alt, *J. Organomet. Chem.* **141**, 299 (1977).
26. H.G. Alt, H.E. Engelhardt, M.D. Rausch and L.B. Kool, *J. Organomet. Chem.* **329**, 61 (1987).
27. J.X. Dermott and G.M. Whitesides, *J. Am. Chem. Soc.* **96**, 947 (1974).
28. J.X. Dermott, M.E. Wilson, G.M. Whitesides, *J. Am. Chem. Soc.* **98**, 6529 (1976).
29. H.G. Alt, C.E. Denner, U. Thewalt and M.D. Rausch, *J. Organomet. Chem.* **356**, C83 (1988).
30. P. Binger, P. Müller, R. Benn, R. Rufinska, B. Gabor, C. Kröger and P. Betz, *Chem. Ber.* **122**, 1035 (1989).
31. T. Takahashi, M. Murakami, M. Kunishige, M. Saburi, Y. Uchida, K. Kozawa, T. Uchida, D.R. Swanson and E. Negishi, *Chem. Lett.* **5**, 761 (1989).
32. H.G. Alt and J.S. Han, *J. Organomet. Chem.* **456**, 89 (1993).
33. G. Erker, J. Wicher, K. Engel, F. Rosenfeldt, W. Dietrich and C. Krüger, *J. Am. Chem. Soc.* **102**, 6344 (1980).
34. H. Yasuda, Y. Kojihara, K. Mashima, K. Nagasuna, K. Lee and A. Nakamura, *Organometallics* **1**, 388 (1982).

35. G. Erker, G. Kehr and R. Frëhlich, *J. Organomet. Chem.* **689**, 4305 (2004).
36. G. Erker, R. Pfaff, D. Kowalski, E.-U. Würthwein, C. Krëger and R. Goddard, *J. Org. Chem.* **58**, 6771 (1993).
37. G. Erker and R. Pfaff, *Organometallics* **12**, 1921 (1993).
38. G. Erker, R. Noe, C. Kröger and S. Werner, *Organometallics* **11**, 4174 (1992).
39. B. Temme, G. Erker, J. Karl, H. Luftmann, R. Frëhlich, S. Kotila, *Angew. Chem. Int. Ed. Engl.* **34**, 1755 (1995).
40. U. Rosenthal, A. Ohff, W. Baumann, R. Kempe, A. Tillack and V.V. Burlakov, *Angew. Chem.* **106**, 1946 (1994).
41. V.V. Burlakov, A.I. Yanovsky, Y.T. Struchkov, U. Rosenthal, A. Spaentnberg, R. Kempe, O.G. Ellert and V.B. Shur, *J. Organomet. Chem.* **542**, 105 (1997).
42. A. Tillack, W. Baumannn, A. Ohff, C. Lefeber, A. Spannenberg, R. Kempe and U. Rosenthal, *J. Organomet. Chem.* **520**, 187 (1996).
43. V.V. Burlakov, N. Peulecke, W. Baumann, A. Spannenberg, R. Kempe and U. Rosenthal, *J. Organomet. Chem.* **536-537**, 293 (1997).
44. P.-M. Pellny, F.G. Kirchbauer, V.V. Burlakov, W. Baumann, A. Spannenberg and U. Rosenthal, *J. Am. Chem. Soc.* **121**, 8313 (1999).
45. S. Mansel, D. Thomas, C. Lefeber, D. Heller, R. Kempe, W. Baumann and U. Rosenthal, *Organometallics* **16**, 2886 (1997).
46. D. Thomas, W. Baumann, A. Spannenberg, R. Kempe and U. Rosenthal, *Organometallics* **17**, 2096 (1998).
47. H. Sun, V.V. Burlakov, A. Spannenberg, W. Baumann, P. Arndt and U. Rosenthal, *Organometallics* **20**, 5472 (2001).
48. V.V. Burlakov, P. Arndt, W. Baumann, A. Spannenberg and U. Rosenthal, *Organometallics* **23**, 4160 (2004).
49. X. Yang, C.L. Stern and T. Marks, *J. Am. Chem. Soc.* **116**, 10015 (1994)
50. H. Sinn, W. Kaminsky, H.J. Vollmer and R. Woldt, *Angew. Chem. Int. Ed. Engl.* **19**, 396 (1980).
51. W. Kaminsky, *J. Chem. Soc. Dalton Trans.* 1413 (1998).
52. K.B. Sinclair and R.B. Wilson, *Chem. Ind.* 857 (1994).
53. G. Erker, *Chem. Comm.* 1469 (2003).
54. L.K. Johnson, C.M. Killian and M. Brookhart, *J. Am. Chem. Soc.* **117**, 6414 (1995).
55. B.L. Small, M. Brookhart and A.M.A. Bennett, *J. Am. Chem. Soc.* **120**, 4049 (1998).
56. G.J.P. Britovsek, V.C. Gibson, B.S. Kimberley, P.J. Maddox, S.J. McTavish, G.A. Solan, A.J.P. White and D.J. Williams, *Chem. Commun.* 849 (1998).
57. T.R. Boussie, C. Coutard, H. Turner, V. Murphy and T.S. Powers, *Angew. Chem.* **110**, 3472 (1998).
58. W. Kaminsky and M. Arndt, *Adv. Polym. Sci.* **127**, 143 (1997).
59. D. Zhang, G.-X. Jin and N.H. Hu, *Chem. Commun.* 574 (2002).
60. D. Zhang and G.-X. Jin, *J. Polym. Sci. Polym. Chem.* **42**, 1018 (2004).

61. S. Guo, D. Zhang and G.-X. Jin, *Chin. Sci. Bull.* **49**, 249 (2004).

62. S. Guo, G.-X. Jin and F. Wang, *J. Polym. Sci. Polym. Chem.* **42**, 4830 (2004).

63. F.A.R. Kaul, G.T. Puchta, H. Schneider, F. Bielert, D. Milalios and W.A. Herrmann, *Organometallics* **21**, 74 (2002).

64. H.B. Zhu, G.-X. Jin and N.H. Hu, *J. Organomet. Chem.* **655**, 167 (2002).

65. C.K. Liu and G.-X. Jin, *New J. Chem.* **26**, 1485 (2002).

66. S.S. Chen and R.B. Wei, *Chin. Sci. Bull.* **15**, 921 (1983).

67. D.W. Macomber, W.P. Hart and M.D. Rausch, *J. Am. Chem. Soc.* **104**, 884 (1982).

68. E.C. Lund and T. Livinghouse, *Organometallics* **9**, 2426 (1990).

69. H.B. Zhu and G.-X. Jin, *Acta Chim. Sin.* **60**, 509 (2002).

70. L. Cavallo, G. Guerra, M. Vacatello and P. Corradini, *Macromolecules* **24**, 1784 (1991).

71. G. Guerra, L. Cavallo, L. Moscardi, M. Vacatello and P. Corradini, *Macromolecules* **29**, 8434 (1996).

72. W.E. Piers and J.E. Bercaw, *J. Am. Chem. Soc.* **112**, 9406 (1990).

73. H.H. Brintzinger and H. Krauledat, *Angew. Chem. Int. Ed. Engl.* **29**, 1412 (1990).

74. H.H. Brintzinger and M.L. Leclerc, *J. Am. Chem. Soc.* **117**, 1651 (1995)

75. G.R. Tang, G.-X. Jin and L.H. Weng, *J. Organomet. Chem.* **689**, 678 (2004).

76. T. Hunh, N. Suzuki, Y. Yamaguchi, T. Mise, T. Chihara and Y. Wakatsuki, *Chem. Lett.* **12**, 1201 (1997).

77. W.A. Herrmann, J. Rohrmann, E. Herdtweck, W. Spaleck and A. Winter, *Angew. Chem. Int. Ed. Eng.* **28**, 1511 (1989).

78. E.J. Thomas, M.D. Rausch and J.C.W. Chien, *Organometallics* **19**, 4077 (2000).

79. T.A. Herztog, L. Zubris and J.E. Bercaw, *J. Am. Chem. Soc.* **118**, 11988 (1996).

80. D. Veghini and J.E. Bercaw, *Polym. Reprints* **39(1)**, 210 (1998).

81. S.A. Miller and J.E. Bercaw, *Organometallics* **21**, 934 (2002).

ORGANOMETALLIC

CATALYSTS

FOR

OLEFIN POLYMERIZATION

제 5 장

담지메탈로센 중합촉매

ORGANOMETALLIC CATALYSTS FOR OLEFIN POLYMERIZATION

1. 필요성

폴리에틸렌과 폴리프로필렌의 공업적 생산은 거의 대부분이 담지촉매를 이용하는데, iPP의 생산은 $MgCl_2$-담지 $TiCl_4$ 촉매가 전체의 95% 이상 사용되고 있으며, PE의 경우는 $MgCl_2$-담지 $TiCl_4$ 촉매와 실리카 담지 Cr_2O_3 촉매가 70% 이상 사용되고 있다. 이들 담지촉매는 현재 폴리올레핀의 공정인 슬러리 및 기상공정에 적용되고 있다.

메탈로센 촉매가 촉매활성, 입체규칙성, 공중합성 등에 우수한 성능을 발현하지만, 현 폴리올레핀 생산공정인 슬러리 및 기상공정에 적용하기 위해서는 반드시 담지화가 필요하다. 담지메탈로센 촉매에 대한 연구도 1980년 이후 지속적으로 진행되고 있다. 메탈로센을 실리카, 알루미나, 제올라이트, 무수마그네슘, 폴리비닐알코올 등에 물리적인 방법으로 침적하여 담지메탈로센 촉매를 제조하여 에틸렌 및 프로필렌중합 결과를 발표하였다. 또한 실리카에 지르코노센을 직접 반응시켜 제조하거나, 실리카 표면을 화학적으로 개질하여 지르코노센을 도입한 담지메탈로센 촉매를 제조하여 올레핀 중합에 반드시 필요한 공촉매인 메틸알루미녹산(methylaluminoxane, MAO)을 사용하지 않고 알킬알루미늄을 공촉매로 사용하여 에틸렌중합도 가능하다는 연구 결과도 발표되었다.

하지만, 이들 대부분의 담지메탈로센 촉매는 촉매활성이 극히 낮고 공촉매로 MAO를 사용해야 하는 문제점을 여전히 가지고 있다. 공업적으로 적용을 위해서는 담지메탈로센의 개발은 다음과 같은 조건을 만족시켜야만 한다.

① 에틸렌중합에서 메탈로센 촉매의 활성은 10^{10}g-PE/mol-Zr·h 정도이며, 프로필렌

중합에서 활성은 10^9g-PP/mol-Zr·h 수준의 매우 높은 활성을 가진다. 담지메탈로센 촉매의 활성도 이러한 메탈로센 촉매의 활성에 근접해야 한다.

② 일부 메탈로센 촉매는 중합 과정에서 촉매의 불안정성으로 인하여 활성이 급격히 감소하는 경우도 있기 때문에 담지화를 통하여 더 안정화시켜야 한다.

③ 메탈로센 촉매의 단점으로 공촉매인 MAO를 과량으로 사용해야 높은 활성을 가질 수 있다. 담지를 시킴으로써 공촉매의 사용량을 크게 줄여야 한다.

④ 일반적으로 메탈로센 촉매를 높은 중합온도에서 분자량이 낮은 PE와 PP가 제조된다. 담지메탈로센 촉매는 반드시 고분자량의 PE와 PP가 생성될 수 있도록 해야 한다.

⑤ 메탈로센 촉매로 제조한 폴리올레핀의 입자는 매우 작아 낮은 고상밀도(bulk density)를 가지므로 담지메탈로센 촉매는 촉매입자의 형상(morphology) 및 생성 폴리올레핀의 형상을 제어해야만 한다.

⑥ 메탈로센 촉매로 얻은 폴리올레핀의 분자량분포는 매우 좁아 가공이 어려운 문제점이 있으므로, 담지메탈로센 촉매를 사용하여 얻은 폴리올레핀의 분자량분포를 넓게 해야 한다.

⑦ 일부 담지메탈로센 촉매는 기상공정에서 반응기 내부에 부착이 되는 현상이 발생한다. 이를 해결할 수 있는 방법을 찾아야 한다.

위와 같은 조건을 만족하기 위하여 다양한 방법으로 담지메탈로센 촉매를 개발하고 있다. 현재까지 개발된 담지메탈로센의 구조와 담지화 방법 및 해결해야 할 과제에 대하여 정리하였다.

2. 무기담지체

일반적으로 Ziegler-Natta 촉매의 담지체로 무기물인 실리카, 알루미나, 염화마그네슘 등이 사용되지만, 염화마그네슘이 가장 많이 사용되고 있다. 이러한 담지체의 표면은 반응성 기를 가지고 있는데, 브뢴스테드 산성 OH기, 루이스 염기성 산소, 루이스 산성 금속 등이다. 메탈로센의 담지에서도 위와 같은 담지체를 주로 사용하여 담지메탈로센 촉매를 개발하고 있다. 일반적으로 지르코노센(Cp_2ZrX_2, X=CH_3, Cl)과 담지체 표면의 수산화기(HO-M, M=Si, Al)의 반응을 통하여 아래와 같이 담지체 표면에 μ-oxo 결합으로 고정하는 방법이 있다.

$$Cp_2ZrX_2 + HO{-}M{-} \longrightarrow Cp_2Zr(X){-}O{-}M{-} + HX$$

비슷한 μ-oxo 착체를 형성하는 반응으로 지르코노센과 산화금속의 반응으로 제조하는 촉매도 발표되었다.

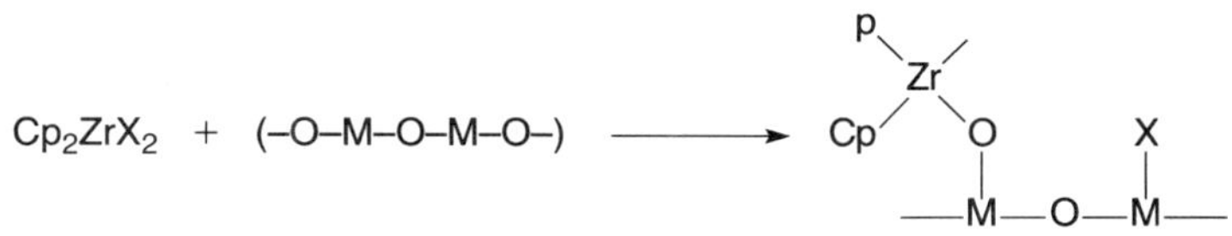

공촉매에 의한 X-의 추출은 Cp_2Zr^+-O-M 종을 생성시키지만, Zr-알킬 결합이 부족하여 올레핀 삽입에 의한 중합이 이루어지지 않는다.

알루미나나 염화마그네슘의 루이스 산성 금속과 $Cp_2Zr(^{13}CH_3)_2$의 담지메탈로센 촉매의 ^{13}CPMAS-NMR 분석으로 양이온성(cation-like)의 공명 특성을 발견하였다. 이 결과로 메씨드 음이온(methide anion)이 지르코늄 중심에서 담지체 표면의 루이스 산성 쪽으로 전이되는 것을 알았다.

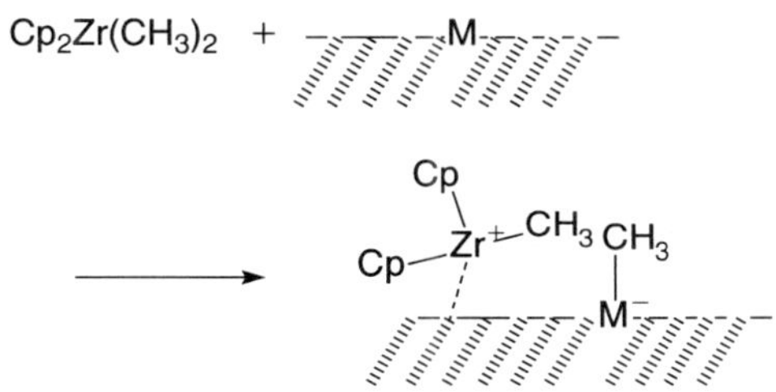

양이온성(cation-like), 즉 지르코늄 양이온(또는 지르코노세늄)은 Mg 또는 Al에서는 생성되지만, Si에서는 얻을 수 없다. 알킬과 σ-결합을 가지는 이 지르코노세늄은 올레핀 중합에서 활성을 가지는 것으로 알려져 있다.

담지메탈로센 촉매의 제조에 담지체로 널리 사용되는 실리카는 다양한 크기의 기공을 가져 넓은 비표면적을 가지며, 다양한 형태의 수산화기를 가지고 있어 담지체로 적절하기 때문이다. 실리카 표면의 수산화기는 세 가지 형태로 존재하는데, germinal pair(g-$(OH)_2$), vicinal pair(v-$(OH)_2$)와 isolated(i-OH)로 나눌 수 있으며, 그 구조는 그림 5.1과 같다.

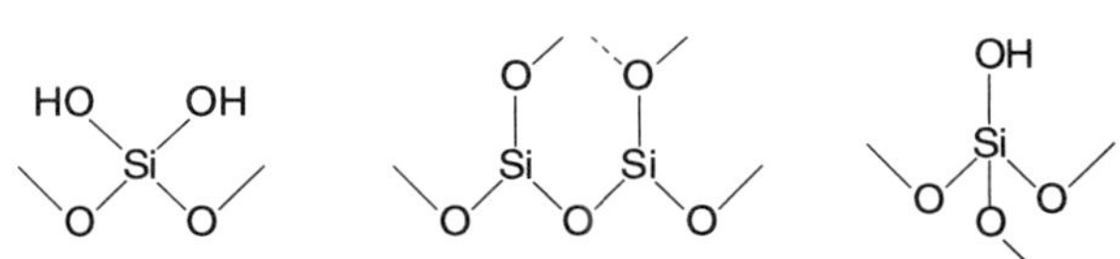

Germinal pair, g-$(OH)_2$　　Vicinal pair, v-$(OH)_2$　　Isolated, i-(OH)

그림 5.1 • 실리카 표면의 다양한 수산화기

표면적이 300 m^2/g인 실리카 겔에서는 4.0 mmol OH/g의 germinal pair형 수산화기가 존재하고, 이를 200°C로 가열하면 2.3 mmol OH/g의 vicinal pair형 수산화기만 남게 된다. 실리카겔을 600°C 이상의 고온에서 열처리하게 되면 약 0.7 mmol OH/g의 수산화기가 독립된 형태로 존재(isolated 형)하게 된다. 이러한 수산화기를 이용하여 다양한 형태의 실리카 담지메탈로센 촉매 개발이 진행되고 있다.

3. MAO-free 담지메탈로센 촉매

1 TMA 함유 공촉매

MAO-free 담지메탈로센 촉매에 대한 연구는 메탈로센 화합물과 담지체 사이의 화학적 인력에서 실마리를 찾았다. Soga 등은 알루미나, 염화마그네슘, 실리카 등의 담지체에 트리메틸알루미늄(TMA)을 반응시키고, aPP, iPP, sPP를 얻을 수 있는 세 종류의 지르코노센 화합물(Cp_2ZrCl_2, Et(Ind)$_2$ZrCl$_2$, iPr(Cp)(Flu)ZrCl$_2$)을 반응시켜 담지메탈로센을 제조하였다. 이들 세 촉매의 지르코늄 담지량은 각각 6~12 μmol-Zr/ g-Al_2O_3, 16~28 μmol-Zr /g-$MgCl_2$, 20~29 μmol-Zr/g-SiO_2이었으며, 여러 가지 알킬알루미늄을 공촉매로 사용하여 프로필렌을 중합하였을 때 TMA가 가장 좋은 활성을 나타내었다. 이 결과를 표 5.1에 나타내었다.

표 5.1 • MAO-free 담지메탈로센 촉매에 의한 프로필렌중합

Exp. No.	Homogeneous catalyst			Al_2O_3-supported catalyst			$MgCl_2$-supported catalyst		
	1-1	1-2	1-3	2-1	2-2	2-3	3-1	3-2	3-3
Zirconocene	Cp_2ZrCl_2 1	Et(Ind)$_2$ZrCl$_2$ 3	iPr(Cp)(Flu)ZrCl$_2$ 4	Cp_2ZrCl_2 1	Et(Ind)$_2$ZrCl$_2$ 3	iPr(Cp)(Flu)ZrCl$_2$ 4	Cp_2ZrCl_2 1	Et(Ind)$_2$ZrCl$_2$ 3	iPr(Cp)(Flu)ZrCl$_2$ 4
μmol-Zr/g-cat				10	6	12	27	16	28
[TMA]/[Zr]	1,000	3,000	3,250	135	220	220	50	2,200	2,200
Activity	132	2,100	758	47	259	167	172	354	152
Relative to homogeneous catalyst				0.35	0.12	0.22	1.30	0.17	0.20
Tm(°C)	–	111	123	–	131	138	–	139	134
$\overline{Mn}$	330	3,300	39,000	390	1,730	4,600	370	1,590	10,700
$\overline{Mw}/\overline{Mn}$	–	1.9	1.8	–	1.7	2.0	–	4.2	3.3
[mmmm] or [rrrr]	v	70	77	–	90	86	–	91	81

담지메탈로센 촉매의 활성은 균일계촉매인 메탈로센 활성과 비교하여 12~22% 정도이었으나, 염화마그네슘 담지 Cp_2ZrCl_2 촉매의 경우는 균일계촉매 활성과 비슷하였다. 안사-메탈로센을 담지한 촉매로 제조한 PP의 입체규칙성은 증가하였으며, 녹는점도 10~20°C 증가하였다. 또한 입체규칙성을 ^{13}C-NMR로 분석한 결과 [mmmm]과 [rrrr] 값도 5~20% 향상되었다. 담지체는 Zr^+ 활성점에 의한 단량체의 선택성을 향상시키고, 동시에 성장사슬의 β-탄소원자에 있는 수소원자와 β-agostic 상호작용을 형성한다. 이러한 현상은 담지메탈로센으로 얻은 PP의 분자량이 급격히 감소시킨 것으로 확인할 수 있다. 알루미나 담지메탈로센 촉매로 얻은 PP의 분자량분포가 2 이하로 매우 좁지만, 염화마그네슘 담지메탈로센 촉매로 얻은 경우는 3.3~4.2로 비교적 넓은 분포를 가졌다. 표 5.1에 실리카 담지메탈로센의 경우는 나타내지 않았는데, 이는 TMA를 공촉매로 사용하였을 때 프로필렌에 대해서 활성을 나타내지 않았기 때문이다. 실리카의 경우는 강한 루이스 산성을 나타내지 않아, 지르코노센의 흡착에 의한 양이온성(cation-like) 중간체가 형성되지 않기 때문이다. 많은 연구를 통하여 담지체의 루이스 산성도는 SiO_2/Al_2O_3 > $MgCl_2 \gg SiO_2$ 순으로 감소하였다.

Sacchi 등은 지르코노센을 실리카에 담지시켰을 때, 주로 실리카 표면의 수산화기에 지르코노센의 결합되어 0.6 wt%의 Zr이 담지된다고 보고하였다. 이때 Cl/Zr의 몰비는 약 1.1이었다. 이는 지르코노센 화합물이 실리카 표면의 하나의 실란올기와 반응한 것이다. 하지만 vicinal pair형 수산화기가 존재하는 실리카에 $Et(Ind)_2ZrCl_2$를 담지하였을 때는 Cl/Zr의 몰비가 2인 것을 확인하였다. 이는 다음과 같은 반응이 진행되어 비스인데닐에탄이 분리되고 이염화지르코늄만 실리카에 반응한 것을 ^{1}H-NMR로 확인하였다.

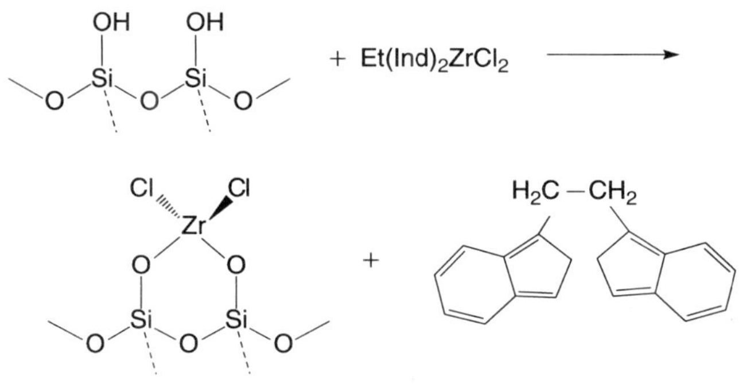

또한 Kaminaka 등은 다른 담지체를 사용하여 안사-지르코노센을 담지한 촉매를 제조하여 프로필렌중합 시 촉매활성을 비교하여 $MgF_2 > CaF_2 > AlF_2$ 순으로 감소하는 것을 확인하였으나, $MgCl_2$ 담지체의 경우보다 활성이 낮았으며, 실리카와 같이 MgO는 활성을 나타내지 않았다.

2 MAO 함유 공촉매

개질하지 않은 실리카에 담지한 지르코노센 촉매는 μ-oxo 결합을 형성하여 일반 알킬알루미늄화합물을 공촉매로 사용하였을 때는 활성을 나타내지 않았다. 하지만 공촉매로 MAO를 사용한 경우에는 활성을 가진 cation-like 활성종으로 변하는 것을 확인하였다. Sacchi 등은 실리카에 Cp_2ZrCl_2를 담지하여 제조한 촉매와 공촉매로 MAO를 사용하여 에틸렌중합을 한 결과 Cp_2ZrCl_2/MAO 촉매를 사용한 경우의 1/10 정도의 활성을 나타낸다고 하였다. 또한 생성된 폴리에틸렌의 중량평균분자량($\overline{Mw}$)과 분자량분포($\overline{Mw}/\overline{Mn}$)는 각각 300,000과 5.0 정도였다.

Collins 등은 알루미나와 실리카를 고온에서 열처리하여 수산화기가 독립된 형태로 만들어 Cp_2ZrMe_2를 담지한 촉매로 프로필렌중합을 하였을 때, 촉매활성은 균일계촉매에 비하여 10에서 100배 정도 낮은 활성을 나타내었다. 이는 아래와 같이 MAO가 μ-oxo 결합을 형성한 지르코노센을 활성화시켜 Cp_2Zr^+ 활성종으로 만들기 때문이다.

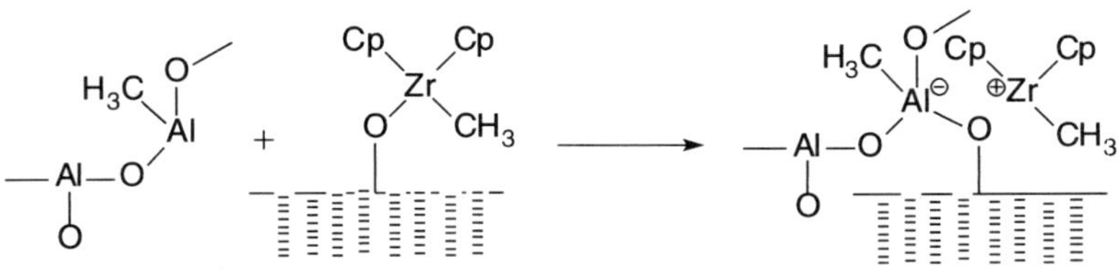

3 담지메탈로센 촉매의 중합속도

활성점[C*]의 수를 이해하는 것은 Ziegler−Natta 촉매를 정확히 이해하는 핵심 인자 중의 하나이다. I_2, CO와 CH_3OH 동위원소 방사능 표식은 여러 종류의 불균일계 Ziegler-Natta 촉매의 활성점을 평가하는 데 유용하게 사용되었다. 메탈로센 촉매에서도 CH_3OH 동위원소를 사용하는 것이 가장 유용한 방법임을 확인하였는데, Chien 등은 생성 폴리프로필렌의 추출과 산화상태에서 다른 활성점이 존재한다는 것을 알았다. 메탈로센 촉매의 활성점 양은 실험 조건에 영향을 받는데, 최대 중합활성(R_m)은 낮은 Zr 농도, 높은 MAO 함량, 높은 중합온도에서 나타내지만, 거의 모든 지르코노센 화합물의 활성점 농도는 [C*]/[Zr]=1 mol/mol에 가깝다. Tait 등은 Cp_2ZrCl_2/MAO 균일계촉매와 이를 실리카와 반응시켜 제조한 담지메탈로센 촉매의 활성점을 비교하였다. 균일계촉매의 활성점 농도는 에틸렌중합에서 중합 개시 4분에서는 C*=0.91 mol/mol−Zr이었으며, 30분에서는 0.68로 감소하였다. 이후 활성은 지속적으로 감소하였다. 담지메탈로센의 경우는 MAO를 공촉매로 사용한 에틸렌중합에서 중합 개시 후의 활성점 농도는 활성점 [C*] = 0.091 mol/mol−Zr이었지만, 에틸렌이 없는 상태에서 MAO를 첨가하고 100분 후에는 촉매가 충분히 숙성되어 활성점의 농도가 0.06으로 크게 감소한다고 하였다. 이러한 결과 개질하지 않은 실리카에 담지한 담지메탈로센 촉매의 활성이 극히 낮은 것은 낮은 활성점 농도 때문이다.

담지메탈로센 촉매의 활성은 에틸렌중합과 비교하여 프로필렌중합에서 균일계촉매 보다 아주 낮은 활성을 나타낸다. 460°C에서 열처리한 실리카에 $Et(Ind)_2ZrCl_2$를 담지한 촉매의 중합 초기 최대 활성은 1×10^5 g-PP/mol-Zr·h([Zr]=0.54 mmol, [Al]/[Zr]=110, 6 bar, 60°C)이었다. 하지만 활성은 직선적으로 급격히 감소하여 촉매의 불활성화 속도는 $k_d = 3.3 \times 10^{-3}$s 이었다. 만약 촉매가 MAO와 먼저 반응하고 난 후 중합 시에 추가로 MAO를 첨가하였다면 활성은 2배 정도 증가할 것으로 예상하였지만, 이러한 반응은 영향을 주지 않아 $k_d = 5.8 \times 10^{-3}$s로 더 급속히 불활성화하였다. 균일계촉매에서 촉매활성이 급격히 감소하는 현상은 아래와 같은 알킬렌 지르코늄 이량체 형성이 불활성화의 주요 원인이라는 것을 확인하였다.

$$2L_2(X)ZrC_2H_5 \longrightarrow L_2(X)Zr\text{–}CH_2\text{–}CH_2\text{–}Zr(X)L_2 + C_2H_6$$

그러므로 지르코노센 촉매는 아주 낮은 농도로 사용하고, MAO를 많이 사용한 중합 과정에서는 활성 감소가 거의 일어나지 않는다. 이것이 사실이라면 일차식의 빠른 불활성화는 주로 지르코노센 분자가 가까이 있는 수산화기가 쌍으로 존재하는 germinal 또는 vicinal 형태에 흡착되기 때문이다.

균일계촉매의 중합은 일반적으로 [Zr] = 10^{-6} mol을 사용하며, 불활성화 속도는 $k_d = 10^{-12}$s 이다. 그와 대조적으로 일반적인 실리카 담지촉매에서 지르코늄의 농도는 실리카 표면 보다 내부 공극 안이 더 높다. 공극이 둥글고 직경이 100 Å이면 공극의 부피는 약 5.2×10^5 Å^{3}이며, 공극의 부피는 1 ml/g로 실리카 g당 약 1.9×10^{18}개의 공극을 가지게 된다. 대부분의 담지메탈로센 촉매의 담지량은 1 wt% 정도이므로 공극에 35개의 지르코노센 분자가 채워지게 된다. 그러므로 담지메탈로센 촉매의 공극 내의 지르코노센 농도는 약 0.1 mol이며 쇠퇴 속도는 약 10^{-2}s이다. 만약에 균일계 메탈로센 촉매와 담지메탈로센 촉매의 k_d가 같으면 담지메탈로센의 불활성화는 균일계촉매에 비해 10^{10} 배 빠르게 진행된다.

담지촉매활성점의 밀도는 중합시간이 증가함에 따라 감소한다. 실제 활성점 사이가 충분한 간격을 유지하지만 인접한 활성점의 충돌이 일어난다면 더 빠른 불활성화가 진행된다. 이러한 두 활성점에 의한 불활성화는 담지촉매에서 주로 발생되고, 그 불활성화 속도는 일차원적으로 감소한다. Cp_2ZrCl_2/SiO_2 촉매에서 주로 관찰되며, 초기 불활성화 속도는 $k_d = 3.4 \times 10^{-3}$s 이었으며, 최대 활성은 1/3로 감소하여 불활성화 속도의 결과와 일치하였다.

일반적인 실리카 담지메탈로센의 알루미늄 함량은 약 5 wt%인데, MAO의 분자량이 1,100 정도이면 약 14개 MAO 분자가 실리카 공극에 담지된다. 즉, 평균 공극에 지르코노센 분자와 MAO 분자는 상당히 비슷하게 존재하므로, 담지메탈로센 촉매에서는 낮은

[Al]/[Zr] 비가 약 100에서 최대 활성을 나타내고 균일계 메탈로센 촉매에서는 훨씬 더 많은 양의 MAO를 필요로 한다.

또한 Cp_2ZrCl_2/SiO_2 촉매 제조에서 실리카의 탈수화 온도에 따른 활성을 비교하였을 때 600°C 이상의 온도에서 얻은 실리카를 사용한 경우 활성이 가장 높았고, 200°C에서보다 460°C에서 탈수화한 실리카를 사용한 경우 촉매활성이 2배 증가하였다. 하지만 탈수화를 하지 않은 실리카를 사용한 경우에는 활성이 나타나지 않았다.

4 담지메탈로센 촉매의 입체규칙성

Kaminsky 등은 프로필렌중합에서 이소탁틱성을 나타내는 $Et(Ind)_2ZrCl_2$를 실리카에 담지한 촉매로 프로필렌을 중합한 결과 이소탁틱성이 증가한다고 하였으며, 입체규칙성이 나타나지 않는 $(Ind)_2ZrCl_2$를 실리카에 담지한 경우에 비입체규칙성이 이소탁틱 활성점으로 변한다는 것을 알았다. $(Ind)_2ZrCl_2$/MAO 용액에서 프로필렌을 중합하면 1.5×10^5 g-PP/mol-Zr·h 활성을 가지며, 생성된 PP의 [mm]=0.18, [mr]=0.46, [rr]=0.36 이었다. 하지만 이를 실리카에 담지하여 제조한 $(Ind)_2ZrCl_2/SiO_2$ 촉매로 프로필렌을 중합하였을 때, 생성 PP의 $\overline{Mw}$은 2.2×10^5이었고, [mm]=0.71, [mr]=0.15, [rr]=0.14인 iPP가 생성되었다. 하지만 촉매활성은 급격히 감소하여 4×10^3 g-PP/mol-Zr·h로 낮았다. 균일계촉매에서는 $(Ind)_2ZrCl_2$가 다양한 입체구조로 존재하게 되고 빠르게 평형에 도달하게 된다. PP 분자의 형성보다 다양한 구조 전이의 속도가 빠르게 되면 aPP만 생성된다. 하지만 $(Ind)_2ZrCl_2$가 실리카 표면에 고정되어 있으므로 일부 활성점은 구조 전이 속도보다 PP의 생성이 빠르기 때문에 입체규칙성 성장이 가능하게 된다.

입체규칙성 중합이 가능한 $Et(Ind)_2ZrCl_2$ 촉매는 두 가지 구조가 존재하는데, 리간드인 인데닐이 앞쪽으로 향한 구조와 뒤 쪽으로 향한 구조가 가능하다. 이들 구조는 프로필렌중합에서 입체규칙성과 성장속도가 다르다. $(Ind)_2ZrCl_2/SiO_2$ 촉매도 균일계 $Et(Ind)_2ZrCl_2$ 촉매와 같이 입체미세구조가 같은 형태로 존재하기 때문에 이소탁틱성을 나타내어 iPP를 얻을 수 있다. 이러한 실리카 담지한 메탈로센촉매의 입체규칙성 제어는 C_s 대칭의 신디오탁틱중합이 가능한 $iPr(Cp)(Flu)ZrCl_2$를 담지하였을 때 명확하게 이해할 수 있다. 이를 실리카에 담지한 촉매로 프로필렌을 중합 (50°C, [Al]/[Zr]=180)하였을 때, 녹는점이 158°C이며, $\overline{Mw} = 3.5 \times 10^5$이며 [mmmm] = 0.9인 고입체규칙성의 iPP가 생성되었다. 동일한 반응기에서 [Al]/[Zr]=5900에서 중합하였을 때 생성 PP는 녹는점이 131°C이며, 분자량이 $\overline{Mw} = 4.7 \times 10^4$이며 [mmmm] = 0.6이었다. 실리카 담지촉매의 경우는 $iPr(Cp)(Flu)ZrCl_2$ 촉매의 분자대칭성을 C_s 대칭에서 C_2 대칭으로 변화시켰다. 이러한 불균일화는 메탈로센 화합물의 분자구조의 변화에 의한 입체규칙성의 변화를 가져올 수 있다. 하지만 아주 낮은 촉매활성으로 인하여 이 가능성은 제한적 방법이라 할 수 있다.

4. 개질 실리카 담지메탈로센 촉매

1 TMA 개질

Collins는 germinal 및 vicinal pair 수산화기가 존재하는 실리카에 TMA를 반응시켜 0.8 mmol-Al/g-SiO_2를 제조하고, $Et(Ind)_2ZrCl_2$를 처리하여 제조한 촉매는 실리카에 직접 $Et(Ind)_2ZrCl_2$를 담지한 촉매에 비해 2.3배 높은 활성을 나타낸다고 하였다. 이러한 TMA 개질의 효과는 germinal pair 수산화기를 가진 실리카에서 더 크게 나타나는데, 이 경우에는 TMA에 개질 전에 비해 개질 후의 촉매활성이 40배 증가하였다. Germinal pair 수산화기를 가진 실리카에 $Et(Ind)_2ZrCl_2$를 담지한 촉매의 활성은 vicinal pair 수산화기를 가진 실리카 담지촉매의 활성의 1/10 정도이기 때문이며, 두 경우에 TMA로 먼저 전처리하여 제조한 담지촉매의 활성은 3.5×10^5 g-PP/mol-Zr·h로 비슷하였다.

2 MAO 개질

담지체 표면을 MAO로 반응시켜 개질하는 방법은 가장 널리 사용되고 있다. 일반적인 방법으로는 톨루엔에 분산된 실리카에 MAO 용액을 반응시키고, 톨루엔으로 세척하고 건조후 메탈로센을 담지하여 제조한다. 실리카 표면에 흡착된 MAO가 지르코노센을 양이온성(cation-like) 활성점으로 변화시키는 것으로 생각하고 있다. 이들 촉매의 활성화는 촉매 자체로는 불충분하여 일반 알킬알루미늄 화합물(AlR_3) 또는 MAO로 활성화시킨다. 또한 AlR_3와 MAO는 활성화뿐만 아니라 불순물 제거, 지르코노센 화합물의 알킬화, 이온쌍의 분리 등의 역할도 하는 것으로 알려져 있다.

❶ AlR_3로 활성화

MAO/SiO_2에 프로필렌중합에서 아탁틱, 이소탁틱, 신디오탁틱 입체규칙성을 나타내는 지르코노센인 Cp_2ZrCl_2, $Et(Ind)_2ZrCl_2$, iPr(Cp)(Flu)$ZrCl_2$를 담지하여 촉매를 제조하였다. 이들 촉매의 프로필렌중합 결과와 균일계촉매의 중합 결과를 비교하여 표 5.2에 나타내었다.

담지메탈로센 촉매의 활성이 일반적인 결과와 같이 낮게 나타났으며, 입체규칙성 특성을 나타내는 $Et(Ind)_2ZrCl_2$/MAO/SiO_2와 iPr(Cp)(Flu)$ZrCl_2$/MAO/SiO_2 촉매로 얻은 PP의 녹는점과 입체규칙성은 균일계촉매로 얻은 것에 비해 높게 나타났다. 각각 담지메탈로센 촉매의 최대 활성은 일반 알킬알루미늄 화합물로 얻었으며, 최적의 [Al]/[Zr] 비는 촉매에 따라 조금 차이가 났다.

❷ MAO로 활성화

MAO/SiO_2에 메탈로센을 담지하여 제조한 촉매에 MAO로 활성화시켜 중합한 경우에는 균일계촉매와 비슷한 중합 거동을 보이며, 촉매활성의 차이도 크게 나타나지 않는다.

$Cp_2ZrCl_2/MAO/SiO_2$ 촉매를 이용한 에틸렌중합에서 [MAO]/[Zr]의 비를 200, 300, 500으로 사용하였을 때, 촉매의 활성은 균일계촉매를 이용한 중합에 비해서 각각 6, 3, 4배로 감소하였다. 하지만 생성된 PE의 분자량과 녹는점은 균일계촉매로 얻은 것과 동일하였다.

Janiak 등은 $Et(Ind)_2ZrCl_2/MAO/SiO_2$ 담지촉매와 균일계 $Et(Ind)_2ZrCl_2$-MAO 촉매를 이용한 프로필렌중합을 실시하였으며, 담지촉매의 활성이 균일계촉매의 0.59 정도 이었으며, 생성된 iPP의 입체규칙성, 분자량 및 분자량분포가 동일하다고 하였다.

입체규칙성이 높은 지르코노센 화합물은 담지촉매로 제조하여도 균일계촉매의 고입체규칙성을 유지한다고 하였다. Soga 등은 Chisso사에서 개발한 높은 이소탁틱 특성을 지닌 rac-dimethylsilylene(2,4-dimethyl-1-η^5-cyclopentadienyl)(3′,5′-dimethyl-1-η^5-cyclopentadienyl) zirconium dichloride(rac-$SiMe_2(2,4\text{-}Me_2Cp)(3,5\text{-}Me_2Cp)ZrCl_2$) 촉매를 이용하여 MAO/SiO_2 담지한 촉매를 제조하여 프로필렌중합을 실시하여 균일계 촉매와 비교하였다. 그 결과 표 5.3에 나타내었다.

표 5.2 • 담지메탈로센에 의한 프로필렌중합

Zirconocene	$Cp_2ZrCl_2/MAO/SiO_2$		$Et(Ind)_2ZrCl_2/MAO/SiO_2$		$iPr(Cp)(Flu)ZrCl_2/MAO/SiO_2$	
Zr(μmol/g-cat)	homogeneous	82	homogeneous	82	homogeneous	74
Al(mmol/g-cat)		3.0		2.5		2.4
Activator	MAO	TIBA	MAO	TIBA	MAO	TIBA
Activity[a)]	132	99	2,070	> 1,500	758	141
Tm(℃)			111	128	123	133
$\overline{Mn}$	330	1,800	3,300	4,700	39,000	45,000
$\overline{Mw}/\overline{Mn}$				3.1		1.9
[mmmm](%)				89		
[rrrr](%)						83

a) Activity: kg–PP/mol–Zr·h

표 5.3 • rac-$SiMe_2(2,4\text{-}Me_2Cp)(3,5\text{-}Me_2Cp)ZrCl_2$ 촉매를 이용한 프로필렌중합

Support	Cocatalyst	[Al]/[Zr]	Tp (℃)	Activity[a)]	Rel. Activity[b)]	[mmmm]	Tm (℃)	Mw ($\times 10^{-5}$)	Bulk density
none	MAO	3,000	30	15		95.2	156.0	0.94	0.08
MAO/SiO_2	TIBA	312	30	1.2	0.08	95.5	156.1	1.90	0.34
none	MAO	3,000	60	7.1		95.8	157.8	0.27	0.10
MAO/SiO_2	TIBA	312	60	12.5	0.18	95.6	158.8	1.15	0.28

a) Activity : 10^6 g–PP/mol–Zr·2h, b) productivity ratio of homogeneous to heterogeneous catalysts.

담지메탈로센 촉매의 활성은 30°C에서 균일계촉매의 8%에 불과하였지만, 중합온도가 60°C에서는 활성의 차가 좁혀져서 18%의 활성을 나타내었다. 더욱이 60°C에서 얻은 iPP의 분자량과 고상밀도(bulk density)는 크게 증가하였다. 또한 PP의 녹는점과 입체규칙성이 동일하였다. 담지메탈로센 촉매의 뚜렷한 장점은 소량의 TIBA를 사용한다는 것이다. 하지만 균일계촉매에서는 MAO를 10배 이상 사용하여야 활성을 유지할 수 있다. 이 담지메탈로센 촉매는 산업적으로 모든 공정에 적용 가능할 것이다.

❸ 가교 MAO 실리카 담지체

1997년 Ernst 등은 실리카 표면을 가교된 MAO를 제조하고 안사-지르코노센을 담지한 촉매를 발표하였다. 200°C에서 4시간 동안 건조한 실리카를 톨루엔에 분산시키고 MAO와 비스페놀-A를 동시에 첨가하여 반응을 시키고 미반응 MAO를 세척하고 건조하여 MAO가 가교된 실리카 담지체(c-SiO_2)를 제조하였다. 이 가교된 MAO는 실리카 입자 표면에 20-30 μm이었다. c-SiO_2에 (methyl)(trimethylsilyl)silylenebis[1- (2-methyl-4-phenyl-η^5- indenyl)]zirconium dichloride를 담지하여 촉매를 제조하고 프로필렌중합을 행하여 그 결과를 표 5.4에 나타내었다.

표 5.4의 결과처럼 미세한 입자량이 1%인 것을 제외하면 균일계촉매로 얻은 결과의 거의 동일하였다. 담지메탈로센 촉매로 얻은 PP의 물리적 성질은 균일계촉매로 얻은 것보다 약 10% 낮은 수준이었다. 이러한 결과는 담지메탈로센 촉매가 균일계촉매와 비슷한 거동을 보인다고 할 수 있다.

또한 Yoon 등은 MAO 가교된 실리카 담지체를 제조할 때 여러 종류의 방향족 디아민 화합물을 사용하여 담지체를 제조하였다. 제조한 담지체에 $(n\text{-}BuCp)_2ZrCl_2$를 담지시킨 촉매로 에틸렌중합 및 에틸렌/1-헥센 공중합 결과를 발표하였다. 이 담지촉매의 경우 중합시 공촉매로는 TEA만 사용하여 8 kg-PE/g-cat·h의 촉매활성을 얻었으며, 생성 PE의 입자 분포가 매우 균일하며 미세입자의 함량이 1% 이하인 결과를 발표하였다. 에틸렌과 1-헥센의 공중합에서도 균일계촉매와 동등한 수준의 1-헥센의 반응성을 나타내었으며, 기상공정에 적용이 가능한 둥근 입자형상, 평균 입자 직경이 1000~1200 μm이며 미세입자 함량이 1% 이하인 에틸렌/1-헥센 공중합체를 얻을 수 있었다.

표 5.4 • (methyl)(trimethylsilyl)–silylene–bis[1-(2-methyl-4-phenyl-η^5-indenyl)]zirconium dichloride (1) 촉매를 이용한 프로필렌중합의 c-SiO_2의 영향

	Solution	c-SiO_2		Solution	c-SiO_2
Pseudo rac(%)	96	96	cocatalyst MAO [Al]/[Zr]	10,000	4,000
Al/SiOH(mol/mol)	–	10	TEA [Al]/[Zr]	–	100
Al(MAO) mmol/g	–	40	Activity(kg–PP/mmol–Z·h)	250	200
(1)(wt%)	–	0.75	Activity(kg–PP/g–cat·h)	–	8
Zr(mmol/g–cat)	–	0.01	$\overline{Mw}$ (kg/mol)	> 1,500	6×10^4

(계속)

(계속)

$\overline{Mw}$ / $\overline{Mn}$	–	2.8	I.I.(%)	97.6	97.5
Tm(℃)	–	152	xylene cold soluble(wt%)	0.5	0.7
[mm]	–	1.0	fine(wt%)	100	1

④ 메탈로센과 MAO의 반응 순서 효과

Vicinal pair 수산화기를 가지는 실리카에 Cp_2ZrCl_2를 18시간 반응하여 필터하고 세척한 후 MAO 용액을 2시간 동안 반응시켜 담지촉매 MAO/Cp_2ZrCl_2/SiO_2를 제조하였다. 이때 알루미늄과 지르코늄 함량은 8.6과 1.9% 이었다. 또한 MAO와 Cp_2ZrCl_2를 반대로 반응시킨 촉매 Cp_2ZrCl_2/MAO/SiO_2를 제조하였다. 알루미늄과 지르코늄의 함량은 각각 7.8과 2.3% 이었다. 두 담지촉매를 [Zr]=0.25μmol, [Al]/[Zr]=1570, 70°C, 1 기압에서 에틸렌중합을 행하였다. MAO를 실리카에 먼저 반응시킨 담지촉매의 활성이 5배 이상 높았다. 이러한 효과는 이소탁틱 특성을 가지는 $Et(Ind)_2ZrCl_2$를 사용하여 동일한 방법으로 MAO/$Et(Ind)_2ZrCl_2$/SiO_2(7.7% Al, 0.96% Zr)와 $Et(Ind)_2ZrCl_2$/ MAO/SiO_2(7.4% Al, 0.44% Zr) 촉매를 각각 제조하여 프로필렌중합을 하였을 때, 전자의 초기 활성은 2×10^6 g-PP/mol-Z·h이었으며, 중합시간이 경과함에 따라 급격히 감소하였다. 하지만 후자의 경우는 촉매활성이 서서히 감소하였지만, 20분 후에 7×10^6 g-PP/mol-Z·h를 나타내었다. 그러므로 실리카 표면을 MAO로 전처리 후 메탈로센을 담지한 촉매가 프로필렌이나 에틸렌중합에서 좋은 특성을 나타낼 수 있었다. 이와 같이 담지체 표면을 MAO나 TMA로 전 처리할 경우 메탈로센은 실리카 표면이나 공극에 흡착 또는 반응하지 않고 실리카 표면에 흡착된 MAO와 반응하여 높은 활성을 가지게 된다.

5. 간격자를 도입한 담지메탈로센 촉매

1 실리카 담지메탈로센 촉매

담지메탈로센 촉매를 슬러리 또는 기상공정에 사용하기 위해서는 중합 도중에 담지체 표면에 완전히 고정되어 있어야 한다. 하지만 일부 담지메탈로센 촉매에서는 떨어져 나와서 미세한 입자가 생성되어 반응기 오염 및 생성 고분자의 고상밀도를 크게 떨어뜨린다. 담지메탈로센을 현 생산공정에 적용하기 위해서는 메탈로센 화합물이 담지체로부터 분리되지 않아 입자의 모양이 유지되면서 균일한 입자 분포를 가져야 한다.

담지메탈로센 촉매를 이용한 중합에서 용매를 사용할 경우 메탈로센-MAO 촉매가 분리되어 균일계촉매와 같은 새로운 활성을 나타내므로 입자형상은 불규칙하게 된다. 또한 공촉매인 MAO를 과량으로 사용한 경우에도 MAO에 의해 메탈로센이 용해되어 분리되기도 한다.

이러한 문제를 해결하기 위하여 실리카 표면에 메탈로센 화합물을 직접 반응시키지 않고 실리카 표면의 수산화기와 먼저 Cp기를 가지는 화합물을 반응시켜 고정화하고 금속착체를 반응하는 촉매에 관심을 가지게 되었다. 이러한 일련의 예를 아래에 소개하고자 한다.

Lee 등은 고온에서 열처리한 실리카에 토실클로라이드를 먼저 반응시키고 여기에 1,5-비스(시클로펜타디에닐)(헥사메틸렌트리실록시)(인데닐)지르코늄 디클로라이드 탈륨염을 반응시켜 실록산 간격자가 실리카 표면에 도입된 아래의 담지메탈로센 촉매를 제조하여 에틸렌중합에서 균일계촉매인 Cp(Ind)$ZrCl_2$ 보다 활성이 높은 결과를 발표하였다.

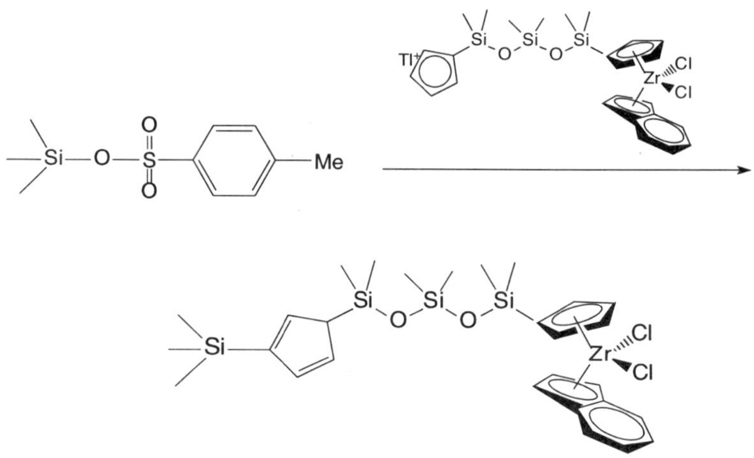

또한 이들은 실란화합물 간격자뿐만 아니라 알킬화합물을 간격자로 도입하여 각각 실록산과 알킬화합물의 길이에 따른 활성을 비교하여 그 길이가 길어질수록 촉매활성이 증가된다는 것을 확인하였다. 하지만 Cp(Ind)$ZrCl_2$/SiO_2 담지촉매의 경우는 거의 활성을 나타내지 않았다. 생성된 PE의 분자량과 분자량분포는 균일계촉매로 얻은 PE보다 2배 정도 높은 값을 나타내었다.

실리카 표면에 $ClCH_2PhSi(OMe)_3$를 고정화하고 아미노기를 가지는 메탈로센인 $Me_2Si(2\text{-}Me_2NInd)_2ZrCl_2$를 반응시켜 아래와 같은 촉매를 제조하여 프로필렌중합에서 이소탁틱성을 나타내는 것을 확인하였다.

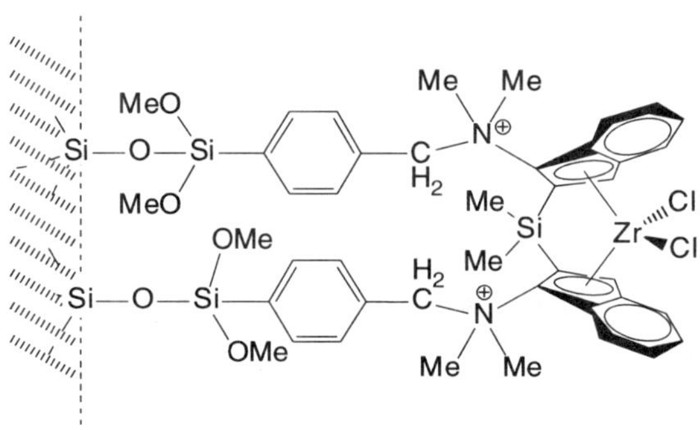

Soga 등은 실리카 표면을 테트라클로로실란으로 반응시켜 수산화기를 제거한 후에 인데닐 리튬 염을 반응시켜 리간드를 만들고 여기에 $ZrCl_4$로 금속화 반응을 진행하여 안사-메탈로센이 담지된 아래와 같은 담지메탈로센을 제조하여 에틸렌중합을 행하였다. MAO로 공촉매를 사용하여 얻은 PE의 분자량은 높았으며, 분자량분포는 균일계촉매와 비슷하게 나타났다고 보고하였다.

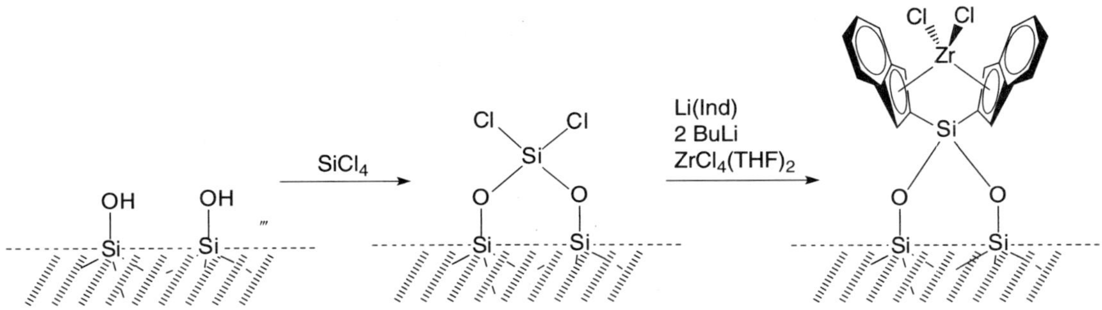

2 폴리머 담지메탈로센 촉매

폴리실록산에 화학 반응을 통하여 다양한 담지메탈로센 촉매 제조에 관한 연구도 진행되었다. Nagy 등은 (mathylhydrogen)siloxane(dimethylsiloxane) 공중합체에 CpNa 염을 반응시키고 $ZrCl_4$를 반응시켜 아래와 같은 담지촉매를 제조하였으며, Soga 등은 폴리(디메틸실록산)에 신디오탁틱 입체규칙성을 가지는 리간드인 (Cp)(Flu)$SiCl_2$를 반응시켜 안사-메탈로센 담지촉매를 제조하여 프로필렌중합 결과를 발표하였다. 이 두 촉매는 유기화합물을 담지체로 적용한 것으로 새로운 담지촉매의 방법을 제시하였지만, 촉매활성이 낮고 입자의 형상이 불규칙하여 공업적으로 적용하기에는 한계가 있다.

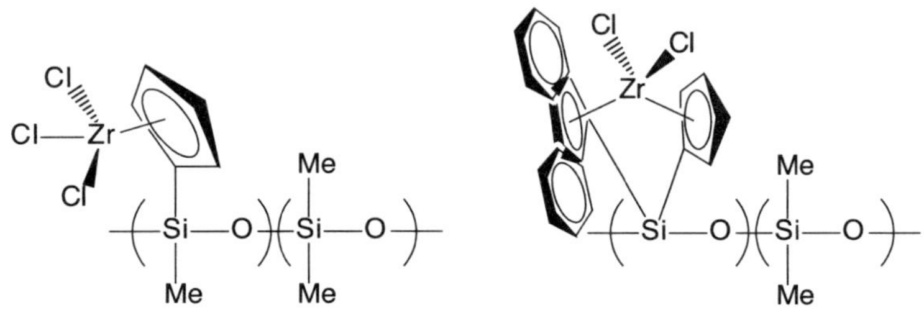

폴리스티렌 비드를 담지체로 사용한 연구도 진행되었는데, 클로로메틸스티렌과 스티렌의 공중합체에 시클로펜타디에닐을 치환기로 도입하여 아래에 나타낸 Cp_2ZrCl_2형의 담지메탈로센과 $Me_2Si(Cp)(Flu)ZrCl_2$형의 담지메탈로센을 제조하여 n-헥산 슬러리공정에서 에틸렌중합을 행하였다. 이들 촉매 역시 활성이 낮은 단점이 있었으며, 폴리스티렌 비드의 표면에만 Zr이 분포하여 성장사슬이 담지체 표면에서만 성장하는 것을 확인하였다.

극성기를 가지는 에틸렌-메틸아크릴레이트 공중합체를 사용하여 담지메탈로센 제조도 발표하였다. 이 촉매도 시클로펜타디에닐 나트륨 염을 반응시켜 공중합체의 치환기에 도입하고, $CpZrCl_3$ 또는 $ZrCl_4(THF)_2$를 반응시켜 Cp_2ZrCl_2 및 $CpZrCl_3$ 형의 담지촉매를 제조하였다.

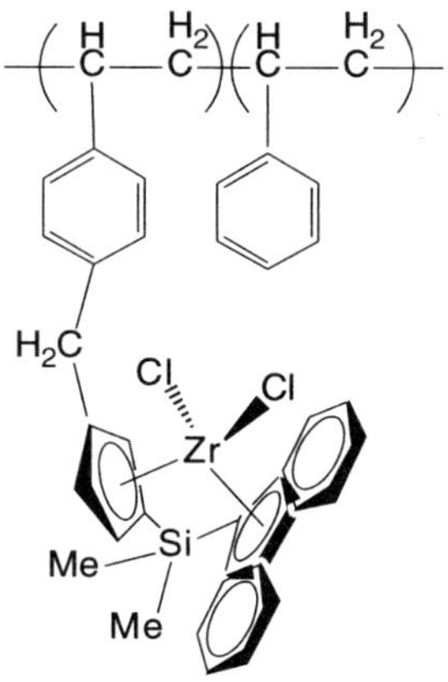

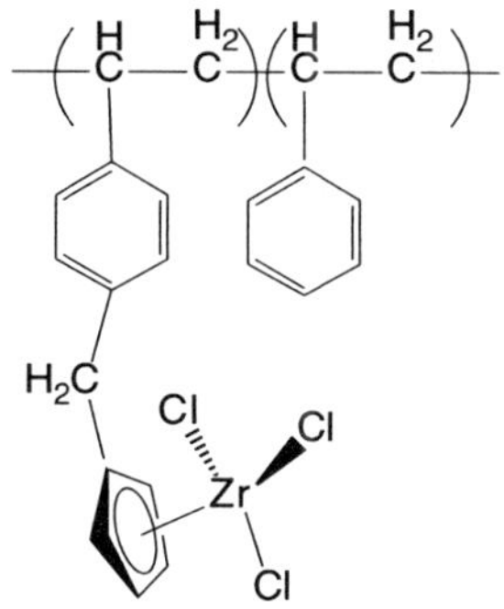

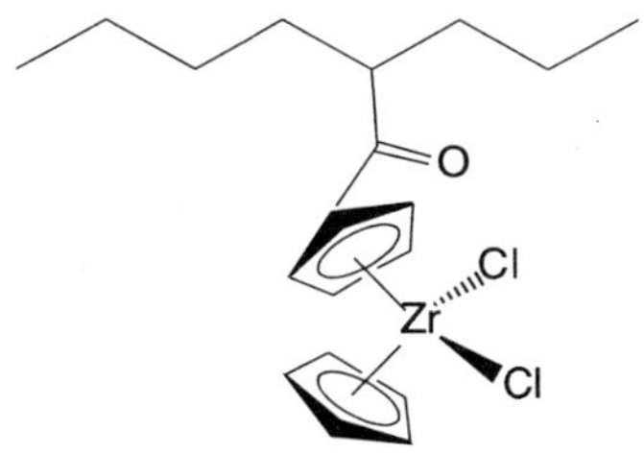

이러한 폴리스티렌 담지촉매들은 2~5×10^5 g-Polymer/mol-Z·h 정도의 활성으로 비교적 낮은 값을 나타내었다. 폴리실록산을 담지체로 사용한 경우에는 실록산기와 Zr^+ 사이에 루이스 산-염기 상호인력으로 낮은 활성을 나타내었다. 또한 폴리스티렌 비드를 담지체로 사용한 경우는 용매 또는 톨루엔 용액의 MAO를 사용하였을 때, 담지체의 스웰링(swelling)현상이 나타나기 때문에 담지체로 사용이 제한적이다.

담지메탈로센 촉매는 공통적으로 MAO 양은 줄일 수 있지만, 촉매활성을 현저히 감소한다. 따라서 메탈로센의 단순한 담지화는 한계가 있을 것처럼 보이며 효과적인 담지화를 이루기 위해서는 좀 더 적극적인 담지체의 표면개질이 요구된다. 이와 더불어 담지체 표면과 메탈로센과의 반응도 연구되어야 할 것이다. 현시점에서 메탈로센 담지 연구는 미진한 편이며 앞으로 집중적으로 연구되어야 할 메탈로센 촉매분야 중의 하나이다.

참고문헌

1. J.C.W. Chien and J.T.T. Hsieh, *J. Polym. Sci. Polym. Chem. Ed.* **14**, 1915 (1976).
2. D. Slotfeldt-Ellingsen, I.M. Dahl and O.H. Ellested, *J. Mol. Catal.* **9**, 423 (1980).
3. R. Jackson, J. Ruddlesden, D.J. Thompson and R. Whelan, *J. Organomet. Chem.* **125**, 57 (1977).
4. A. Reissova, Z. Bastl and M. Capka, *Coll. Cze. Chem. Commun.* **51**, 1430 (1986).
5. W.-M. Tsai and J.C.W. Chien, *J. Polym. Sci. Part A: Polym. Chem.* **32**, 149 (1994).
6. Y.X. Chen, M.D. Rausch and J.C.W. Chien, *Macromolecules* **28**, 5399 (1995).
7. B. Rieger, X. Mu, D.T. Mallin, M.D. Rausch and J.C.W. Chien, *Macromolecules* **23**, 3559 (1990).
8. T.J. Marks, *Acc. Chem.* Res. **25**, 57 (1992).

9. W.C. Finch, R.D. Gillespie, D. Hedden and T.J. Marks, *J. Am. Chem. Soc.* **112**, 6221 (1990).
10. T.E. Nowlin, R.I. Mink, F.Y. Lo and T. Kumar, *J. Polym. Sci. Part A: Polym. Chem.* **29**, 1167(1991).
11. S. Collins, W.M. Kelly and D.A. Holden, *Macromolecules* **25**, 1780 (1992).
12. H. Knözinger and P. Ratnasamy, *Catal. Rev. Sci. Eng.* **17**, 31 (1978).
13. M. Kaminaka and K. Soga, *Makromol. Chem. Rapid Commun.* **12**, 367 (1991).
14. K. Soga and M. Kaminaka, *Makromol. Chem.* **194**, 1745 (1993).
15. M.C. Sacchi, D. Zucchi, I. Tritto, P. Locatelli and T. Dall' Occo, *Macromol. Rapid Commun.* **16**, 581 (1995).
16. W. Kaminsky and F. Renner, *Makromol. Chem., Rapid Commun.* **14**, 239 (1993).
17. Y.X. Chen, M.D. Rausch and J.C.W. Chien, *J. Polym. Sci. Part A: Polym. Chem.* **33**, 2093 (1995).
18. P.J.T. Tait, M.G.K. Monteiro, M. Yang and J.L. Richardson, in: *Proceedings Metallocenes '96*, Houston, TX, 1996.
19. P.J.T. Tait and R. Ediate, in: *Proceedings Metallocenes '97*, Houston, TX, 1997.
20. J.C.W. Chien and A. Razavi, *J. Polym. Sci. Part A: Polym. Chem.* **26**, 2369 (1988).
21. B. Rieger, *J. Organomet. Chem.* **428**, C33 (1992).
22. F. Piemontesi, I. Camurati, L. Resconi, D. Balboni, A. Sironi, M. Moret, R. Zeiger and N. Piccolrovazzi, *Organometallics* **14**, 1256 (1995).
23. W. Kaminsky, *Makromol. Symp.* **89**, 203 (1995).
24. C. Janiak and B. Rieger, *Angew Makromol. Chem.* **215**, 47 (1994).
25. K. Soga and M. Kaminaka, *Macromol. Rapid Commun.* **15**, 593 (1994).
26. E. Ernst, J. Reussner and W. Neissl, Eur. Pat. A1 0685,494 (1995).
27. E. Ernst and J. Reussner, Eur. Pat. A1 0787,746 (1997).
28. F. Bonini, V. Fraaije and G. Fink, *J. Polym. Sci. Part A: Polym. Chem.* **33**, 2393 (1995).
29. K. Soga, T. Shino and H.J. Kim, *Makromol. Chem.* **194**, 3499 (1993).
30. S.I. Woo, Y.S. Ko, T.K. Han, J.W. Park and W.S. Huh, in: *Proceedings Metallocenes '96*, Houston, TX, 1996, p. 273.
31. D.-H. Lee and K.-B. Yoon, *Macromol. Rapid Commun.* **15**, 841 (1994).
32. K. Soga, T. Arai, B.T. Hoang and T. Uozumi, *Macromol. Rapid Commun.* **16**, 905 (1995).
33. J. Jin, T. Uozumi and K. Soga, *Macromol. Rapid Commun.* **16**, 317 (1995).
34. W. Song, K. Shackett, J.C.W. Chien and M.D. Rausch, *J. Organomet. Chem.* **501**, 375 (1995).
35. G.H. Llinas, S.-H. Dong, D.T. Mallin, M.D. Rausch, Y.-G. Lin, H.H. Winter and J.C.W. Chien, *Macromolecules* **25**, 1242 (1992).
36. L. Resconi, A. Fait, F. Piemmtesi, M. Colonnesi, H. Rychlicki and R. Ziegler, *Macromolecules* **28**, 6667 (1995).
37. H. Nishida, T. Uozumi, T. Arai and K. Soga, *Macromol. Rapid Commun.* **16**, 821 (1995).
39. J. Koirumäki, G. Fink and J.V. Seppälä, *Macromolecules* **27**, 6254 (1994).
40. A. Rossi, J. Zhang and G. Odian, *Macromolecules* **29**, 2331 (1996).
41. M. Arnold, O. Henschke and J. Knorr, *Macromol. Chem. Phys.* **197**, 363 (1996).
42. Z.-P. Yu, M. Marques, M.D. Rausch and J.C.W. Chien, *J. Polym. Sci. Part A: Polym. Chem.* **33**, 2795 (1995).

43. M. Marques, Z.-T. Yu, M.D. Rausch and J.C.W. Chien, *J. Polym. Sci. Part A: Polym. Chem.* **33**, 2707 (1995).
44. K. Soga and M. Kaminaka, *Macromol. Chem. Phys.* **195**, 1369 (1994).
45. C. Janiak, B. Rieger, R. Voelkel and H.-G. Braun, *J. Polym. Sci. Part A: Polym. Chem.* **31**, 2959 (1993).
46. K.B. Yoon, *Macromol. Res.* **12**, 336 (2004).
47. D.H. Lee, S.K. Noh and K.B. Yoon, *Macromol. Res.* **14**, 240 (2006).
48. J. Jin, T. Uozumi and K. Soga, *Macromol. Chem. Phys.* **197**, 849 (1996).
49. J. Bliemeister, W. Hagendorf, A. Harder, B. Heitmann, I. Schimmel, E. Schmedt, W. Schnuchel, H. Sinn, L. Tikwe, N. von Thienen, K. Urlass, H. Winter and O. Zarncke, in: Ziegler Catalysts, eds. G. Fink, R. Mülhaupt and H.H. Brintzinger (Springer, Berlin, 1995) pp. 57.
50. J.C.W. Chien and W.-M. Tsai, *Macromol. Symp.* **66**, 141 (1993).
51. B. Rieger, G. Jany, R. Fauzi and M. Steimann, *Organometallics* **13**, 647 (1994).
52. P.J.T. Tait, A.I. Abozeid and A.S. Paghaleh, Metallocene '95, Houston, TX, 1995.
53. D.H. Lee, K.B. Yoon and S.K. Noh, *Macromol. Rapid Commun.* **18**, 427 (1994).
54. K. Soga, H.J. Kim and T. Shiono, *Macromol. Chem. Phys.* **195**, 3347 (1994).
55. K. Soga, *Macromol. Symp.* **89**, 249 (1995).
56. K. Soga, T. Arai, H. Nozawa and T. Uozumi, *Macromol. Symp.* **97**, 53 (1995).
57. R. Spitz, T. Saudemont and J. Malinge, Eur. Pat. Appl. 889,065 (1999)
58. S. Nagy and J.A. Tyrell, U.S. Patent 5,747,404 (1998)
59. K. Soga, T. Arai, B. Hoang and T. Uozumi, *Macromol. Rapid Commun.* **16**, 905 (1995).
60. K. Soga, B. Hoang. T. Arai and T. Uozumi, *Macromol. Chem. Phys.* **198**, 2779 (1997).
61. M. Stork, M. Koch, M. Klapper, K. Müllen, H. Gregorius and U. Rief, *Macromol. Rapid Commun.* **20**, 210 (1999).

ORGANOMETALLIC

CATALYSTS

FOR

OLEFIN POLYMERIZATION

제 6 장

비메탈로센계 중합촉매

ORGANOMETALLIC CATALYSTS FOR OLEFIN POLYMERIZATION

1. 개요

비메탈로센계 중합촉매는 철, 코발트, 니켈, 또는 팔라듐 같은 전이금속을 중심금속으로 다양한 리간드를 가지는 유기금속화합물이다. 비메탈로센계 유기금속촉매 중 올레핀 중합이 가능한 대표적인 두 가지를 그림 6.1에 나타내었다.

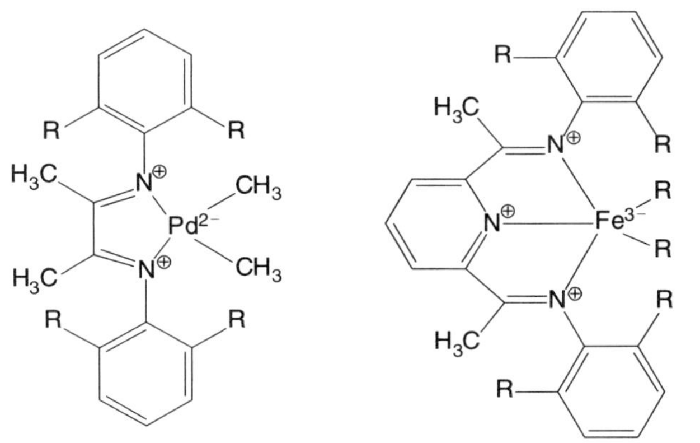

그림 6.1 • 올레핀 중합용 비메탈로센계 유기금속촉매의 구조

올레핀 중합에서 후전이금속촉매를 연구하는 중요한 이유 중 하나는 올레핀 중합에 대한 반응 기구 모델을 개발하기 위한 것이었다. 이는 활성이 낮기 때문에 중합 과정에서 중요한 중간체를 관찰할 수 있고, 촉매활성점의 친전자성과 친산소성이 낮아 극성 단량체의 중합과 공중합이 가능하기 때문이다.

상업적으로 발전한 후전이금속촉매로는 올레핀과 일산화탄소의 교호공중합용 팔라듐 촉매를 들 수 있다. C_2-대칭 비스옥사졸린(bisoxazoline) 리간드를 이용하면 스티렌 단량체와 일산화탄소를 공중합할 수 있으며, 주사슬이 키랄성을 갖도록 할 수 있다. 비스피리딘(bipyridine)이나 페난트롤린(phenanthroline)과 같은 두 다리 리간드를 사용하여 합성한 팔라듐(II) 착물은 t-부틸스티렌과 일산화탄소를 리빙 교호공중합시킬 수 있으며, 포스핀 리간드를 킬레이트시켜 합성한 팔라듐 착물은 같은 공중합에서 더욱 높은 활성을 나타낸다. 올레핀과 일산화탄소의 공중합에 대한 연구는 다른 촉매에 의해서도 많이 진행되고 있으며, Shell사에서는 이 폴리케톤을 Carillon이란 상품명으로 상업화하기에 이르렀다.

올레핀의 중합과 관련하여 가장 중요한 발전은 α-디이민(α-diimine) 리간드를 함유하고 있는 니켈(II)과 팔라듐(II) 촉매의 개발이다. 1995년 Brookhart가 발표한 촉매는 후전이금속촉매에 대한 그 동안의 편견을 불식시키는 역할을 하였고, 여러 가지 중요한 특성이 학계의 관심에서 상업적인 관심에 이르기까지 이 촉매계에 대하여 폭넓은 관심을 갖게 하였다.

팔라듐(II) 촉매는 친산소성이 적어 메틸아크릴레이트와 같은 극성 단량체를 에틸렌과 공중합시킬 수 있으며, 고분자량의 공중합체를 얻을 수 있다는 사실에 주목을 받게 되었다. 또한 메틸알루미녹산(MAO)과 같은 공촉매로 활성화하면 니켈(II) 촉매는 에틸렌 중합에서 잘 알려진 메탈로센 촉매와 비슷한 정도의 활성을 보인다는 점이다. 가장 흥미로운 현상으로, 이들 촉매계는 고분자의 주사슬에 결합된 가지의 양을 조절할 수 있다는 점이다. 에틸렌의 공중합에서 가지의 양을 1,000개의 탄소당 5개에서 100개까지 조절하여 고분자량의 무정형 고분자에서 선형의 결정성 고밀도폴리에틸렌에 이르기까지 반응조건을 달리하여 조절할 수 있다. 이와 같은 결과는 1996년에 DuPont사에서 특허로 청구하였으며, Versipol이라는 상품명으로 상업화하는 데 박차를 가하고 있다.

α-디이민 리간드 촉매의 발명으로 고분자의 물성을 더욱 쉽게 조절할 수 있게 되었지만, 아직까지 해결된 문제보다는 해결해야 할 문제가 많다. 현재까지 활발한 연구가 진행되고 있는 메탈로센 촉매와 관련된 기술이 매우 복잡한 특허 분쟁에 휩싸여 있어 소위 리가로센(Legalocene)이라는 별명까지 얻게 된 점을 감안하면 후전이금속촉매는 관련 연구자들에게 새로운 희망을 제공하고 있다고 해도 과언은 아니다.

본 장에서는 α-디이민 리간드를 갖는 후전이금속을 중심으로 올레핀의 중합과 관련하여 발전되어온 역사와 후전이금속촉매의 장 · 단점을 살펴보고자 한다.

1 발견

메탈로센의 급격한 발전은 새로운 촉매의 개발에 근거한 고분자 제조가 사실상 힘들다는 오랜 관념을 깨면서 시작되었고, 이는 고분자 제조 분야에 새로운 촉매 개발이란 주제가 다시 주목을 받는 계기가 되었다. 메탈로센 화합물은 리간드와 중심금속이라는 두 요소로 구성되어 있으며, 리간드는 Cp 및 그 유도체이며 중심금속은 전전이금속으로서 주로 Ti와 Zr이 연구되고 있다. 지난 30년간의 노력으로 다양한 구조와 특성을 가진 Cp유도체 리간드를 가진 수많은 메탈로센 화합물들이 제조되었으나, 현 시점에서 새로운 Cp유도체와 금속을 변화시켜 보다 새롭고 우수한 촉매를 개발하는 것은 매우 어렵다. 메탈로센과 같이 중심금속으로 전전이금속을 가지지만 Cp기를 대체할 수 있는 리간드를 함유한 중합촉매는 중합 특성이 그다지 좋지 않아 주목을 받지 못하다가, 메탈로센 촉매 관련 특허를 피할 수 있는 촉매 개발이 시급해지자 주목을 받기 시작하면서 급격히 발전한 분야이다.

이런 현실을 극복하기 위한 방안의 하나로 최근 많은 주목을 받는 것은 메탈로센의 필수적인 요소로 인식된 Cp유도체를 다른 리간드로 대체시키거나, 중심금속을 후전이금속으로 대체하는 중합촉매를 개발하는 것이다. 즉, 메탈로센에서 Cp와 비슷한 기능을 하는 리간드를 합성하여 이것의 금속화합물을 만들어 중합 특성을 조사하는 것으로, 1995년 Brookhart 촉매가 발표되는 가시적인 성과가 있었으며, 이러한 종류의 중합촉매를 비메탈로센 중합촉매라고 한다.

최근 Brookhart 촉매와 유사한 구조를 갖는 많은 화합물을 합성하였으나, 현 시점에서 이와 비교할 수 있을 만큼 연구된 촉매는 없다. 이러한 특성의 촉매는 화학적으로 기초적인 학문과 밀접한 관계를 가지면서도 그 결과는 실제적으로 응용될 수 있기 때문에 화학자의 관점에서 특히 흥미로운 것이다.

2 특성

후전이금속을 중심금속으로 갖는 유기금속화합물은 1995년 Brookhart가 입체장애 후전이금속화합물(sterically hindered late transition metal complex)이라는 새로운 구조와 개념을 가진 중합촉매를 소개하여 석유화학업계를 놀라게 하면서 등장했다.

Brookhart 촉매는 두 가지 점에서 기존의 중합촉매 개념과 크게 구별된다. 첫째는 촉매의 화학적인 구조 및 조성 특성이며, 둘째는 촉매의 중합 특성이다. 이 촉매가 가지는 화학적인 구조 및 조성의 특징은 Cp리간드를 가지지 않는다는 점이고 촉매활성점이 후전이금속이라는 점이다. 몇 가지의 Cp 대체 리간드의 중합촉매와 후전이금속을 중심금속으로 가진 촉매는 알려졌으나, 두 가지 조건을 동시에 가지는 중합촉매는 알려지지 않았다. 더구나 올레핀 중합과 관련된 연구자들에게 있어서 좋은 중합촉매란 전전이금속을 중심금속으로 가지는 촉매여야 한다는 것이 당연하게 받아들여져 온 터였다. 왜냐하면, 후전이금속의 경우 올레핀과 π-역주기(back donation)를 통해 안정한 결합을 형성하기 때문에 촉매로는 적당치 않다는 게 일반적인 상식이었기 때문이다. 따라서 올레핀 중합용 촉매란 Cp 또는 그 유도체가 리간드이고 전전이금속이 중심금속이어야 한다는 통념

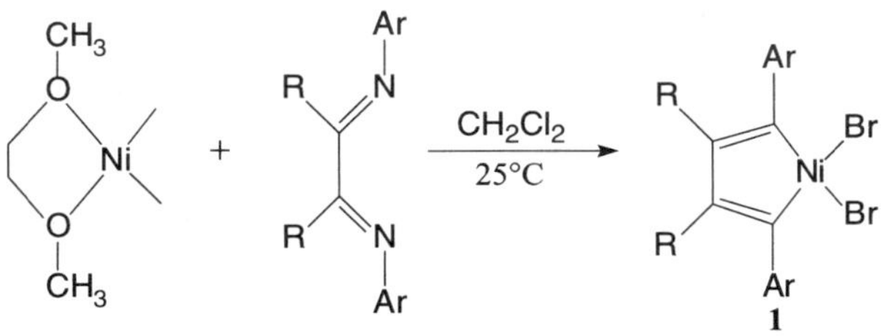

1

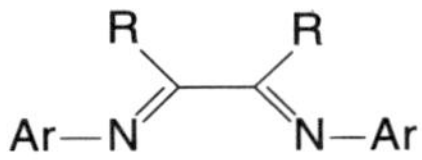

1a R = H; Ar = 2,6-$C_6H_3(i\text{-}Pr)_2$
1b R = Me; Ar = 2,6-$C_6H_3(i\text{-}Pr)_2$
1c R = H; Ar = 2,6-$C_6H_3Me_2$
1d R = Me; Ar = 2,6-$C_6H_3Me_2$

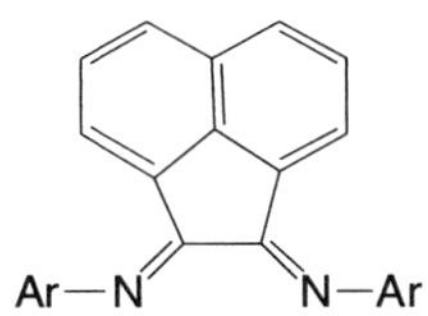

1e Ar = 2,6-$C_6H_3(i\text{-}Pr)_2$
1f Ar = C_6H_6

그림 6.2 • Brookhart 촉매 및 리간드

을 깨뜨렸으므로, 단순히 새로운 촉매의 개발이라기보다는 새로운 종류의 중합촉매 개발 방향을 제시한 큰 사건으로 봐야 할 것이다.

Brookhart 촉매의 또 다른 특성은 독특하고 다양한 중합 특성이다. 메탈로센 촉매의 경우, 촉매의 구조가 정해지면 중합 특성 또한 정해지기 마련이다. 이 촉매 역시 단일활성점 촉매(single site catalyst)이나, 중합 특성은 메탈로센과 현격히 다른데, 그 차이는 에틸렌중합에서 가장 크게 나타난다. 그 첫 번째로 에틸렌의 중합에서 메탈로센 촉매를 사용하면 가지가 거의 없는 고밀도폴리에틸렌(HDPE)을 생성하나, 이 촉매를 사용하면 가지가 많은 폴리에틸렌이 생성되며 생성된 가지의 종류와 길이는 매우 다양하고 이 가지의 길이와 종류는 중합 조건에 따라 조절도 가능하다는 것이다. 이러한 특성은 지금까지 Ziegler–Natta 촉매나 메탈로센 촉매로는 구현하기 불가능한 중합 특성이다. 또한 이 촉매는 메탈로센과 같이 중심금속이나 리간드의 구조를 변화시킴으로써 촉매의 특성을 변화시킬 수도 있다. 이 촉매계에 의해서 제조된 폴리에틸렌의 미세구조를 상세히 분석한 결과, 곁가지의 수를 1,000개 탄소 당 5개에서 100개까지 촉매의 구조와 반응 조건에 따라 조절할 수 있음이 밝혀졌다.

성장반응단계에서 알킬올레핀 착물로부터 속도결정단계로 믿어지는 이동 삽입반응이 일어난 후 β-H 제거반응이 일어나면 올레핀 수소이온 착물 4가 형성된다. 이 올레핀이 2,1-삽입반응을 거치면 화학종 5가 생성되며 계속하여 성장될 경우 성장사슬에 메틸가지가 도입된다. 이렇게 생성된 가지달린 고분자 사슬이 제거반응과 재삽입반응을 거치면 에틸, 프로필 등과 같은 가지가 성장사슬에 도입되게 된다(그림 6.3).

둘째로, 에틸렌의 농도가 중합활성이나 고분자의 분자량에 영향을 미치지 않는다는 특징이 있다. 셋째로 이 촉매계(그림 6.2, le/MAO)는 활성이 낮으나 프로필렌을 중합할 수 있다는 특징이 있다. 25°C에서 중합하여 얻은 폴리프로필렌의 수평균분자량($\overline{Mn}$)은

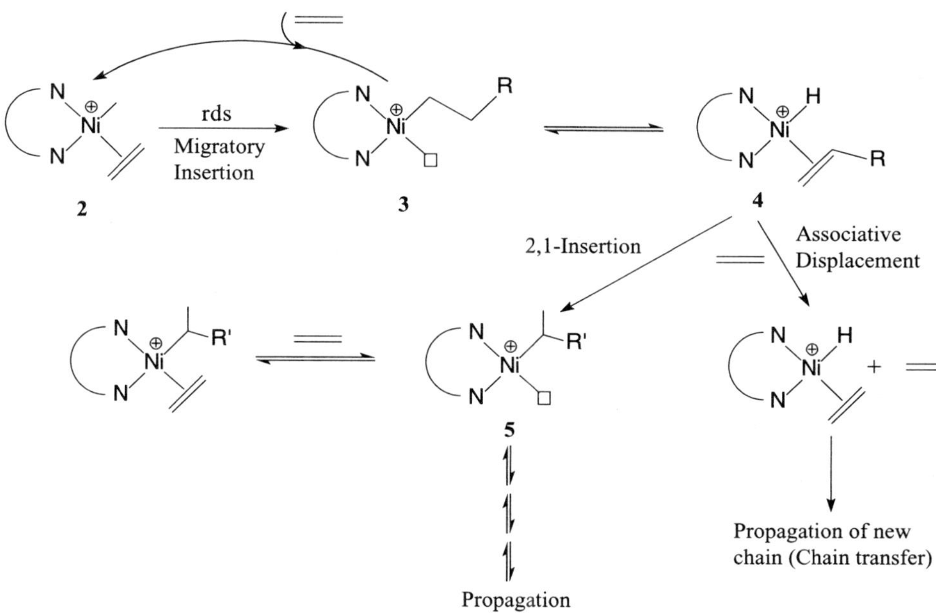

그림 6.3 • 성장반응 메커니즘

190,000이고 Tg가 −24°C이었는데, 이는 에틸렌/프로필렌 고무의 물성과 비슷한 것으로 밝혀졌다. 일반 폴리프로필렌의 경우에 1,000개의 탄소당 메틸기가 333개 존재하는 반면 이 촉매계를 이용하여 제조된 폴리프로필렌에는 이보다 훨씬 작은 수(약 160개)의 메틸기가 존재한다. 이와 같이 프로필렌의 중합에 에틸렌 단위가 도입되는 것은 1,3-삽입반응이 일어났다는 증거이다. α-올레핀의 중합에서 이와 같이 특이한 중합 거동을 보이는 현상을 1-헥센에 대해 그림 6.4에 나타내었다.

알킬올레핀 착물에 1-헥센은 1,2-삽입과 2,1-삽입반응을 할 수 있다. 1,2-삽입반응의 결과로부터 얻어지는 착물 7에 1-헥센의 삽입반응이 계속일어나면 정상적인 부틸기가 가지로 생성된다. 반면에 연속되는 β-H 제거반응과 재삽입반응을 거쳐 니켈 활성점이 말단 탄소로 이동(착물 8)되고 나서 1-헥센이 삽입되면 성장사슬에 메틸기가 가지로 남는다. 착물 7과 8에 1-헥센이 삽입되는 현상은 흔하지 않은데 이는 착물 7과 8 사이의 중간체로부터 이동삽입반응이 일어나기 위해서는 이차 금속-알킬 결합에 삽입되어야 하기 때문이다. 착물 6에 2,1-삽입반응이 일어나면 착물 9가 생성된다. 다른 1-헥센과 배위되기 전에 니켈 활성점이 말단 탄소로 이동된다면 1,6-삽입반응이 일어나게 되며 따라서 2,1-삽입반응은 주사슬을 선형화하고, 1,2-삽입은 주사슬에 가지를 갖도록 한다.

넷째로, 낮은 온도(약 −10°C)에서 이 촉매계에 의해 중합된 폴리올레핀의 분자량 분포가 1에 가까울 정도로 리빙 중합 거동을 보이는 특징이 있다. 이 점을 이용하면 프로필렌과 1-헥센의 블록 공중합물, 1-옥타데센/프로필렌/1-옥타데센 삼원 블록 공중합체 등

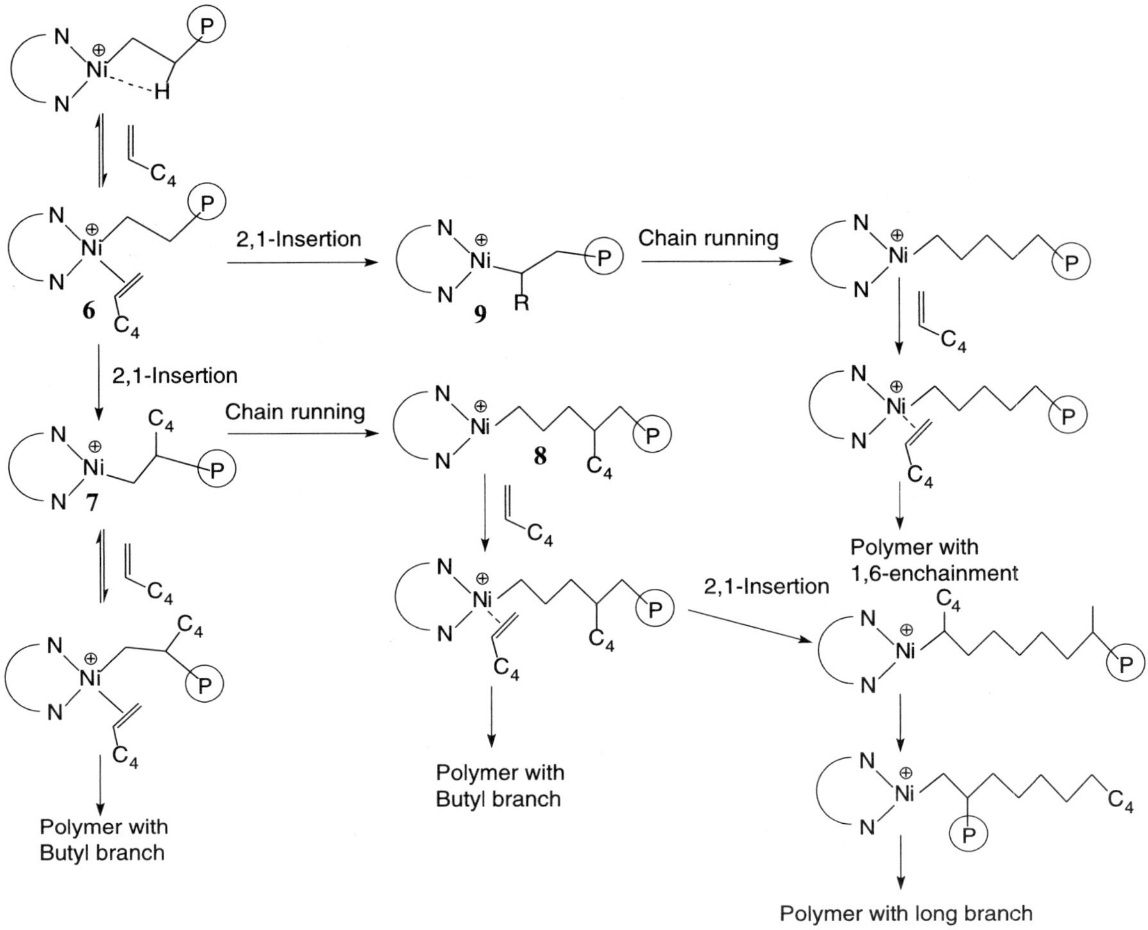

그림 6.4 • 긴 가지 사슬 생성반응 메커니즘

과 같은 블록 공중합체를 제조할 수 있다.

다섯 번째로, α-디이민 팔라듐과 니켈 촉매는 고리형 올레핀을 중합할 수 있다. 니켈과 팔라듐 촉매로 시클로펜텐을 중합하면 새로운 구조의 결정성 폴리시클로펜텐이 얻어진다. 메탈로센 촉매로 제조된 폴리시클로펜텐의 경우 분자량이 작고 분자구조가 이소탁틱 형이어서 용융 가공이 불가능한 것에 비하여 니켈과 팔라듐 촉매로 시클로펜텐을 중합하는 반응의 결과로 얻어지는 고분자의 반복 단위는 다음과 같다.

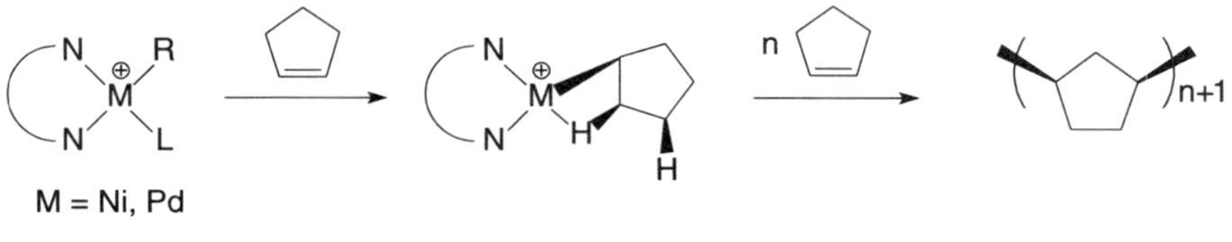

여섯 번째로, 특히 양이온형 팔라듐 촉매의 경우 올레핀과 극성 단량체의 공중합에 이용할 수 있다. 에틸렌의 중합을 공기 중에서나 심지어는 물이 존재하는 환경에서도 행할 수 있다는 것은 종래의 Ziegler–Natta 촉매와 구분되는 점이다. 에틸렌과 메틸아크릴레이트를 공중합하여 제조된 공중합물의 전형적인 구조를 그림 6.5에 나타내었는데, 가지가 많은 것은 에틸렌을 중합할 때와 같은 것을 알 수 있다.

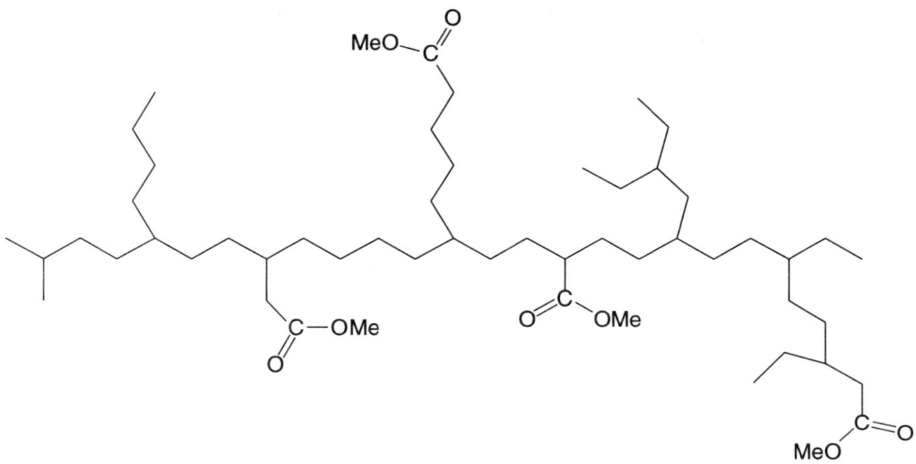

그림 6.5 • 에틸렌/메틸아크릴레이트 공중합체의 구조

2. 후전이금속촉매의 초창기 연구

1 올레핀의 이량화 및 올리고머화 촉매

그림 6.6에 주어진 모델과 같은 평행사변형 구조의 평면 니켈 착물은 올레핀과 반응할 수 있는 적당한 궤도를 제공하며, 킬레이트 리간드는 이와 같은 평면 구조를 선호한다. 리간드 X와 Y는 전자주게기나 전자받게기 중에서 택하며, 리간드 L_1과 L_2는 쉽게 해리되어 올레핀이 배위되어 삽입반응이 일어날 수 있는 자리를 제공하여야 한다. 이와 같은 점을 고려하여 에틸렌의 올리고머화 반응을 위해 합성된 착물을 그림 6.7에 나타냈다. 이 촉매로 에틸렌을 중합하여 제조된 올리고머는 100% 선형이었으며 α-올레핀의 양이 95~99%에 달하여 우수한 선택도를 보였다. Kein에 의해 개발된 이와 같은 P-O 킬레이트 니켈 착물은 SHOP(Shell higher olefin process)라는 상업공정으로 널리 알려져 있으며 C_6-C_{20} 범위의 α-올레핀을 제조하는 데 사용되고 있다.

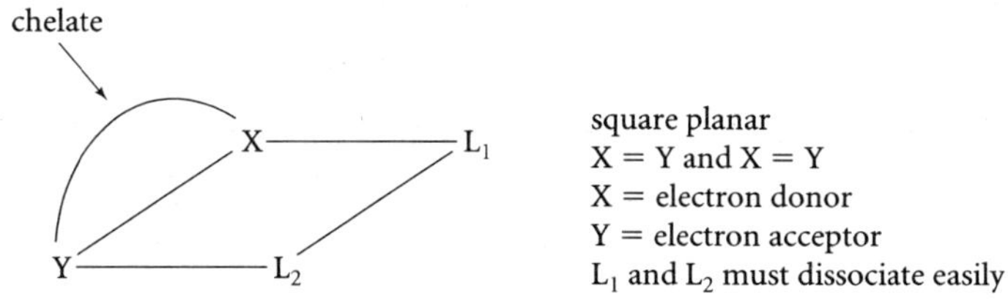

그림 6.6 • 올레핀 올리고머화용 니켈 착물 모델

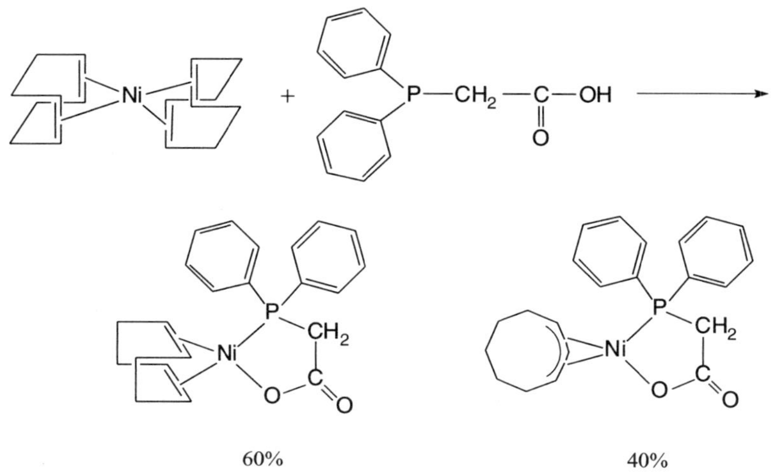

그림 6.7 • P-O 킬레이트 착물의 합성

P-O 킬레이트 촉매를 이용한 에틸렌의 올리고머화 메커니즘을 그림 6.8에 나타냈다. 촉매의 활성점은 Ni-H로 믿어지고 있으며, Ni-H 결합에 에틸렌이 삽입되어 중간체 2를 만든다. 여기에 다시 에틸렌이 삽입된 후 β-H 제거반응이 일어나면 α-올레핀 수소이온 착물 4를 형성한다. 사슬이동은 에틸렌과 배위된 올레핀 착물과 교환되어 일어나고, 다시 Ni-H 중간체 1을 생성하는 것으로 여겨진다.

일반적으로 P-O 킬레이트형 니켈 착물은, 그림 6.9에 나타낸 것과 같이, 킬레이트 부분과 중심금속, 유기리간드 부분으로 나눌 수 있다. 킬레이트 부분과 유기리간드 부분을 변화시켜 합성하지만 모든 경우 5고리형이라는 점에서 동일하다. 두 부분을 여러 가지로 변화시켜도 모든 경우 에틸렌의 올리고머화에서 높은 활성을 보였으며, 선택도에 있어서 약간의 차이를 보이기는 해도 선형 α-올레핀을 제조할 수 있다.

그림 6.10에 나타낸 P-N 리간드 착물로 70°C, 45기압에서 에틸렌을 중합하여 결정화도가 45~50%, 밀도가 0.903 g/cm^{3}인 폴리에틸렌을 얻었다. 비록 니켈 착물의 구조를 규명하지는 못하였으나, 활성은 1,000 kg-PE/mol-Ni 정도로 물성은 고압공정에서 제조된 폴리에틸렌(LDPE)과 EPDM의 중간 정도를 가졌다.

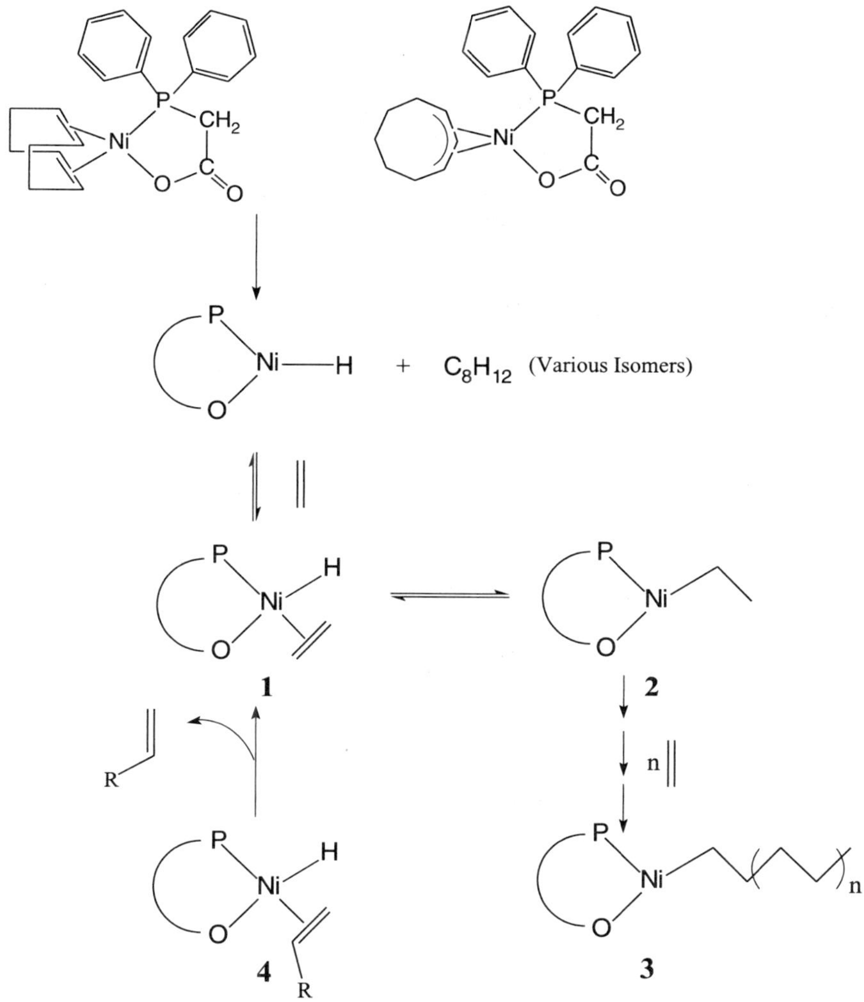

그림 6.8 • P-O 킬레이트 촉매에 의한 올리고머화 메커니즘

Fink 등은 Goddard 등에 의해 개발된 에틸렌중합촉매를 이용하여 α-올레핀의 올리고머화에 대하여 연구하였다. 앞에서 예를 들었던 모든 P-O 킬레이트형 후전이금속촉매는 프로필렌과 α-올레핀을 이량화하는 촉매이다. 그림 6.10에 나타낸 bis(imino)phosphorane 니켈 착물은 프로필렌의 올리고머화를 유도하여 20개의 단량체까지 삽입되었다. 선형 및 가지형 α-올레핀의 경우에도 중합도가 10에서 20에 이르러 분자량이 약 1,000 정도인 올리고머가 얻어졌다. 더욱 흥미로운 사실은 고차 α-올레핀의 삽입반응에서 2,ω-enchainment가 일어나 메틸기를 가지로 갖는 α-올레핀 올리고머가 얻어졌다는 사실이다. β-H 제거반응과 결과적으로 생성된 새로운 α-올레핀의 재삽입반응이 활발히 일어날 뿐만 아니라 입체효과가 작은 1차 Ni-알킬 착물이 매우 안정하기 때문에 이와 같은 사슬 이성화 반응이 일어난 것으로 보인다. 예를 들어 그림 6.11에 1-부텐 중합 메커니즘을 나타내었다.

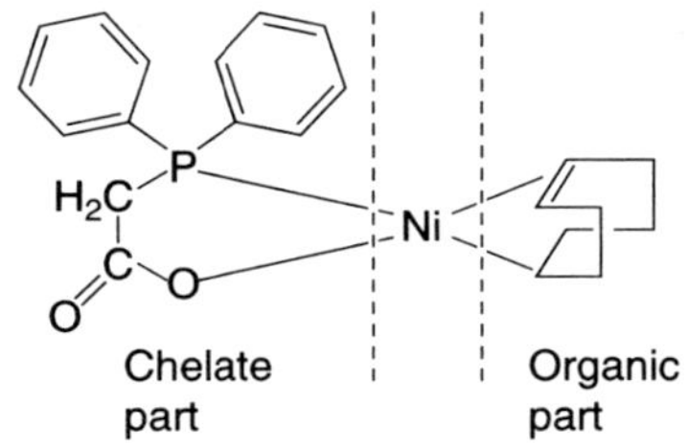

Complexes with changes in the chelate part

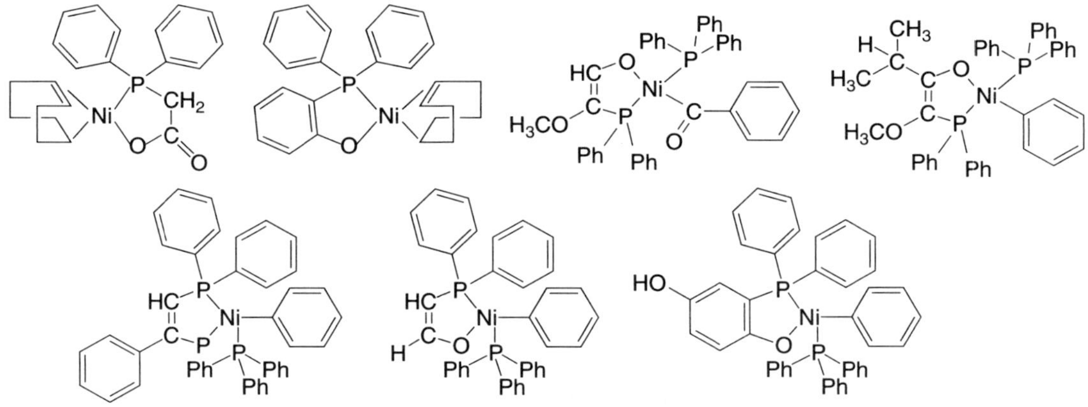

Complexes with changes in the organic part

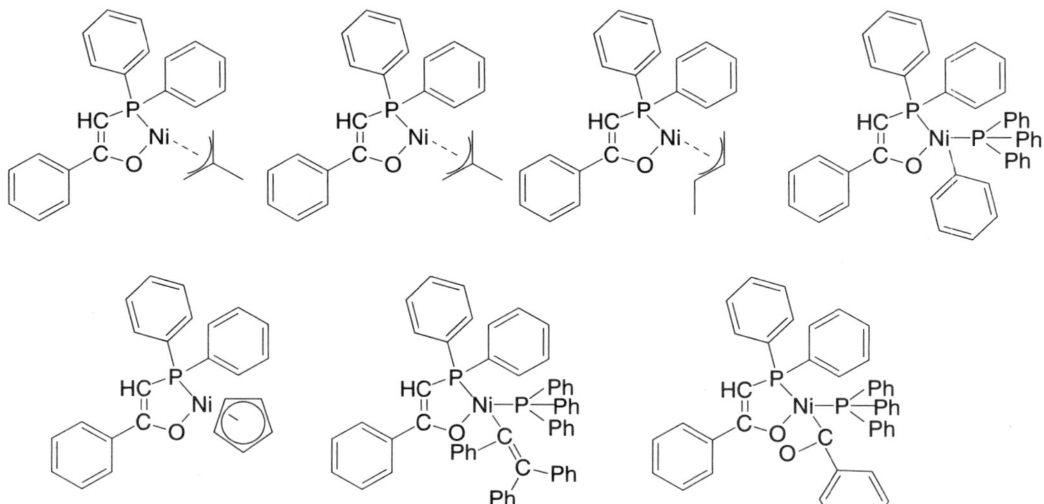

그림 6.9 • 올리고머용 니켈 착물의 개질

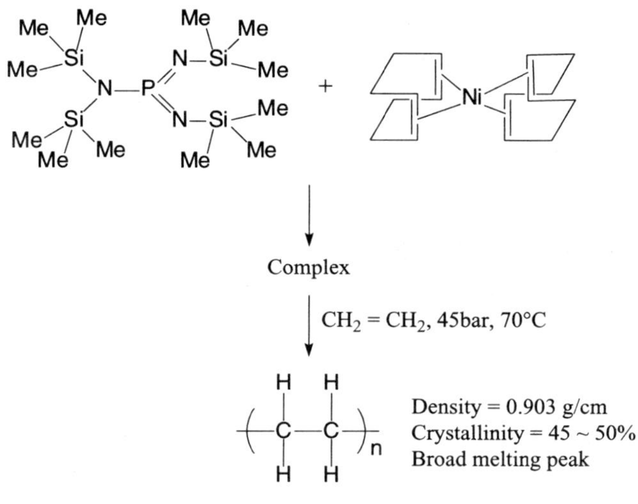

그림 6.10 • Aminobis(imino)phosphorane 리간드를 이용한 에틸렌의 중합

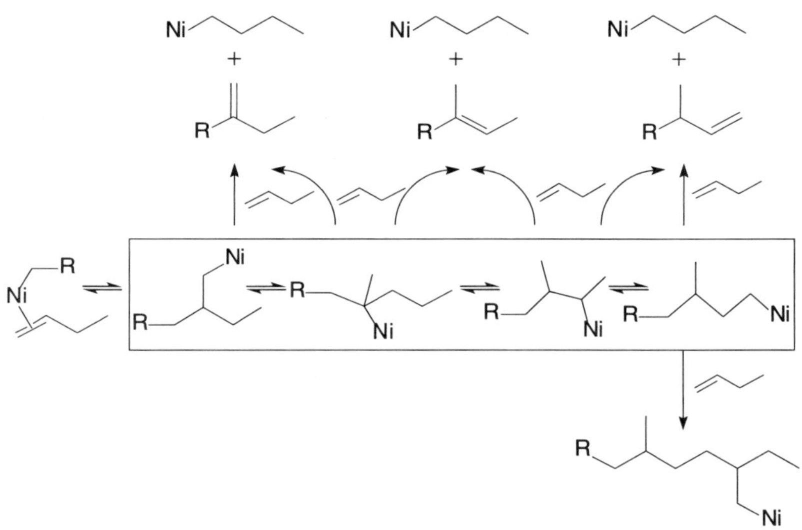

그림 6.11 • 1-부텐 중합 메커니즘

2 양이온형 후전이금속촉매

코발트, 로듐, 니켈, 팔라듐 및 백금을 이용한 양이온형 후전이금속촉매에 대한 α-올레핀의 부가반응에 대한 연구도 보고된 바 있다. 특히 크기가 매우 큰 비배위성 짝이온인 $[B(3,5\text{-}C_6H_3(CF_3)_2)_4]$와 $[BAr_4]$를 함유한 코발트 메탈로센 착물과 관련된 연구는 Brookhart 그룹에서 집중적으로 이루어졌다. 이와 같은 코발트 계에서의 활성종은 알킬 agostic 착물인 것으로 나타났으며, 에틸렌의 중합속도는 매우 느리고 중합이 리빙 기구로 진행되었으나, 이 촉매 역시 α-올레핀을 이량화하거나 올리고머화하였다.

위에서 언급한 후전이금속촉매 중에서는 팔라듐과 니켈이 올레핀의 중합에서 가장 효과적인 것으로 나타났다. 최근에는 이들 촉매계를 이용하여 스티렌, 노르보넨, 치환된 고리형 프로펜의 중합 예가 보고되었으며, 이들 니켈 특히 팔라듐 촉매는 α-올레핀과 일산화탄소의 교호공중합에 유용하다는 것은 널리 알려져 있다.

3. 후전이금속촉매 성분

후전이금속촉매의 구조적 특징은 메탈로센 촉매와 비교하였을 때, Cp 유도체를 가지지 않는 것이 가장 큰 특징이다. 이러한 후전이금속촉매의 Cp 유도체의 대체 리간드에 대한 특성을 살펴보면 다음과 같다. 메탈로센에서 Cp 리간드는 전자주게로 작용하여 안정한 팔면체 구조의 화합물을 생성하고 금속과의 결합 후에는 반응성이 약한 전기적 특징을 가지며, 또한 부피가 커서 반응 시 유기금속화합물의 한쪽을 입체적으로 안정하게 막아 촉매 연구에 이상적인 리간드로 널리 이용되어 왔다. 따라서 Cp의 기능을 대체하려면 금속과 안정한 결합을 생성하고, 입체적으로 상당한 부피가 있는 화합물이어야 한다. 최근 합성된 몇 가지의 Cp 대체 리간드를 가진 화합물은 공통적으로 질소를 가진 큰 부피의 리간드로 되어있다. 질소는 금속과의 결합자리를 제공하기 위한 것이며, 큰 부피는 Cp처럼 입체적인 방해를 이용하여 촉매의 안정성과 반응성을 조절하기 위해 도입된 것이다. 이들은 금속에 결합이 가능하므로 사면체(tetrahedral)나 정사각형 평면(square planar) 구조를 가진 화합물을 생성하여 팔면체(octahedral) 구조를 갖는 Cp 리간드의 메탈로센과는 다른 구조를 가진다. 결론적으로 새로운 리간드는 질소를 통해 전이금속과 안정한 결합을 생성하며 큰 부피를 이용하여 촉매의 반응 및 안정성을 조절하는 특성을 가짐으로 Cp의 두 가지 특성을 대체하도록 설계되었다.

Brookhart 촉매가 발표된 이후, 많은 종류의 Cp 대체 리간드를 함유하는 화합물들이 합성되었다. 이들은 공통적으로 Cp 대체 리간드를 가지고 있으나, 중심금속으로 후전이금속을 갖는 것과 전전이금속을 가지는 두 종류로 분류될 수 있다.

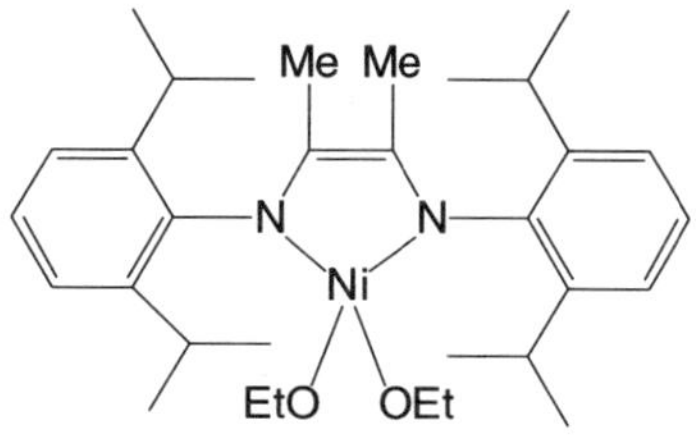

Brookhart Catalyst

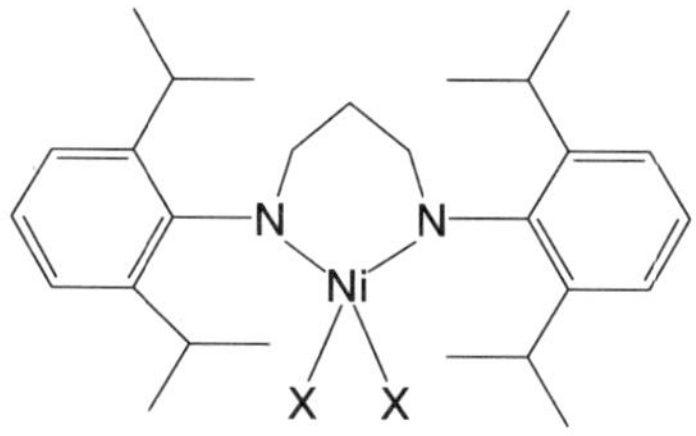

McConvile Catalyst

Brookhart는 니켈과 팔라듐 외에 코발트와 철을 사용한 화합물을 합성하고 그 중합 특성을 조사하였는데, 주목할 점은 철을 중심금속으로 한 경우에 가지가 없는 폴리에틸렌을 생성하며, 프로필렌중합 시에는 입체규칙성이 있는 iPP를 생성하는 등 니켈과 팔라듐을 중심으로 하는 촉매와는 전혀 다른 특성을 나타내었다. 이러한 특성은 전전이금속 메탈로센 촉매와 유사한 점을 나타내고 있다. 특히 이 화합물은 중합 특성을 보인 최초의 철 화합물로서 에틸렌의 올리고머화에 우수한 활성과 선택성을 보였다.

새로운 화합물들의 리간드로는 전술한 바와 같이 Cp를 대체하기 위해 부피가 큰 화합물이 사용되고 있으며, 금속은 입체장애 전전이금속(sterically hindered early transition metal)이다. 리간드는 금속과의 결합에 이용되는 질소, 질소의 결합각을 조절하는 질소 사이의 연결 부분 그리고 촉매의 부피를 조절하는 입체적으로 큰 방향족 부분의 세 요소로 구성되어 있다. 질소와 질소에 결합된 입체적으로 큰 방향족 부분은 서로 유사한 반면에 질소와 질소 사이의 연결 부분은 길이와 종류가 다양하다. 입체장애 전전이금속 화합물 중 가장 성공적인 예는 질소 사이에 세 개의 메틸기가 놓여 있는 McConvile이 보고한 화합물이다. 이 화합물들은 정사면체 구조를 가지며 특히 α-올레핀 중합에 효과적이다. 중심금속이 지르코늄인 경우는 반응성이 없으며 티탄 화합물만이 활성을 나타낸다. 지르코늄은 지나치게 전자가 부족하여 α-올레핀과의 배위 결합력이 강하여 더 이상의 반응이 진행되지 못하기 때문이다. 질소에 결합된 입체적으로 큰 방향족의 단위 부피를 조절하면 생성되는 고분자의 분자량이 조절되어 Brookhart 촉매와 같은 경향을 보이는데, 리간드의 크기가 증가하면 분자량이 증가한다.

최근 Schrock은 질소 사이에 여러 개의 원소를 가진 화합물을 합성하여 구조를 규명하고 그 중합활성을 발표하였다. 이 화합물은 α-올레핀과의 반응 시 중합활성도 우수하여 향후 응용성이 기대되고 있는데, 이러한 반응성은 화합물의 독특한 구조 때문으로 설명될 수 있다. X-선 구조 분석 결과로 두 개의 질소 사이에 존재하는 산소의 비공유 전자쌍이 금속에 전자를 공급하고 있는 것으로 판명되었으며, 이와 같은 금속과 산소의 상호작용은 전자가 부족한 촉매의 활성점에 전자를 공급하여 촉매활성점의 안정성을 증가시켜 결과적으로 활성이 향상된다.

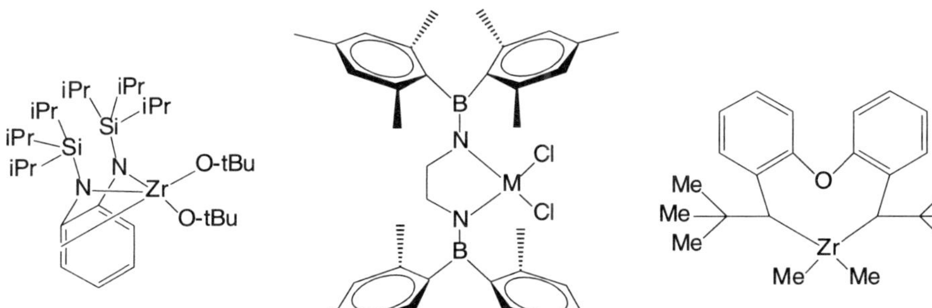

1996 Tilley　　1996 Schrock Inactive catalyst　　1997 Schrock 10^5 g-PE/mol-Zr · h

질소 외에 산소를 결합자리로 이용하는 중합촉매도 보고되었는데, 그 중 대표적인 것은 Okata에 의해 보고된 다음의 화합물이다. 이 촉매는 금속을 포함하여 아홉 개의 요소로 구성된 고리를 가지고 있으며, Kakugo 촉매보다는 높은 중합활성을 나타낸다. 산소를 포함하는 입체장애 Cp 대체 리간드는 질소를 포함한 화합물보다 비교적 덜 알려져 있어 향후 개발가능성이 크다.

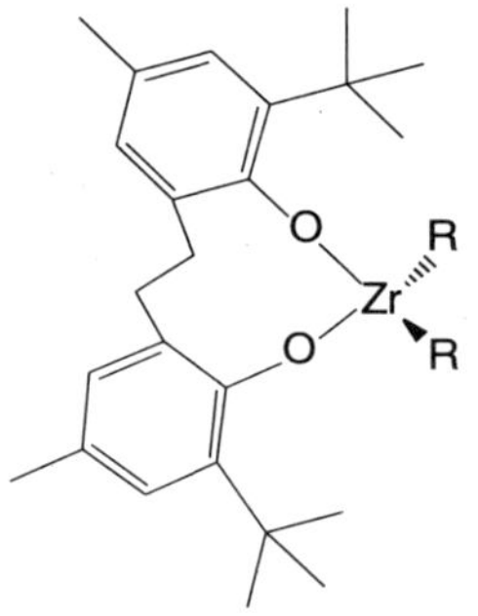

1997 Okada

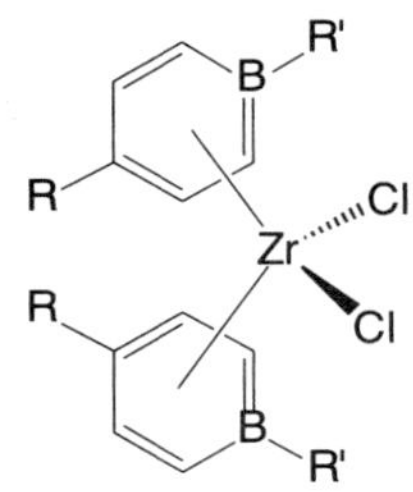

1997 Bazan

또한 주목을 받고 있는 화합물은 Bazan의 보라타벤젠(boratabenzene) 리간드를 포함하는 화합물이다. 보라타벤젠은 Cp와 유사한 구조를 가지나, 전기적으로 전자가 더욱 결핍된 특성을 가질 뿐만 아니라 붕소에 결합되는 유도기를 바꾸어 중심금속의 전자 밀도를 변화시켜 에틸렌과의 반응성을 조절할 수 있다. 붕소에 아민이 존재하면 전자를 붕소에 공급하여 붕소의 산성도를 감소시키므로 중심금속인 지르코늄의 전자밀도를 증가시키는 효과를 주어 결국 고분자량의 폴리에틸렌을 생성한다. 반면, 붕소에 전자를 원활하게 공급하기 힘든 산소나 탄소가 연결되면 위와 같은 효과가 없어 높은 분자량을 가진 고분자가 생성되지 않는다. 실제 실험 결과 탁월한 선택성을 가지는 것으로 판명되어, 상업적 측면에서도 많은 주목을 받고 있다.

그 밖에 최근 Cp 대체 리간드를 가진 전전이금속 화합물로 많은 주목을 받고 있는 화합물은 Fujita 등이 최근 발표한 FI 촉매이다. 이 촉매는 Cp 대체 리간드로 페녹시-이민(phenoxy-imine) 킬레이트 리간드를 가지고 전전이금속 중심금속으로 하는 고활성 촉매이다. 중합활성은 중심금속이 지르코늄일 때가 가장 활성이 높았으며, 이 Zr-FI 촉매는 상압, 25°C 하에서 최대 6,500 kg-PE/mmol-Cat·h의 활성을 보였다. 그리고 낮은 분자량(Mv ≥ 3,000)에서 높은 분자량($\overline{Mv}$ ≤ 5,000,000)까지의 PE 제조가 가능하다고 발표하였다. 또한 Ti-FI 촉매는 75°C에서도 중합이 가능하여 열적으로도 상당히 안정하며 리빙 중합에도 좋은 성능을 보여주고 있다. 또한 에틸렌중합 시 상당히 좁은 분자량분포(< 1.2)를 나타내며, α-올레핀에 높은 활성을 나타냈으며 높은 분자량($\overline{Mw}$ = 450,000~900,000)의 아탁틱 폴리-1-헥센을 제조하였다.

4. 올레핀 중합용 후전이금속촉매

1 α-디이민 팔라듐과 니켈 촉매

올레핀 중합용 α-디이민 팔라듐(II)과 니켈(II) 촉매의 개발은 우수한 물성을 지닌 다양하고 새로운 고분자 소재를 창출하게끔 했다. 이들 촉매를 이용하여 사슬성장반응의 기본 단계인 α-올레핀의 이동 부가반응에 대하여 더욱 깊이 이해할 수 있게 되었다.

이들 착물은 에틸렌과 α-올레핀을 중합할 수 있을 뿐만 아니라 시클로올레핀을 중합할 수 있다. 더욱이 팔라듐 착물은 에틸렌과 극성기를 가지는 아크릴레이트, 메틸비닐케톤 등과도 공중합할 수 있다. α-디이민 팔라듐과 니켈 촉매는 다른 후전이금속에서와 달리 β-H 제거반응이 쉽게 일어나지 않는다. 다른 후전이금속촉매가 에틸렌과 α-올레핀을 이량화하거나 올리고머화하는 것과는 달리 입체장애효과가 큰 α-디이민을 리간드로 갖는 화합물은 중합 성향이 크다. 이 촉매에서는 β-H 제거반응에 이은 2,1-재삽입반응이 활발히 일어나 사슬이 성장되며, 결과적으로 가지를 많이 갖는 폴리에틸렌이 얻어지거나, 단순한 1,2-삽입반응으로부터 얻어지는 것보다 가지가 적은 폴리 α-올레핀이 얻어진다. α-디이민 팔라듐과 니켈 촉매의 합성방법은 그림 6.12에 나타냈다.

리간드의 아릴 고리에서 메타 위치에 결합된 t-부틸기는 니트로화 반응을 완전히 위치선택적으로 만드는 역할을 한다. 금속화 반응에 사용되는 화합물로는 (DME)$NiBr_2$ (1,2-dimethoxyethane, DME)와 (COD)PdMeCl(1,5-cyclooctadiene, COD)가 각각 사용된다. 합성된 니켈 착물을 MAO 공촉매로 하여 에틸렌을 중합할 경우 수평균분자량이 1,100인 올리고머가 얻어졌으며, 팔라듐 착물의 경우에도 분자량이 600인 올리고머가 얻어졌다.

α-디이민 리간드의 입체장애 효과를 더욱 크게 하여 제조된 니켈 착물의 예를 그림 6.12에 나타내었다. 여러 가지 (ArN=C(R)—C(R)=NAr)$NiBr_2$형 촉매를 공촉매인 MAO로 활성화시킬 경우 에틸렌중합에서 메탈로센 촉매로부터 얻을 수 있는 활성과 비슷한 고활성을 얻을 수 있어, 25°C, 15기압에서 1.8×10^6/hr의 turnover frequency(TOF)를 보였으며 이는 5.0×10^4 kg-PE/mol-Ni·h에 해당되는 활성을 나타내었다. 제조된 폴리에틸렌의 수평균분자량은 중합 조건에 따라 달라져 30,000~900,000이었으며, 분자량 분포는 1.5~3.0이었다.

2 기타 리간드 촉매

α-디이민 리간드에 대한 많은 노력과 함께 최근에는 이러한 리간드를 대체할 수 있는 새로운 종류의 리간드에 대한 연구가 활발히 진행되고 있으며, 이러한 리간드는 N—N 킬레이트 화합물을 변형시킨 것이거나 완전히 새로운 종류로 대부분은 두 다리 화합물이고 세 다리 화합물인 것도 있다. 사실 응용할 수 있는 리간드의 종류와 수는 헤아릴 수 없이 많아

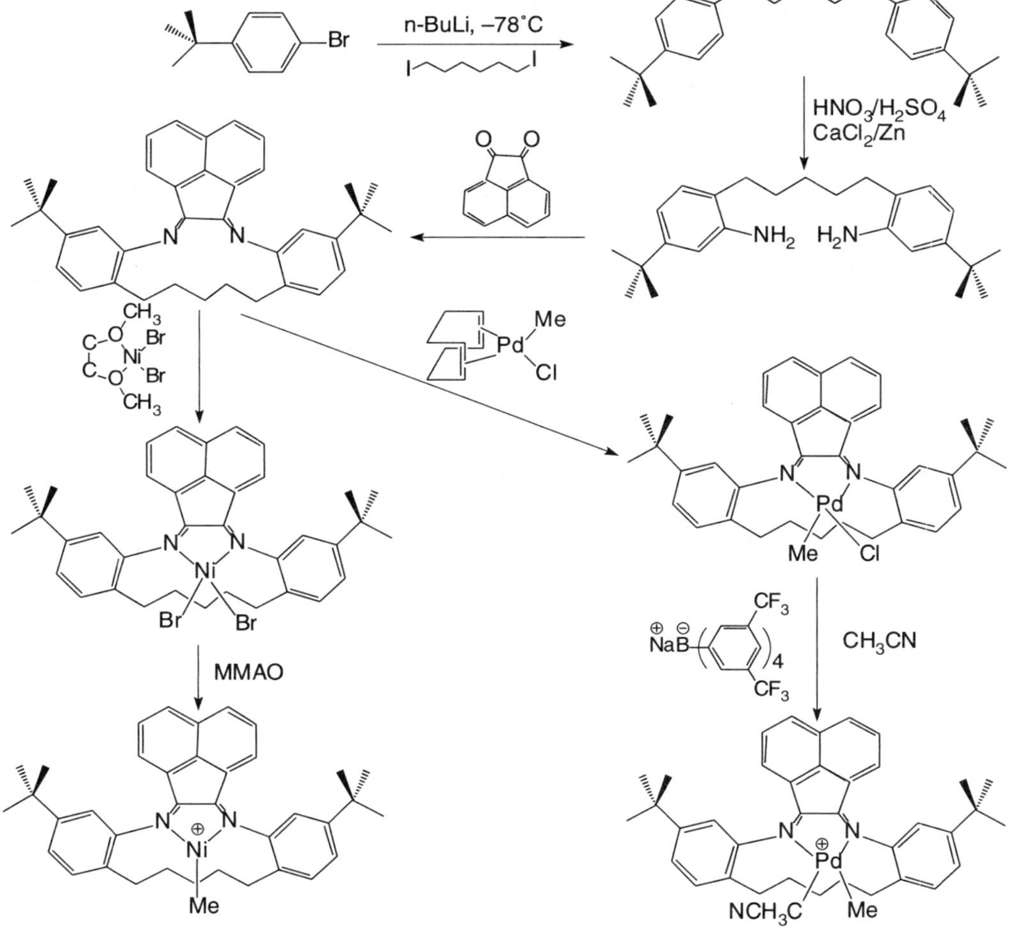

그림 6.12 • α-디이민 리간드를 가진 니켈 및 팔라듐 촉매 합성

가능한 리간드를 이용하여 합성한 촉매 전구체가 올레핀의 중합에 유용한지를 밝혀내기 위해서 종래의 연구 방법을 이용할 경우 많은 시간과 경비가 소요되게 된다. 최근에 개발된 조합화학(combinatorial chemistry) 기법을 이용하면 이들 리간드의 효용성을 고속으로 스크리닝할 수 있다. 그림 6.13에 에틸렌중합용 촉매를 고속으로 스크리닝하는 기법의 예를 나타냈다.

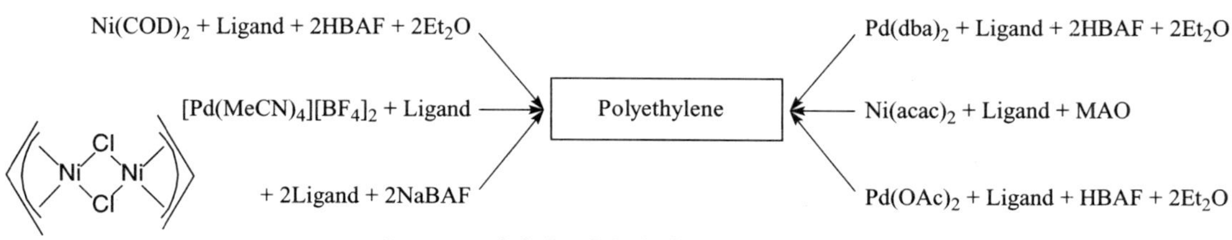

그림 6.13 • 에틸렌중합용 촉매 고속 스크리닝 기법

이러한 스크리닝 방법을 이용하여 올레핀 중합에 효과적인 다양한 리간드를 개발할 수 있게 되었으며 이렇게 하여 개발된 리간드는 주로 작용기에 따라 N—N, N—O, N—X, P—O, monodentate-N 등으로 분류할 수 있다. 일반적으로 N—N과 N—O 킬레이트형 후기전이금속 착물들이 올레핀의 중합에서 고활성을 보이는 것으로 나타났으며 현재까지의 연구결과에 의하면 이 중에서도 α-디이민 리간드를 갖는 촉매가 가장 높은 활성을 나타내었다.

3 철 및 코발트 촉매

❶ 에틸렌중합

각각의 아릴 고리 *o*-위치에 하나만의 치환체를 갖는 피리딘-디이민 착물은 Schiff 염기 축합반응에 의해 쉽게 합성할 수 있다.(그림 6.14) 이렇게 합성된 촉매를 300당량 이상의 MAO로 활성화시킬 경우 에틸렌중합에서 높은 활성을 보였다. 철 촉매의 경우 TOF는 에틸렌의 압력에 따라 증가하였으며, 200psig, 60°C에서 TOF는 4.8×10^6/hr에 달하였다. 코발트 촉매의 경우 활성이 철 촉매에 비하여 일반적으로 낮게 나타났으며 같은 중합 조건에서 TOF는 3.9×10^5/hr로 나타났다. 특히 철 촉매는 600psig, 60°C에서 10^7/hr 이상의 TOF로 촉매활성이 3.3×10^5 kg-PE/mol-Fe·h로 Ziegler–Natta 촉매와 비슷하게 나타났다.

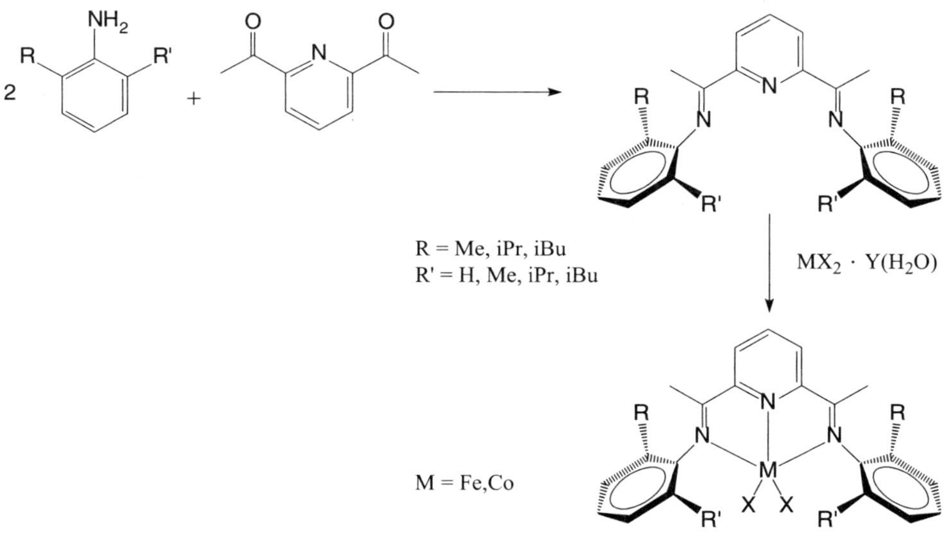

그림 6.14 • 피리딘-디이민 리간드를 가지는 촉매 합성

제조된 폴리에틸렌의 녹는점은 133~139°C로 나타났는데, 특히 니켈이나 팔라듐 촉매와는 달리 가지를 갖지 않는다. 폴리에틸렌의 분자량은 리간드, 금속, 공촉매의 농도를

달리할 경우 크게 달라졌다. 팔라듐과 니켈에서와 같이 아릴의 *o*-치환기의 크기를 크게 할수록 분자량이 증가하였다. 철 촉매의 경우 bimodal형 분포를 갖는 GPC 곡선을 얻을 수 있으며 일반적으로 철 촉매가 코발트 촉매보다 분자량이 높은 폴리에틸렌을 제조할 수 있다. 피리딘-디이민 리간드의 입체효과를 크게 줄여 합성한 철 착물은 에틸렌을 고활성으로 올리고머화하여 선택적으로(>99%) α-올레핀을 형성하며 활성은 촉매의 구조, 에틸렌 압력, 온도에 따라 달라진다. 메틸기가 치환된 착물이 가장 높은 활성을 보여, 25°C, 1기압에서 TOF의 값이 1.0×10^5/hr이었으며, 90°C, 600 psig에서는 TOF 값이 5.3×10^6/hr의 고활성을 나타내었다. 이 올리고머화 반응의 속도론 결과에서 사슬성장반응과 이동반응이 모두 단량체의 농도에 대하여 1차로 비례하였다.

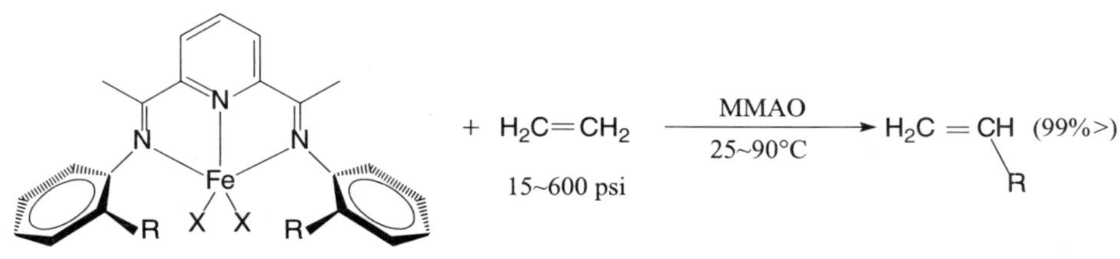

1 ; R = Me, 2 ; R = Et, 3 ; R = iPr

그림 6.15 • 올리고머화 철 촉매

이 철 촉매는 α-올레핀 올리고머화 촉매로 전이금속을 이용한 올레핀의 올리고머화나 중합에서 리간드의 입체장애효과가 미치는 영향을 이해할 수 있는 모델 화합물로 이용할 수 있다. 또한 넓은 범위의 온도와 낮은 에틸렌 압력에서도 고활성을 보일 뿐만 아니라 매우 우수한 선택도를 보이기 때문에, 기존 공정인 SHOP를 대체할 수 있는 공정으로 발전할 수 있을 것으로 전망된다.

❷ 프로필렌중합

철 촉매로 프로필렌중합에서 고분자량의 폴리프로필렌을 얻을 수 있다는 것은 새로운 사실이다. 그림 6.16에 나타낸 것과 같이 일반형이 $[ArN{=}C(Me)_2C_5H_3N]FeCl_2]$인 여러 가지 5-배위착물이 앞에서 언급한 에틸렌중합뿐만 아니라 프로필렌중합촉매로도 사용될 수 있다. 이들 착물의 대칭 구조 관계를 강조하여 나타내면 그림 6.17과 같다. 착물 10~12는 에틸렌중합에서 사용한 것과 같으며, 착물 13~18도 같은 방법으로 합성된다. 즉, 과량의 리간드를 철염 수화물이나 무수물과 THF에서 반응시켜 물을 분리하면 그림 6.16의 촉매 전구체가 양론적 수율로 얻어진다.

이들 촉매를 이용하여 −20°C와 0°C, 1기압에서 톨루엔을 용매로 하여 프로필렌중합을 행하였으며, 그 결과를 표 6.1에 요약하여 나타냈다. 철, 코발트, 니켈 및 팔라듐 디이민 촉매에 의한 에틸렌의 중합에서와 마찬가지로 폴리프로필렌의 분자량은 착물 리간드의 입체장애 정도에 따라 달라졌다. 입체장애효과가 클수록 높은 분자량이 얻어졌으며 중합 온도가 높아지면 분자량이 낮아졌다. 분자량분포는 2.0 정도로 평균분자량이 성장 사슬 이동반응에 의해 달라질 때 단일활성점 촉매가 보이는 특징을 나타냈다.

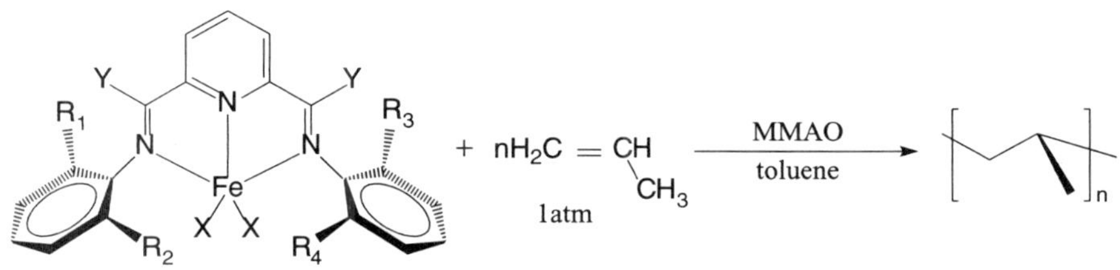

10 $R_1=R_2=R_3=R_4=$iPr, Y=Me
11 $R_1=R_2=R_3=R_4=$Y=Me
12 $R_1=R_3=$tBu, $R_2=R_4=$H, Y=Me
13 $R_1=$tBu, $R_2=$H, $R_3=R_4=$Me, Y=Me
14 $R_1=$tBu, $R_2=$H, $R_3=R_4=$iPr, Y=Me
15 $R_1=R_3=$iPr, $R_2=R_4=$Me, Y=Me
16 $R_1=R_2=$iPr, $R_3=R_4=$Me, Y=Me
17 $R_1=R_3=$iPr, $R_2=R_4=$Me, Y=H
18 $R_1=R_2=R_3=$iPr, $R_4=$Me, Y=Me

그림 6.16 • 프로필렌중합용 철 촉매

철 촉매를 이용한 프로필렌의 중합거동은 몇 가지 면에서 특징이 있다. 첫째, 이 촉매는 프로필렌의 중합에서 이소탁틱 입체규칙성을 나타내는 첫 번째의 후전이금속촉매라는 점이다. 촉매의 구조에 상관없이 이소탁틱성은 사슬말단 제어 메커니즘에 의해 제어된다. 이는 폴리프로필렌의 ^{13}C-NMR 분석결과 mmmm과 mmrm 구조가 풍부하게 나타나는 것으로부터 알 수 있다. 둘째, 사슬성장에서 2,1-삽입반응이 일어난다는 특징이 있다. 이는 2,1-삽입반응에 의해 이소탁틱 폴리프로필렌이 제조된 첫 번째 경우이다. 셋째는 정지반응에 의해 얻어진 고분자의 말단기가 주로 프로필기이며, β-H 제거반응에 의해 성장하는 폴리프로필렌 주사슬에 α-올레핀 말단기만을 생성하는 첫 예라는 것이다. 넷째로 이 촉매는 위치 불규칙성이 매우 심한데 이와 같은 위치 불규칙성은 입체장애 효과가 작은 촉매로부터 제조된 저분자량의 고분자 사슬에서 많이 나타난다.

마지막으로 성장사슬이동반응이 알킬알루미늄 공촉매와 알킬 교환반응으로 일어난 후에 1차 Fe-프로필 착물이 형성된다면 말단에 포화된 기가 나타나기도 한다. 중합에서 얻어진 이상의 결과를 종합하여 보면 그림 6.18에 나타낸 것과 같은 중합반응 메커니즘을 생각해 볼 수 있다.

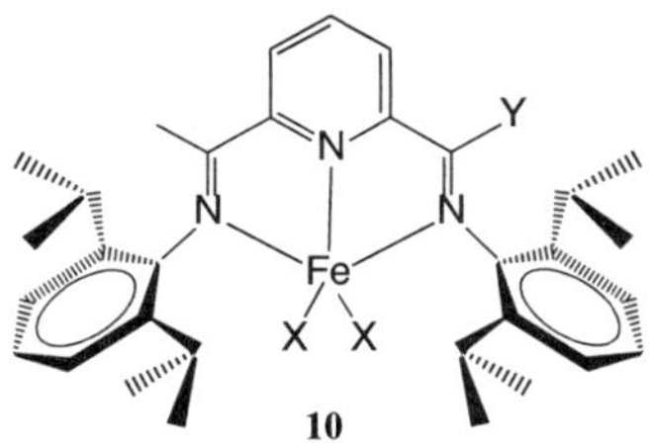

10
C_2v symmetry

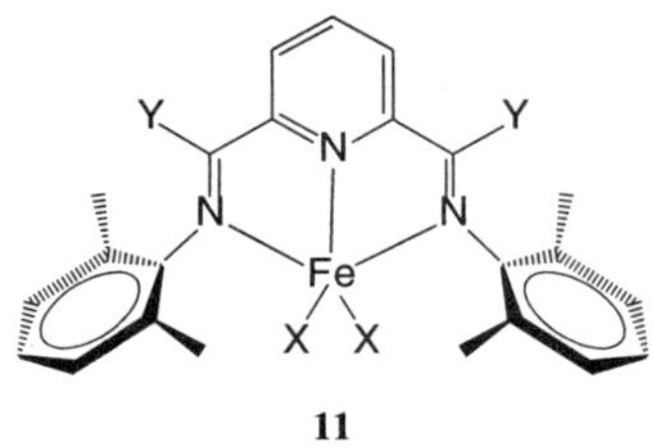

11
C_2v

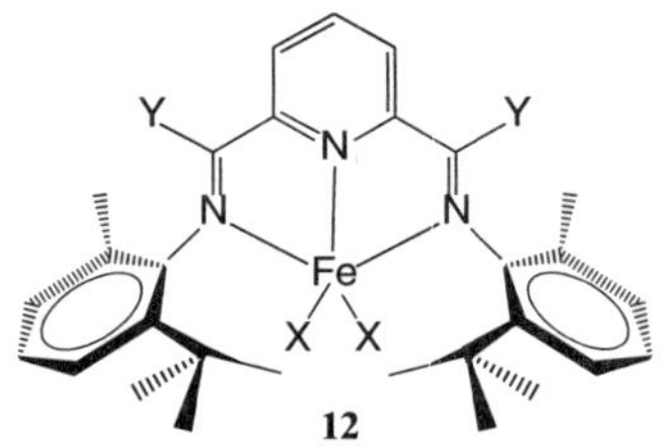

12
Cs/C_2

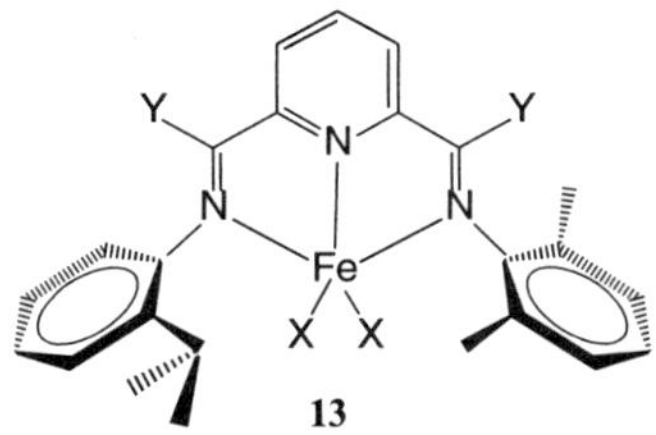

13
C_1

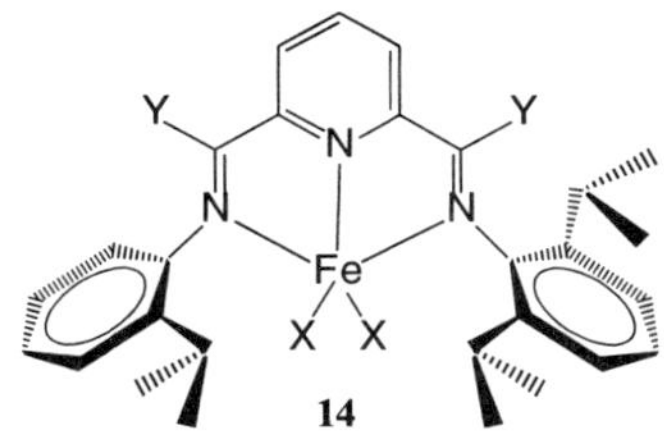

14
C_1

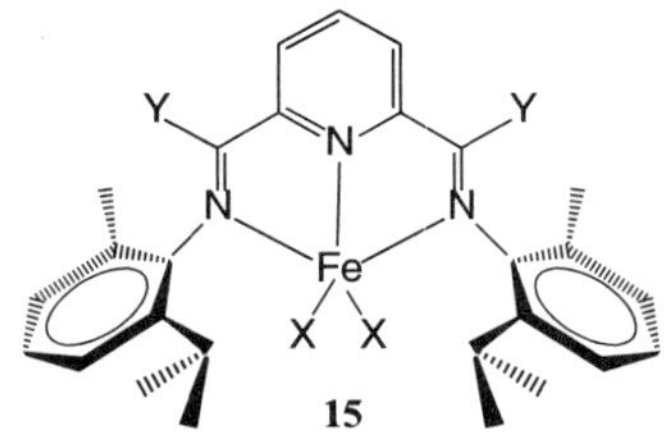

15
Cs

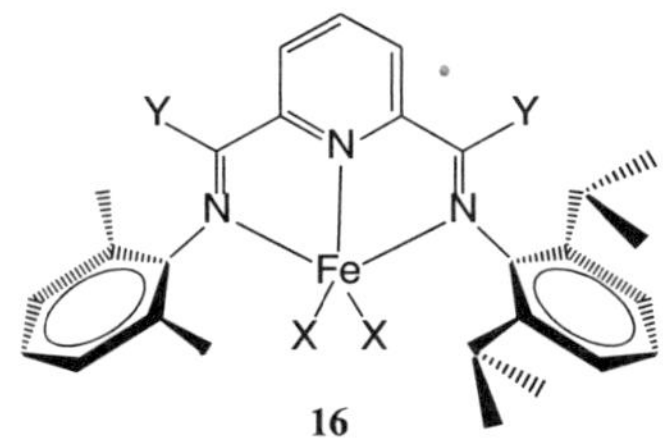

16
Cs

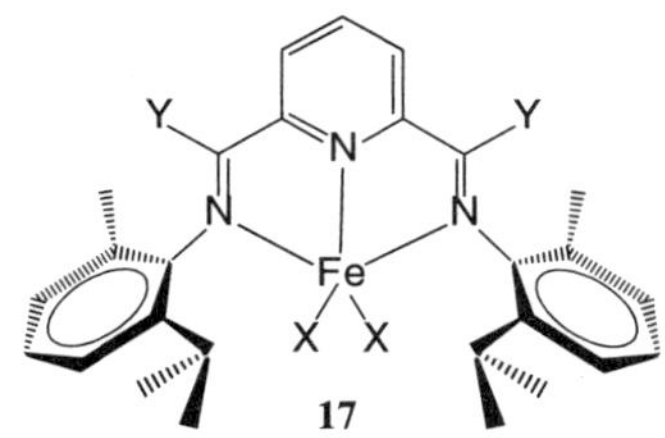

17
Cs/C_2

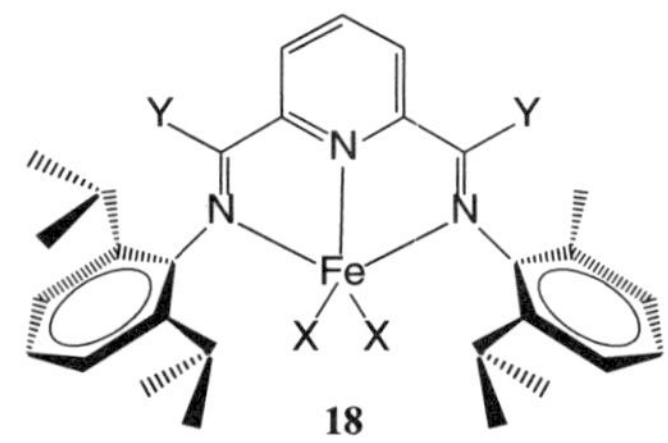

18
C_1

그림 6.17 • 프로필렌중합용 철 촉매의 대칭구조

표 6.1 • 철 촉매에 의한 프로필렌의 중합 결과

Catalyst	Symmetry	Loading (μmol)	T (℃)	$\overline{M_n}$ (×10³)	$\overline{M_w}/\overline{M_n}$	TOF (×10³/h)	[m] (%)	yield (g)
10	C_{2v}	3.5	0	3.7	2.3	4.1		1.18
		3.8	−20	2.1	2.1	12.9	55	4.10
11	C_{2v}	4.2	0	2.1	2.1	6.9		2.45
		4.6	−20	2.3	2.3	23.0		1.16
12	C_s/C_2	3.8	0	2.2	2.2	1.6		0.50
		4.2	−20	2.1	2.1	6.5		2.28
13	C_1	4.0	0	2.4	2.4	6.9		2.31
		4.0	−20	1.8	1.8	7.3		2.46
14	C_1	3.6	0	2.2	2.2	1.1		0.33
		4.1	−20	2.2	2.2	3.1	59	1.09
15	C_s	3.8	0	2.0	2.0	10.4		3.33
		4.0	−20	2.2	2.2	17.3		5.78

(계속)

(계속)

16	C_S	3.8	0	2.5	2.5	7.0	67	2.25
		3.8	−20	2.2	2.2	38.8		7.24
17	C_S/C_2	4.2	0	2.1	2.1	0.5	56	0.19
		4.2	−20	1.9	1.9	0.7		0.25
18	C_1	3.4	0	2.1	2.1	4.7		1.36
		3.4	−20	1.8	1.8	11.8	59	3.42

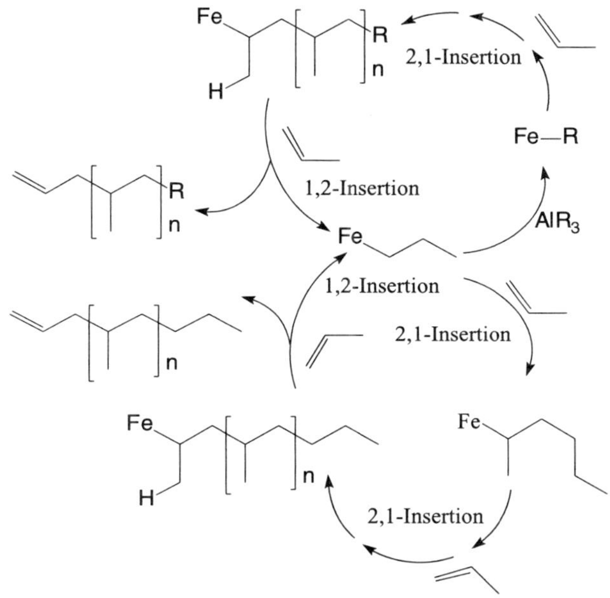

그림 6.18 • 프로필렌중합 메커니즘

이상에서 설명한 철 촉매는 초기의 전이금속촉매에 비하여 여러 가지 장점이 있고 새로운 구조의 고분자를 창출할 수 있다는 점에서 향후 개발의 여지가 많이 있다.

5. 이용 및 전망

1995년 DuPont은 메탈로센이나 기존의 Ziegler−Natta 촉매로는 상상하기 힘든 중합 특성을 지니는 McConvile 촉매 및 그 촉매를 이용한 중합을 포괄하는 기술을 Versipol 공정이라고 명명하고 발표하였으며, 현재에도 McConvile 그룹과 함께 활발히 후속적인 공동 연구를 진행하고 있다. DuPont에서는 팔라듐을 중심금속으로 하는 Cp대체 중합 촉매를 개발하였으며, BP에서는 높은 활성의 HDPE 제조가 가능하고 PP 제조가 가능한 피리딘기 리간드를 가지는 트리덴테이트(tridentate) 철(II) 또는 코발트(II) 촉매를 개발하는 등 활발히 연구가 진행되고 있다.

또한, 후전이금속이 아니라 메탈로센과 같이 전전이 중심금속으로 하지만 Cp대체 리간드를 사용하는 중합촉매로, 최근 Mitsui에서 FI 촉매를 발표하였다. 메탈로센의 발견으로부터 시작된 새로운 중합촉매 개발은 지난 20년간 급속하게 발달하여 Exxon과 Dow Chemical의 상업화를 낳았다. 이러한 물결은 최근 Brookhart 등의 후전이금속을 중심금속으로 하는 촉매를 합성하면서 Cp대체 리간드를 가지는 촉매가 개발된 것을 바탕으로 DuPont에서 이를 이용한 상업적 개발을 활발히 진행하는 것으로 이어지고 있다.

메탈로센과 같이 이 분야에서의 상업화는 향후 더 많은 연구 결과가 나옴에 따라 더욱 진척되어 갈 것으로 보이며, 메탈로센의 상업화에서 얻어진 여러 가지 유용한 정보 및 기술이 접목된다면, 기존의 공정에 활용할 수 있는 기술 개발 속도 또한 빠르게 진행 되어 갈 것으로 보인다.

극성 단량체의 중합이 가능한 촉매로는 Cp 및 그 유도체를 리간드로 채용하고 있지만, 중심금속으로 d 궤도함수를 가지는 III족(Sc, Y, La)과 란탄족(Lanthanide, Ce~Lu)금속을 이용하는 유기란탄족(organolanthanide) 촉매를 들 수 있다. 이 촉매는 2가의 산화상태를 갖는 Sm 및 Yb와 4가의 Ce를 제외하고는 일반적으로 3가의 산화상태를 갖는다. 이 촉매의 특징으로는 강한 루이스산 특성을 가지며 메탈로센과 닮은 궤도함수(양이온 활성종일 때 전자계수가 14e)를 가지고, 따라서 에틸렌 등 α-올레핀뿐만 아니라 극성 단량체중합이 가능하고 중합에 있어 공단량체가 필요치 않다.

$(Cp^*{}_2LnH)_2$, $Cp^*{}_2LnR$과 같은 촉매를 이용하면 MMA의 중합이 가능하며, $\overline{M_w}/\overline{M_n}$ = 1.02~1.04의 대단히 좁은 분자량분포와 $\overline{M_n}$ = 100,000 이상의 높은 분자량을 가지는 PMMA를 제조할 수 있다. 또한 −95°C의 저온에서는 95% 이상의 신디오탁틱성을 나타낸다.

$(SmHCp^*)_2$, $Cp^*{}_2LuMe(THF)$ 같은 촉매를 이용하면 여러 가지 알킬메타아크릴레이트들의 리빙중합도 가능한데, 이들 촉매는 알킬기의 입체장애 정도가 증가하여 중합체의 신디오탁틱성이 저하된다. 또한 이들 유기란탄족 촉매로 β-메틸프로피오락티온, ε-카프로락톤 같은 락톤 단량체의 중합도 가능하며 이종락톤 단량체로 블록 혹은 랜덤공중합도 가능하다.

또한 유기란탄족(III) 촉매를 사용하여 다른 극성 단량체와 MMA의 랜덤공중합도 리빙성을 나타내며, 블록공중합도 $\overline{M_w}/\overline{M_n}$ = 1.1~1.2인 이상적인 리빙 공중합체를 합성할 수 있다.

이상에서 코발트, 로듐, 니켈, 팔라듐, 철 및 백금 등 후전이금속 착물에 의한 올레핀의 중합과 관련된 연구 동향을 살펴보았다. 이 후전이금속촉매에 대한 연구는 그 동안 주류를 이루어 왔던 메탈로센과 관련된 연구와 함께 앞으로 더욱 많이 발전하리라 기대된다. 특히 현대화학에서 응용되기 시작한 조합화학 등의 새로운 기술의 응용은 연구 성과를 극대화시키는 데 도움이 될 것이다. 메탈로센 촉매에 비하여 가용 리간드가 무한대에 가까울 정도로 다양할 뿐만 아니라 금속착물의 합성과 보관이 쉽고, 리간드의 전자적, 입체적 성질을 미세 조절할 수 있는 길이 열려 있다는 점에서 관련 분야 연구자들에게 새로운 연구 영역을 제공하고 있다고 해도 과언은 아니다. 또한 새로운 물성을 갖는 고분자, 종래에는 제조할 수 없었던 고분자의 제조가 가능하다는 점에서 고분자 화학자들에게도 흥미로운 주제가 아닐 수 없다. 이와 같은 관점에서 후전이금속촉매와 관련된 연구는 향후 수년간 대단한 흥미를 끌기에 충분하다.

참고문헌

1. J.A. Ewen, R.L. Jones, A. Razavi and J.D. Ferrara, *J. Am. Chem. Soc.* **110**, 6255 (1988).
2. R.F. Jordan, *Chem. Educ.* **65**, 285 (1988).
3. Y.W. Alelynuas, R.F. Jordan, S.F. Echols, S.L. Borkowsky and P.K. Bradley, *Organometallics* **10**, 1406 (1991).
4. P.G. Gassman and M.R. Callstrom, *J. Am. Chem. Soc.* **109**, 7875 (1987).
5. C.F. Jordan, R.E. La Pointe, C.S. Bajgur, S.F. Echols and R. Willet, *J. Am. Chem. Soc.* **109**, 4111 (1987).
6. H.H. Brintzinger, D. Fischer, R. Mülhaupt, B. Rieger and R.M. Waymouth, *Angew. Chem., Int. Ed. Engl.* **34**, 1143 (1995).
7. P.C. Mohring and N.J. McConvile, *J. Organomet. Chem.* **479**, 1 (1994).
8. N. Schneider, M.E. Huttenloch, U. Stehling, R. Kirsten, F. Schaper and H.H. Brintzinger, *Organometallics* **16**, 3413 (1997).
9. M.K. Leclerc and H.H. Brintzinger, *J. Am. Chem. Soc.* **117**, 1651 (1995).
10. V. Busico, L. Caporaso, R. Cipullo, L. Landriani, G. Angelini, A. Margonelli and A.L. Segre, *J. Am. Chem. Soc.* **118**, 2105 (1996).
11. G.C. Bazan, G. Rodroguez, A.J. Ashe III, S. Al-Ahmad and C. Muller, *J. Am. Chem. Soc.* **118**, 2291 (1996).
12. N.G. Alameddin, M.F. Ryan, J.R. Eyler, A.R. Siedle and D.E. Richardson, *Organometallics* **14**, 5005 (1995).
13. G.W. Coates and R.M. Waymouth, *Science* **267**, 217 (1995).
14. X. Yang, C.L. Stern and T.J. Marks, *J. Am. Chem. Soc.* **116**, 10015 (1994).
15. C. Janiak, U. Versteeg, K.C.H. Lange, R. Weimann and E. Hahn, *J. Organomet. Chem.* **501**, 219 (1995).
16. C. Janiak, K.C.H. Lange and P. Marquardt, *Macromol. Rapid Commun.* **16**, 643 (1995).
17. G. Rodriguez and G.C. Bazan, *J. Am. Chem. Soc.* **119**, 343 (1997).
18. M. Bochmann and S.J. Lancaster, *J. Organomet. Chem.* **434**, C1 (1992).
19. M.K. Leclerc and H.H. Brintzinger, *J. Am. Chem. Soc.* **118**, 9024 (1996).
20. N.S. Barta, B.A. Kirk and J.A. Stille, *J. Am. Chem. Soc.* **116**, 8912 (1994).
21. X. Yang, C.L. Stern and T.J. Marks, *J. Am. Chem. Soc.* **113**, 3613 (1991).
22. L. Jia, X. Yang, A.M. Seyam, I.D.L. Albert, P.-F. Fu, S. Yang and T.J. Marks, *J. Am. Chem. Soc.* **118**, 7900 (1996).

23. T. Yoshida, N. Koga and K. Morokuma, *Organometallics* **14**, 746 (1995).
24. N. Koga and K. Morokuma, *J. Am. Chem. Soc.* **110**, 108 (1988).
25. J.C.W. Lohrenz, T.K. Woo and T. Ziegler, *J. Am. Chem. Soc.* **117**, 108 (1995).
26. L. Fan, D. Harrison, L. Deng, T.K. Woo, D. Swerhone and T. Ziegler, *Can. J. Chem.* **73**, 989 (1995).
27. L. Fan, D. Harrison, T.K. Woo and T. Ziegler, *Organometallics* **14**, 2018 (1995).
28. H. Weiss, M. Ehrig and R. Ahlrichs, *J. Am. Chem. Soc.* **116**, 4919 (1994).
29. L. Fan, A. Krzywicki, A. Somogyvari and T. Ziegler, *Stud. Surf. Sci. Catal.* **100** (1996) 507.
30. D.G. Musaev, R.D.J. Froese, M. Svensson and K. Morokuma, *J. Am. Chem. Soc.* **119**, 367 (1997).
31. D.G. Musaev, M. Svensson, K. Morokuma, S. Strömberg, K. Zetterberg and P.E.M. Siegbahn, *Organometallics* **16**, 1933 (1997).
32. D.G. Musaev, R.D.J. Froese and K. Morokuma, *New J. Chem.* **21**, 1269 (1997) .
33. D.G. Musaev, R.D.J. Froese, M. Svensson and K. Morokuma, *Organometallics* **17**, 1850 (1998).
34. L. Deng, P. Margl and T. Ziegler, *J. Am. Chem. Soc.* **119**, 1094 (1997).
35. L. Deng, T.K. Woo, L. Cavallo, P. Margl and T. Ziegler, *J. Am. Chem. Soc.* **119**, 6177 (1997).
36. R.D.J. Froese, D.G. Musaev, T. Matsubara and K. Morokuma, *J. Am. Chem. Soc.* **119**, 7190 (1997).
37. G.J.P. Britovsek, V.C. Gibson, B.S. Kimberley, P.J. Maddox, S.J. McTavish, G.A. Solan, A.J.P. White and D.J. Williams, *Chem. Commun.* 849 (1998).
38. B.L. Small and M. Brookhart, *J. Am. Chem. Soc.* **120**, 7143 (1998).
39. J.D. Scollard, D.H. McConville, N.C. Payne and J.J. Vittal, *Macromolecules* **29**, 5241 (1996).
40. D. Herskovics-Korine and M.S. Eisen, *J. Organomet. Chem.* **503**, 307 (1995).
41. L.K. Johnson, C.M. Killian and M. Brookhart, *J. Am. Chem. Soc.* **117**, 6414 (1995).
42. L.K. Johnson, S. Mecking and M. Brookhart, *J. Am. Chem. Soc.* **118**, 267 (1996).
43. W. Keim, *Angew. Chem., Int. Ed. Engl.* **29**, 235 (1990).
44. R. Abecywickrema, M.A. Bennett, K.J. Cavell, M. Kony, A.F. Masters and A.G. Webb, *J. Chem. Soc., Dalton Trans.* 59 (1993).
45. M.J. Frisch, G.W. Trucks, H.B. Schlegel, P.M.W. Gill, B.G. Johnson, M.A. Robb, J.R. Cheeseman, T.A. Keith, J.A. Petersson, J.A. Montgomery, K. Raghavachari, M.A. Al-Laham, V.G. Zakrzewski, J.V. Ortiz, J.B. Foresman, J. Cioslowski, B.B. Stefanov, A. Nanayakkara, M. Challacombe, C.Y. Peng, P.Y. Ayala, W. Chen, M.W. Wong, J.L. Andres, E.S. Replogle, R. Gomperts, R.L. Martin, D.J. Fox, J.S. Binkley, D.J. DeFrees, J. Baker, J.J.P. Stewart, M. Head-Gordon, C. Gonzales and J.A. Pople, *GAUSSIAN94* (Gaussian Inc., Pittsburgh, PA, 1995).
46. Q. Cui, D.G. Musaev, M. Svensson and K. Morokuma, *J. Phys. Chem.* **100**, 10936 (1996).
47. T. Matsubara, S. Sieber and K. Morokuma, *Int. J. Quantum Chem.* **60**, 1101 (1996).
48. R.D.J. Froese and K. Morokuma, *Chem. Phys. Lett.* **263**, 393 (1996).
49. T. Miyatake, K. Mizunuma, Y. Seki and M. Kakugo, *Makromol. Chem. Rapid Commun.* **10**, 349 (1989).

50. S. Fokken, T.P. Spaniol, H.-C. Kang, W. Massa and J. Okuda, *Organometallics* **15**, 5069 (1996).

51. R. Baumann, W.M. Davis and R.R. Schrock, *J. Am. Chem. Soc.* **119**, 3830 (1997).

52. F. Guerin, D.H. McConville and J.J. Vittal, *Organometallics* **14**, 3154 (1995).

53. F.G.N. Cloke, P.B. Hitchcock and J.B. Love, *J. Chem. Soc., Dalton Trans.* 25(1995).

54. J.D. Scollard, D.H. McConville and J.J. Vittal, *Organometallics* **14**, 5478 (1995).

55. T.H. Warren, R.R. Schrock and W.M. Davis, *Organometallics* **16**, 562 (1996).

56. W. Chen and M.S. Gordon, *J. Phys. Chem.* **100**, 14316 (1996).

57. W. Chen and M.S. Gordon, *J. Chem. Phys.* **105**, 11081 (1996).

ORGANOMETALLIC

CATALYSTS

FOR

OLEFIN POLYMERIZATION

제 7 장

공업적 현황

1. 이용 범위

폴리올레핀은 현대 사회에서 가장 많이 사용하는 플라스틱으로, PE와 PP로 대표된다. 폴리올레핀 산업은 1950년대 Ziegler-Natta 촉매 발견으로 시작되었으나, 초기의 $TiCl_3$ 촉매는 촉매활성과 입체규칙성이 매우 낮아 이것을 향상시키기 위한 많은 노력이 필요했다. 1968년에 $MgCl_2$-담지 $TiCl_4$촉매가 발견되었으며, 이는 폴리올레핀 물성에 혁신적인 향상과 생산비의 큰 절감을 이루었다.

그림 7.1에 전 세계 PE와 PP의 상업적 생산에 사용된 촉매의 종류와 그 비율을 나타내었다. $MgCl_2$-담지 $TiCl_4$촉매는 공정과 제품의 혁신을 가져왔고, 현대의 폴리올레핀 산업을 성립시켰다. 따라서 지속적으로 폴리올레핀 생산용 촉매의 대다수를 차지하고 있다.

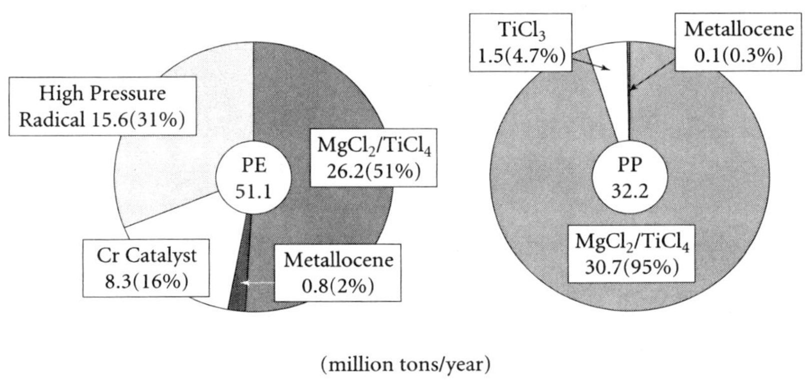

그림 7.1 • 전 세계에 사용되는 PE, PP 생산용 촉매 사용률

Ziegler−Natta 촉매를 사용하여 상품화된 몇 가지 폴리올레핀의 종류와 대체 가능한 중합방법을 표 7.1에 보였다.

표 7.1 • Ziegler−Natta 촉매로 얻을 수 있는 상품화된 폴리올레핀

중 합 체	대체 가능한 중합법
HDPE	Phillips, Union Carbide법
isotactic Polypropylene(iPP)	없 음
isotactic poly(1-butene)	없 음
isotactic poly(4-methyl-1-pentene)	없 음
ethylene-propylene block 공중합체	없 음
trans-1,4-polyisoprene	천연 gutta percha 및 balata

입체규칙성 폴리올레핀을 얻을 수 있는 유일한 방법은 Ziegler−Natta 촉매를 이용하는 것이며, HDPE의 경우에만 실리카에 CrO_2를 담지시킨 Phillips 촉매를 사용한 중합으로도 얻을 수 있다.

1 폴리올레핀

❶ 폴리에틸렌

폴리에틸렌은 에틸렌과 리튬 알킬화합물 반응에서 얻어지는 부산물이었는데, 1930년 Marvel 실험실의 대학원생 Fried에 의해 처음 합성되었다. 1932년 Imperial Chemical Industries(ICI)에 있는 영국 과학자들은 다양한 화합물들과 함께 에틸렌의 고압반응으로부터 제조될 수 있는 제품을 연구하는 사이에 우연히 폴리에틸렌을 만들었다. 1933년 봄, 그들은 고압(약 1400 atm)하에서 에틸렌과 벤즈알데히드를 반응시켰을 때 흰색 고체의 합성물을 발견했다. 이들은 이러한 흰색 고체를 폴리에틸렌으로 인식하였다. 그러나 ICI에서는 새로운 재료에 대한 현실적인 용도를 찾지 못했다.

British Telegraph Construction and Maintenance 회사의 Dean은 우연히 새로운 고분자를 알게 되었다. 마침 그는 수중케이블을 둘러쌀 재료가 필요하였는데 폴리에틸렌이 내수성이 있고 해양에서 바닷물에 의해 일어나는 부식으로부터 보호하는 전선 코팅에 적합함을 발견했다. 1939년 케이블의 1해리를 코팅하기 위한 충분한 폴리에틸렌이 만들어졌다. 그러나 대량 생산이 시작되기 전 독일이 폴란드를 침략했고 폴리에틸렌 생산은 지상과 공중의 레이더 장비를 위한 유연한 고주파 절연 케이블을 만드는 것으로 전환되었다. 이 당시에 폴리에틸렌을 ICI와 미국의 DuPont과 Union Carbide에 의해 제조되었다.

폴리에틸렌은 필름과 성형제품 제조에 사용됨에도 불구하고 전쟁 후까지 상업적 용도로 널리 사용되지 못했다. 폴리에틸렌 필름은 포장제품, 직물, 냉동식품 포장재, 썩기 쉬운 식품 포장재 등 사용된 많은 응용에 셀로판을 대체했다. 그런데 폴리에틸렌은 가지

가 있어 비교적 낮은 녹는점(100°C 이하)을 가지고 있어 끓는 물에 소독이 필요한 제품에 사용할 수 없었다.

독일 Max Planck Institute의 Karl Ziegler는 보다 낮은 압력과 온도에서 폴리에틸렌을 형성하기 위한 에틸렌을 얻으려는 시도로 초기 연구를 확대하고 있었다. 그와 연구진들은 특정 유기금속이 에틸렌중합을 방해한다는 것을 발견했다. 폴리에틸렌 형성을 억제하는 화합물과 함께 훨씬 더 낮은 압력과 온도에서 폴리에틸렌 형성이 가능한 화합물을 발견했다. 이들 화합물들은 보다 적은 가지와 보다 높은 연화온도를 가지는 폴리에틸렌을 제조할 수 있었다.

가지형 폴리에틸렌은 일반적으로 고압에서 합성되고 가지가 존재하기 때문에 저밀도, 고압 폴리에틸렌으로 불린다. 사슬은 분자간 빈 공간을 남겨두고 있어 가지형 폴리에틸렌보다 더 낮은 밀도의 재료가 제조된다.

이후 $MgCl_2$-담지 $TiCl_4$촉매를 발명함으로써 궁극적으로 PE 생산공정 중에서 촉매잔사 제거공정을 없애는 데 성공했다. 그것은 PE 생산공정을 간단하게 하고 생산능력을 증대시켜 에너지와 생산비의 절감을 가져왔다. $MgCl_2$-담지 $TiCl_4$촉매는 1976년에 세계 특허를 획득했고 급속도로 $TiCl_3$촉매를 대체했다. $MgCl_2$-담지 $TiCl_4$촉매는 활성을 증가시켰을 뿐만 아니라 분자량분포를 좁혔으며, PE의 조성분포(composition distribution)도 좁혔다. 분자량분포와 조성분포를 좁힘으로써 얻을 수 있는 PE 물성의 향상은 메탈로센 촉매로 상업화된 현재의 LLDPE를 생각하면 쉽게 이해할 수 있다. $MgCl_2$-담지 $TiCl_4$촉매는 단일활성점 촉매는 아니지만, 활성점이 단일활성점의 성질(single-site nature)로 접근하게 해 주어 PE 구조를 세밀하게 조절할 수 있게 되었다. 그 후 분자량과 공단량체 함유량이 높은 부분과 분자량 및 공단량체 함유량이 낮은 부분을 동시에 가지고 있어 높은 강도와 높은 가공성을 갖는 필름 등급의 HDPE를 설계했다. 이 개념의 고분자 설계가 PE 생산공정의 특허를 얻어 해외로 수출되었고 HDPE 설계의 세계 기준이 되었다. 이것은 지금까지도 HDPE를 설계하는 핵심 개념이고 파이프, 병, 자동차 연료 탱크 등급의 다른 HDPE 등급의 이용에도 적용되고 있다.

오늘날 분자량, 분자량분포, 그리고 결정화도 뿐만 아니라 가지의 크기와 길이 면에서 다양한 폴리에틸렌이 존재한다. 이들 중 몇 가지를 그림 7.2 및 7.3에 묘사했다. 전형적인 상용 LDPE는 전체 1,000 에틸렌 단위에 대해 40과 150 사이의 짧은 알킬 가지를 가지고 있다. 이는 고압에서 제조되고(15,000~50,000 psi, 350°C), 약 0.912~0.935의 밀도를 가지고 있다. LDPE는 많은 가지 때문에 약 100°C의 낮은 녹는점을 가지게 되고, LDPE의 전체 긴 가지에 대해 약 10개의 짧은 가지의 비율을 가지고 있다.

Ziegler－Natta 또는 Phillips 촉매로 제조된 HDPE는 1000 에틸렌 단위당 15(일반적으로 1~6의 범위 내에서)개의 짧은 알킬 가지보다 적은 가지를 가지고 있다. 에틸렌 단위 자체의 규칙한 구조와 가지의 작은 크기 때문에 HDPE는 높은 결정화도(90% 이상), 밀도(0.96), 화학적 내성, 경도, 강성, 차단성질, 녹는점(약 130°C) 및 인장강도를 가진다.

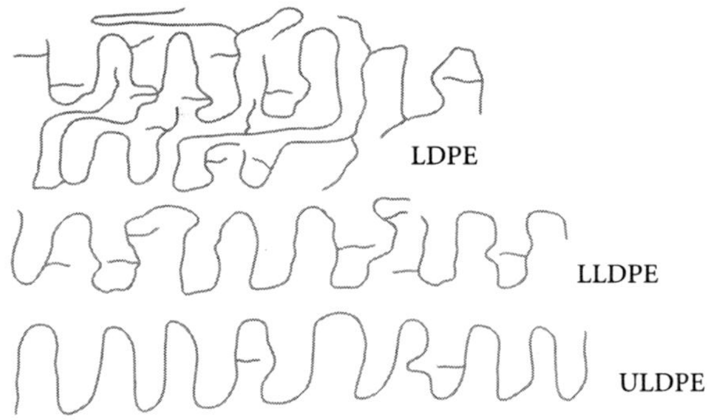

그림 7.2 • 상업적 폴리에틸렌의 다양한 구조

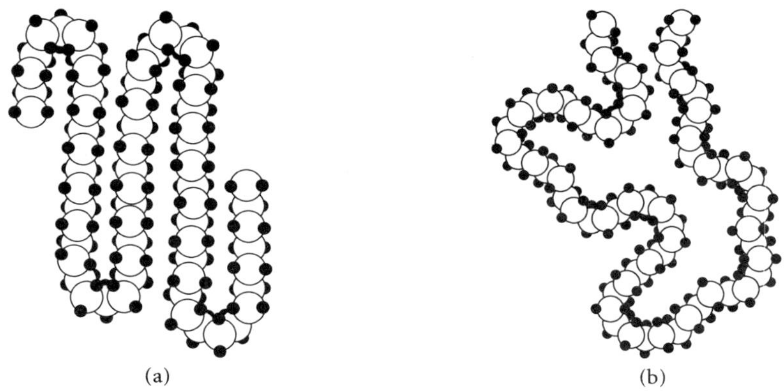

그림 7.3 • 선형 폴리에틸렌; (a) 결정 영역의 구조, (b) 무정형 영역의 구조

선형 저밀도폴리에틸렌(linear low density polyethylene, LLDPE)은 300 psi와 약 100°C 이하의 온화한 조건에서 제조될 수 있다. 용액 또는 기체상 중합에 의해 제조된 1-부텐, 1-펜텐, 1-헥센, 1-옥텐과 같은 α-올레핀을 약 8~10%를 가진 에틸렌 공중합체로 LDPE와 HDPE 중간 정도의 밀도와 성질을 가진다. LLDPE는 LDPE에서 발견된 긴 가지를 포함하고 있지 않다.

초고분자량 폴리에틸렌(ultra high molecular weight polyethylene, UHMWPE)은 100,000 에틸렌 단위 이상의 사슬길이를 가진 고밀도폴리에틸렌으로, 긴 사슬길이 때문에 물리적 가교를 일으키는 사슬 엉킴을 유발하고 이들 재료의 인장강도와 관계된 물리적 성질이 증가한다. UHMWPE는 결정화도가 약 45%이고 부식과 주위의 응력균열(stress cracking)에 뛰어난 저항성, 뛰어난 마모 저항성과 충격강인성(impact toughness), 낮은 표면 마찰로 반복 피로와 방사능 파괴에 높은 저항성을 보인다. HDPE의 제조에 이용되는 것과 유사한 촉매계를 사용하여 제조되는데 그것의 밀도는 약 0.93이다.

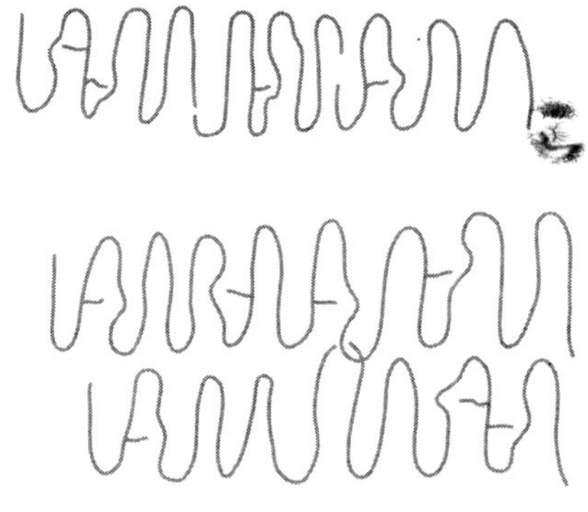

그림 7.4 • 상업적 폴리에틸렌의 다양한 구조

초저밀도폴리에틸렌(ultra low density polyethylene, ULDPE)은 가용성 입체규칙 촉매를 사용함으로 최근에 유용하게 되었는데, 짧은 알킬 가지 수의 감소로 인해 ULDPE는 보다 좁은 분자량분포를 가진다.

LDPE 필름은 결정과 무정형 영역의 혼합물로 되어있지만 거의 투명하다. 이것은 결정부분이 공간을 채우고 투명한 재료에 의한 결과로 굴절률에 대해 대부분 균일구조를 따르는 고립된 구정이 아니기 때문이다. 사실, LDPE 필름이 흐리거나 완벽하게 투명하게 보이지 않는 주된 이유는 표면 거칠기 때문이지 내부의 광산란 때문은 아니다.

다양한 폴리에틸렌을 포함하는 응용으로는 다음과 같은 것들이 있다:

① UHMWPE: 전지 격리판, 경량의 섬유, 철도차량에 영구적인 고체윤활재료, 자동차 중요부분, 트럭 라이너; 호퍼, bins와 chutes의 라이너; sprockets, 유동바퀴, wear plates와 wear shoes 같은 농장 기계류; 하수오물관리 베어링, sprockets, wear shoes; lumbering chut, sluice와 chain-drag liners; 중성자 차폐물

② 전형적인 HDPE: 블로우 성형된 제품-병, 캔, 쟁반, 드럼, 탱크와 들통; 사출 성형된 제품-가정용품, 장난감, 식품용기, 케이스, pails와 crates; 필름, 파이프, 콘딧, 와이어와 케이블 코팅, 발포체, 동축케이블과 통신케이블에 대한 절연체

③ 저분자량 HDPE: 분부도장, 유화, 인쇄용 잉크, 왁스 polishes와 크레용

④ LDPE: 포장제품, 가방, 산업용 시트, 배관과 관류, 필름, 쓰레기통, 산업용 용기, 가사 품목

⑤ LLDPE: 전화 피복물, 와이어와 케이블 절연재, 배관과 관류, 드럼, 라이너, 병, 필름

플라스토머는 낮은 결정화도를 가진 에틸렌 공중합체를 일컫는 것이고, 무정형 고분자로서 초저밀도폴리에틸렌(very low density polyethylene, VLDPE)으로 불린다. 이 물질은 LLDPE보다 더 탄성적이지만 강성(stiff)은 낮다. 필름 응용 면에서 플라스토머는 밀봉층(sealing layer)으로 사용되고, 채소와 과일 포장재로 쓰이는데 이는 기체투과가 적기 때문이다.

❷ 폴리프로필렌

Montecatini사와 Giulio Natta는 Ziegler 촉매를 프로필렌 같은 다른 비닐단량체에 적용했고 높은 밀도, 녹는점 그리고 고선형의 고분자가 얻어진다는 것을 발견했다. 오늘날 고체상 입체규칙성 촉매로 알려진 것을 사용한 비닐고분자의 제조에 대한 그들의 노력으로 인해 Ziegler와 Natta는 1963년 노벨상을 공동 수상했다.

Natta와 Ziegler가 소위 고밀도 PE와 입체규칙성 폴리올레핀을 처음으로 제조하는 한편, Phillips의 과학자들은 에틸렌과 프로필렌을 오늘날의 고밀도 PE와 입체 규칙한 PP로 중합이 가능함을 발견했다. 많은 장점들을 가진 Phillips 촉매의 초기 연구는 에틸렌과 프로필렌이 더 높은 분자량 제품으로 화학 변화를 일으키는 촉매에 관한 것으로, 삼산화크롬(Cr_2O_3)을 실리카-알루미나에 담지한 촉매로 보통의 왁스 같은 PE보다 오히려 단단한 고체를 제조할 수 있었으며 다른 올레핀에 대한 중합으로 결정성이 높은 PP, 즉 입체규칙성 PP를 발견했다.

PP는 가장 많이 합성되는 고분자 중의 하나로써, 종이기저귀 안의 필름과 병원 수술복으로서의 응용, 일회용 식품용기와 자동차의 구성요소로서의 플라스틱 응용, 카펫트, 가구 견직물과 같은 섬유 응용 등 다양한 용도로 많은 양의 PP가 사용되어지고 있다.

PP는 이전부터 제조되었지만 Phillips나 Natta와 동료들에 의해 어느 정도의 iPP가 제조됨으로써 1950년대 후반에 상업적으로 이용되었다. 처음의 PP는 입체규칙성이 낮아 결정성이 높지 않았으나, Ziegler－Natta 촉매의 사용으로 iPP는 증가된 강성과 투명성, HDT(heat distortion temperature)온도와 같은 성질의 개선으로 널리 이용되기 시작하였다. 오늘날 촉매의 개선으로 입체규칙성이 증가되어 99% 이상의 이소탁틱성을 가진 iPP를 손쉽게 제조할 수 있게 되었으며, Ziegler－Natta 촉매계는 그램당 100kg의 iPP를 제조할 수 있는 활성을 가지고 있다. 대부분의 iPP는 기체 또는 액체 중 어느 쪽이든 벌크 프로필렌을 사용하여 만든다.

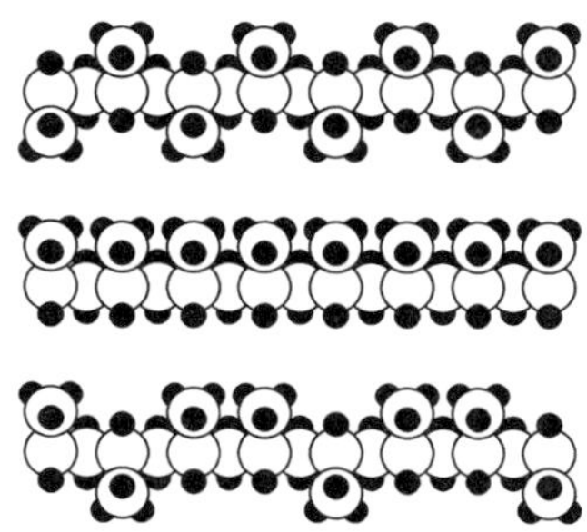

그림 7.5 • **폴리올레핀의 신디오탁틱(위), 이소탁틱(중간), 아탁틱(아래) 구조(이소탁틱 폴리프로필렌은 테디 곰이 일렬로 춤추고 있는 모습이다)**

Ziegler－Natta 촉매계를 사용하여 sPP의 제조도 가능하지만, 상업적 sPP는 가용성 메탈로센 촉매의 등장으로 가능하게 되었다.(그림 7.5) sPP는 iPP와 유사한 Tg를 가지고 있지만 강성도(stiffness)와 강인성(toughness) 등의 면에서 차이를 가지고 있다. 또한 aPP는 초기에 iPP 제조에서 생산되는 부산물로서 얻어졌다. aPP는 값싼 부산물로서 지붕용 재료, 아스팔트의 개질 물 또는 접착제로 이용되었다.

iPP는 3가지 중요한 결정형태가 있는데, 결정형태는 압력과 기핵제를 사용하여 대부분 조절될 수 있다. 소량의 기핵제 사용으로 형성된 α-iPP는 가장 일반적이며 실온에서 열역학적으로 가장 안정하다. β-iPP는 특별한 기핵제를 사용하여야 얻어지고, 고압하에서는 γ-iPP를 얻을 수 있다. iPP의 물성은 결정형태의 특정한 혼합에 의해 다양해지기 때문에, 이 결정형태의 특정 혼합을 임의로 조절하여 iPP의 물성을 조절할 수 있다. iPP는 강하고(Stiff), 상대적으로 높은 Tg(약 0°C)를 가지고 있기 때문에 Tg를 낮추고 더 높은 강도(toughness)를 얻기 위한 연구가 진행되고 있다. 이러한 방법으로는 프로필렌중합에서 소량의 에틸렌을 첨가하여 iPP의 결정화도를 낮추는 것이다. 이러한 공중합체를 반응기 공중합체(reactor copolymers, RCP)라고 부른다. 또 다른 방법은 iPP와 고무를 혼합하는 것으로, 이런 재료 형식은 에틸렌-프로필렌 공중합체의 중요한 부류 중 하나이고 오늘날 이러한 블렌딩은 in-situ로 행해질 수 있다.

^{13}C-NMR로 측정된 [mmmm]값이 99.0%에 도달하는 고입체규칙성의 iPP는 전자공여체를 첨가한 $MgCl_2$/ID/$TiCl_4$-TEA/ED 촉매에 의해 생산된다. 전자공여체를 가지지 않은 $MgCl_2$-담지 $TiCl_4$촉매로 제조한 PP를 temperature rising elution fractionation (TREF)로 분석하면 서로 다른 입체규칙성 분포를 나타낸다. 즉 aPP에서 입체규칙성이 아주 높은 iPP까지 포함하는 것을 확인할 수 있으며, 전자공여체를 사용한 촉매로 얻은 PP는 110°C 이하에서 추출되지 않아 aPP가 존재하지 않은 것을 확인되었고, 130°C 까지도 추출되지 않았다. 즉, 전자공여체를 사용한 $MgCl_2$/ID/$TiCl_4$ -TEA/ED 촉매의 사용으로 이소탁틱성을 가지는 PP를 얻을 수 있었다. 이는 $MgCl_2$-담지 $TiCl_4$촉매의 장점과 한계점 둘 다를 보여주는 것으로, 장점은 $MgCl_2$-담지 $TiCl_4$촉매가 PP의 입체규칙성을 아주 정확하게 조절하는 능력을 가진 유일한 촉매라는 것이지만, 단일활성점의 성질을 가지고 있지 않다는 한계를 나타내었다.

높은 입체규칙성을 유지하는 동시에 단일활성점의 성질을 동시에 만족하는 PP를 제조할 수 있는 촉매개발이 가장 중요한 목표 중 하나이다. 미래의 또 다른 중요한 목표는 결정성/비결정성 고분자 또는 폴리올레핀/극성 고분자처럼 상용성이 없는 고분자들의 혼성공중합체 같은 특수고분자를 완벽하게 만들어내는 것이다. 기능성 폴리올레핀은 마크로단량체, 마크로개시제 또는 반응성 고분자처럼 혼성공중합체를 합성하는 데 유용하여, $MgCl_2$-담지 $TiCl_4$촉매도 히드록시기말단을 가지는 iPP를 제조하는 데 사용할 수 있다.

메탈로센 촉매계의 사용은 프로필렌중합에서 다양한 종류의 α-올레핀을 공단량체로 사용이 가능하여 여러 종류의 공중합체를 얻을 수 있게 되었다. 또한, 메탈로센 촉매 중에는 aPP와 iPP를 블록으로 가지는 블록 공중합체의 제조가 가능하여 폴리올레핀 탄성체의 생산을 가능하게 하였다. 이 블록 공중합체의 탄성은 aPP 블록은 부드러운(soft) 혹은,

비가교된 부분으로 작용하고, iPP 블록은 딱딱한(hard) 혹은, 물리적으로 가교된 부분으로 작용하기 때문이다.

2 디엔 고분자

폴리올레핀과 마찬가지로 여러 가지 입체특이성을 가진 폴리디엔을 Ziegler–Natta 촉매로 얻을 수 있으며, 대체 가능한 촉매는 아주 제한되어 있음을 표 7.2에서 알 수 있다.

표 7.2 • Ziegler–Natta 촉매로 상품화된 폴리디엔

중 합 체	대 체 방 법
cis-1,4-polybutadiene(90~98%)	없 음
cis-1,4-polyisoprene(90~98%)	alkyllithium(94% cis-1,4) 천연(hevea)
ethylene-propylene 불규칙 공중합체	없 음
trans-1,5-polypentenamer	없 음

1,3-부타디엔이나 이소프렌을 라디칼 중합하면 중합 조건에 따라 단량체 단위가 부가되는 방법이 일정하지 않아 1,2-와 3,4-부가의 비뿐만 아니라 시스-1,4와 트랜스-1,4부가의 비도 서로 달라진다. 어떤 특정 촉매계에 의해서만 90% 이상의 시스-1,4구조를 가진 폴리이소프렌을 얻을 수 있어 천연고무의 인공적 제조가 가능하게 되었다.

표 7.3에 여러 가지 촉매계를 이용하여 디엔을 중합할 때에 생성되는 폴리디엔의 구조 백분율을 나타내었다.

이 표에서 알 수 있듯이 사용한 촉매뿐만 아니라 용매의 종류도 생성된 폴리디엔의 입체규칙성에 영향을 미치는데, 같은 용매 중에서 여러 가지 알칼리 금속을 사용해 중합한 폴리이소프렌의 구조가 다르다. 또한 전형적인 유기금속의 혼합촉매인 TEA과 $TiCl_4$를 사용한 경우처럼 동일한 촉매를 사용하여도 이소프렌이나 부타디엔에서 생성된 중합체의 구조가 서로 다르다.

표 7.3 • 여러 가지 개시제로 얻은 폴리디엔의 구조(%)

Initiator	1,3-Butadiene			Isoprene			
	Cis -1,4	Trans -1,4	1,2	*Cis* -1,4	Trans -1,4	1,2	3,4
Peroxide	28	51	21	22	65	6	7
$AlCl_3$					90		
Li(in n-Heptane)				93			
Li(in ether)				4	21	6	63

(계속)

(계속)

Na(in n-Heptane)	14	23	61		46	9	45
K(in n-Heptane)					55	9	36
$AlR_3/TiCl_4$	49	49	2	97			3
AlR_3/VCl_4		99			99		
$AlR_3/Cr(acac)_3$			90				

중합에 이용되는, 상업적으로 중요한 1,3-디엔계 단량체로는 3종류가 있다. 이 중 2개는 주로 입체규칙성 촉매계를 이용하여 생산된다. 이 단량체들은 "−C=C−C=C−"의 공액 π결합을 가지고 있으며, 이중결합은 더 낮은 에너지 상태인 단일 결합으로 전환되면서 평균적으로 약 20 Kcal/mol (80 KJ/mol)의 에너지를 방출하며 중합된다. 세 가지 모든 단량체의 경우에서 가교반응과 그라프트 반응을 할 수 있는 이중결합이 존재한다.

1,3-부타디엔은 1,2-; 시스-1,4-; 트랜스-1,4-의 3가지 반복 단위를 형성할 수 있다. 상업적인 폴리부타디엔은 주로 1,4-시스 이성질체로 구성되어 있고, 부타디엔 고무(BR)로 알려져 있다. 앞서 언급했듯이, 폴리부타디엔은 입체규칙성 촉매에 의해 제조되며, 생산되는 폴리부타디엔의 조성은 촉매의 성질에 매우 민감하여 트랜스-1,4- 단위, 시스-1,4- 단위 혹은 1,2 단위의 거의 모든 조합뿐만 아니라 각각 독립적인 단위로도 생산할 수 있다.

폴리부타디엔은 자동차 타이어로로 가장 많이 사용되며, 미국에서는 이 용도로 연간 천만 톤의 폴리부타디엔이 생산되고 있다. 부타디엔고무(BR)는 타이어 접지면의 내마모성의 증가를 위해 보통 천연고무(NR), 혹은 스티렌-부타디엔 고무(SBR)와 혼합하여 사용한다.

1,3-부타디엔은 입체적 성질이 중요하게 작용하는 ABS(acrylonitrile-butadiene-styrene)공중합체 제조에 사용되는데, ABS에 포함된 폴리부타디엔의 일반적인 조성은 60%의 트랜스-1,4-; 20%의 시스-1,4-; 20%의 1,2- 구조가 보통이며 각 조성의 낮은 Tg 값에 의해 각 부분별로 낮은 온도에서 높은 충격 강도를 가지게 한다. cis-1,4-폴리부타디엔의 Tg는 약 −108°C인 반면 트랜스-1,4-폴리부타디엔의 Tg는 약 −14°C이다. 대부분의 ABS는 부타디엔이 초기에 마이크론급 입자를 형성하면서 중합되는 유화공정에 의해 제조되며, 그 후에 스티렌-아크릴로니트릴 공중합체가 BR고무입자의 표면에 그라프트 된다. ABS는 가방, 하우징 파워 툴, 진공 클리너 하우징, 장난감, 가정용 파이프, 그리고 자동차 내장제와 같은 다양한 용도로 폭넓게 사용되고 있다.

부타디엔 고분자의 또 다른 중요한 용도는 고충격 폴리스티렌(high impact polystyrene, HIPS)의 제조에 사용되는 것이다. 대부분의 HIPS는 약 4~12%의 폴리부타디엔을 함유하고 88~96%의 폴리스티렌으로 이루어진 물질로 폴리부타디엔 고분자는 스티렌 단량체에 용해된 상태에서 중합하여 얻을 수 있다. 가지 형성 반응은 폴리부타디엔 주사슬의 탈수소반응에 의해 주로 일어나고, 만약 과산화물 개시제를 사용했을 때에는 성장하는 폴리스티렌 사슬이나 알콕시 라디칼에 의해 일어난다.

이소프렌(2-메틸-1,3-부타디엔)은 시스와 트랜스 이성질체의 혼합물이 평형상태로 존재하며, 폴리이소프렌은 4가지 구조가 가능한데 시스-1,4- 구조가 상업적으로 중요하다. 시스-1,4-폴리이소프렌은 시스-1,4-폴리부타디엔과 비슷한 물질이지만, 색깔이 더 밝고, 미세구조가 더 균일하며, 제품의 제조원가가 더 저렴하고, 천연고무와 조성면에서 유사하다. 완전한 시스-1,4- 구조의 제품은 Tg가 약 −71°C인데 흥미롭게 이성질체 혼합물은 일반적으로 보다 높은 Tg 값을 가진다. 즉, 같은 몰의 시스-1,4-, 트랜스-1,4-, 그리고 3,4- 반복 단위를 가진 제품의 Tg는 약 −40°C이다.

다른 많은 고분자와 마찬가지로, 폴리이소프렌은 일반적인 가공법에 의해 가공될 때, 전단력(shear rate)을 받으면 비뉴튼 흐름(non-Newtonian flow)을 나타낸다. 이중결합은 카빈 첨가반응, 수소화 반응, 에폭시화 반응, 오존분해, 수소첨가 할로겐화 반응 그리고 할로겐화 반응과 같은 가장 전형적인 반응들을 할 수 있다. 다른 1,4-디엔 단량체의 경우처럼, 많은 공중합체들이 폴리이소프렌이나 이소프렌 그 자체로부터 얻어질 수 있다.

폴리이소프렌 고무는 밀봉제(sealant), 마개 재료 화합물, 스포츠 상품, 개스킷, 호스, 고무 시트, 장갑, 벨트, 신발은 물론이고, 여객선, 트럭, 버스 타이어, 항공기 내장제 등을 제조하는 데 사용된다.

폴리클로로프렌은 DuPont에 의해 듀프렌(Duprene)과 네오프렌(Neoprene)이라는 상품명으로 1932년에 소개된 최초의 상업 탄성체이다. Carothers에 의해 발명되었는데, 우수한 입체규칙성을 가지는 촉매계가 발명되기 전에 찾은 훌륭한 합성법이었다. 폴리클로로프렌은 배치식과 연속 공정의 에멀젼 중합법에 의해 주로 생산된다. 자유라디칼로 생산된 제품은 주로 트랜스-1,4- 구조를 함유하고 있으며, 폴리이소프렌과 유사한 4가지 "주요" 구조로 폴리이소프렌과 유사한 배열(sequence)분포에 이용할 수 있다. 중합은 4번 혹은 1번 말단이 되는 성장 말단과의 반응에 의해 일어날 수 있다. 일반적으로 1,4-중합의 배열은 4번 탄소가 성장 말단이 된다.

트랜스-1,4- 구조의 규칙성은 온도에 반비례하는데, 90°C에서는 약 85%의 트랜스-1,4- 구조로 되고 −150°C에서는 거의 100%로 증가한다. 경화되거나 비경화된 폴리클로로프렌은 모두 높은 입체 규칙도로 인하여 주로 결정성 물질로 존재한다. 따라서 경화된 후에 인장강도가 증가하기 때문에, 응력이 걸리는 재료에 사용된다. 트랜스-1,4-폴리클로로프렌은 Tg가 약 −49°C이고, 반면에 시스-1,4-폴리클로로프렌은 Tg가 약 −20°C이다.

폴리클로로프렌의 컴파운딩은 천연고무의 컴파운딩과 비슷하고 가황은 가교촉진제를 포함한 다양한 첨가제를 사용해 이루어진다. 폴리클로로프렌은 내구성이 우수하기 때문에 마찰 및 마모의 요소가 많은 곳에 자주 사용된다. 기름, 오존, 열, 산소, 불꽃에 훌륭한 저항성을 가지므로, 호스, V-벨트, 창문 틈막이 재료로써 자동차에 사용되고 개스킷,

다이아프램, 봉합제, 컨베이어벨트 등에 이용된다. 또한 고속이음제, 교량지지, 팽창이음제의 제작과 파이프 개스킷으로 사용된다. 그리고 방수 박판과 접촉 결합 접착제, 코팅 및 도금 제품, 그리고 역청과 시멘트의 신축성 개질제와 섬유 바인더로 이용된다.

2. 중합공정

1 프로필렌중합촉매의 특징

제3세대 Ziegler–Natta 촉매라 불리는 $MgCl_2$/ID/$TiCl_4$-TEA/ED 촉매는 초고활성이면서 중합 시 촉매활성 저하가 느리면서, 입체규칙성이 매우 높은 특징을 가지고 있어 현재 가장 널리 사용되고 있다. 또한 중합활성점의 안정도가 우수하여 중합온도가 80°C가 될 때까지 입체규칙성이 증가하며, 활성도 고온에서 감소하지 않으며 입체규칙성을 조절할 수 있다.

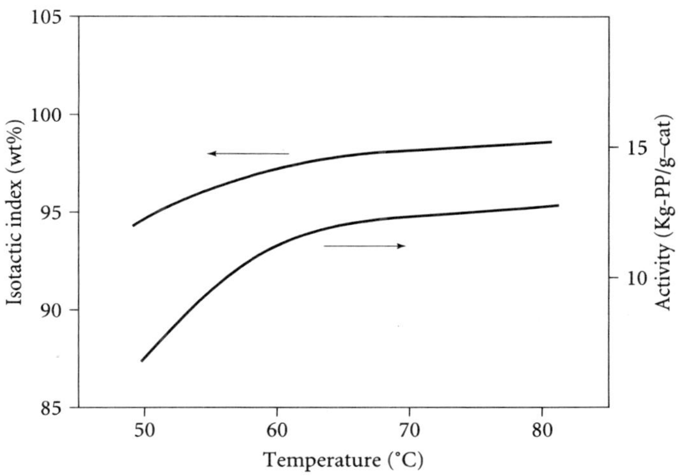

그림 7.6 • 중합온도, 활성도, 입체규칙도 사이의 관계(7 bar)

그림 7.6은 헥산을 이용한 슬러리공정에서 결과이며, 현재 상업화되어 있는 액체 프로필렌을 사용하는 고상중합을 행할 경우에는 더욱 양호한 결과를 얻을 수 있다. 이와 같은 장점 때문에 공정을 더욱 단순화할 수 있어 경제적인 제조공정을 탄생시킬 수 있게 되었다. 액상 프로필렌 이나 기상 프로필렌을 적용함으로써 용매의 사용도 피할 수 있게 되었다. 또한 고분자의 형태가 촉매의 모양을 닮는 복제현상을 이용하여 담지체의 모양을 조절함으로써 입자의 모양이 구형이며, 입경이 조절될 수 있는 폴리프로필렌을 제조할 수 있게 되었다. 따라서 입자상으로 생산되는 고분자에서 필수적인 펠렛화공정도 생략할 수 있게 되었으며, 촉매의 성능과 새로운 중합 기술의 이상적인 조합에 의해 고분자의 물

성 조절이 용이하게 되었다. 즉, 다양한 범위의 단일중합체와 공중합체의 분자량, 분자량 분포, 결정화도, 조성 등을 자유로이 조절하여 생산할 수 있게 되었다.

2 올레핀 중합공정

PP의 공업적 생산공정으로는 용액공정, Unipol 공정(기상공정), Hypol 공정(bulk process), Novolen 공정(기상공정), Slurry 공정 등이 있으며, 그 개략도를 그림 7.7에서 7.13에 나타내었고 국내 폴리프로필렌 생산업체의 공정 현황을 표 7.4에 나타내었다.

표 7.4 • 국내 폴리프로필렌 생산 업체의 중합 방식 현황

업체	기술제휴사	시작 연도	생산능력(1,000 T/Y)	공정
대한유화	Amoco-Chisso	1972	310	Slurry
호남석유(대산), LG화학	Montell	1991	500	Bulk
폴리미래	Montell	1993	615	Bulk
삼성토탈	Mitsui	1991	270	Bulk
GS Caltex	UCC	1988	180	Gas
SK Energy	Montell	1990	340	Bulk
호남석유화학	Montell	1979	380	Bulk
효성	Mitsui-UCC	1990	268	Bulk & Gas

※ 생산량은 현재 업체별 증설 추진 생산량을 제외한 것임

❶ Slurry 공정

현재 슬러리공정은 Mitsubishi, Hoechst, Exxon, Hercules 등에서 적용되고 있다. Mitsubishi는 촉매 잔사 제거공정이 필요 없는 고활성 촉매를 개발하여 제품 중의 Ti, Al, Cl의 양을 줄이기 위한 반응물 처리공정, 촉매잔사에 의해 색이 변하는 것을 방지하기 위하여 약품으로 제품을 처리한 공정 및 에틸렌 공중합체를 생산하기 위한 2단계 공정 등으로 구성되어 있다. Hoechst 공정은 촉매숙성공정, 중합반응공정, 촉매분해공정, 촉매잔사 추출공정, 용매분리 및 수거공정, 건조공정 등으로 구성되어 있다. Exxon 공정은 교반탱크, fluidized-bed 또는 파이프 중합기를 사용하는 2단계 공중합공정이다. 중합온도 조절을 위해 증발 냉각 방식을 사용하고, reflux spraying 방식으로 중합기 벽면에 PP가 부착하는 것을 감소시킨다. 또한 PP 내에 포함되어 있는 용매를 제거하기 위해 steam injection과 재순환 방식을 사용하며 압출기 내에서 PP를 분해하여 제품의 유동성을 향상시키는 것이 특징이다.

Hercules 공정은 diluent-slurry 공정으로 중합반응 후 촉매를 분해시킨다. 촉매잔사를 추출하고 원심분리법에 의해 PP 입자와 용제를 분리시킨 후 건조시키고 안정제를 투입하여 펠렛화공정으로 구성되어 있다.

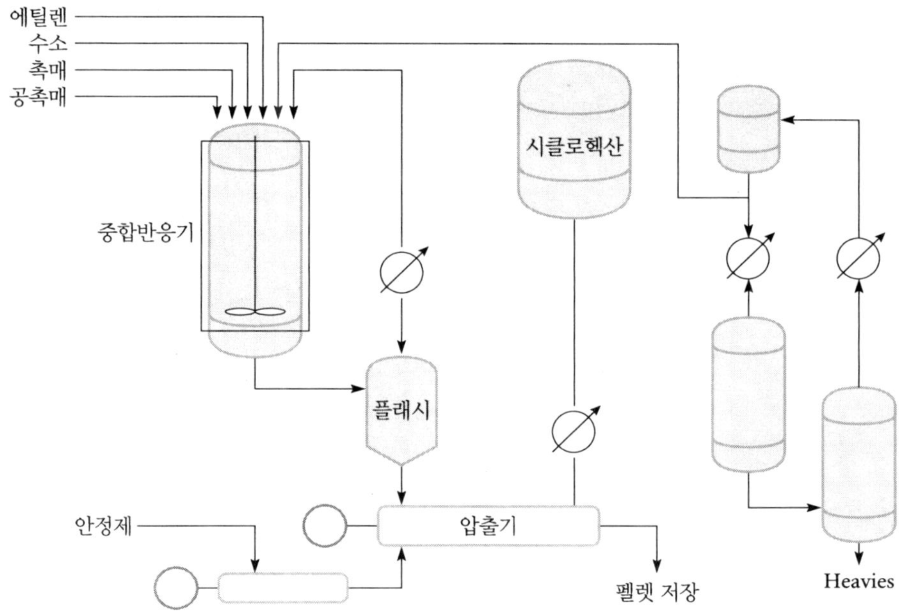

그림 7.7 • 용액공정

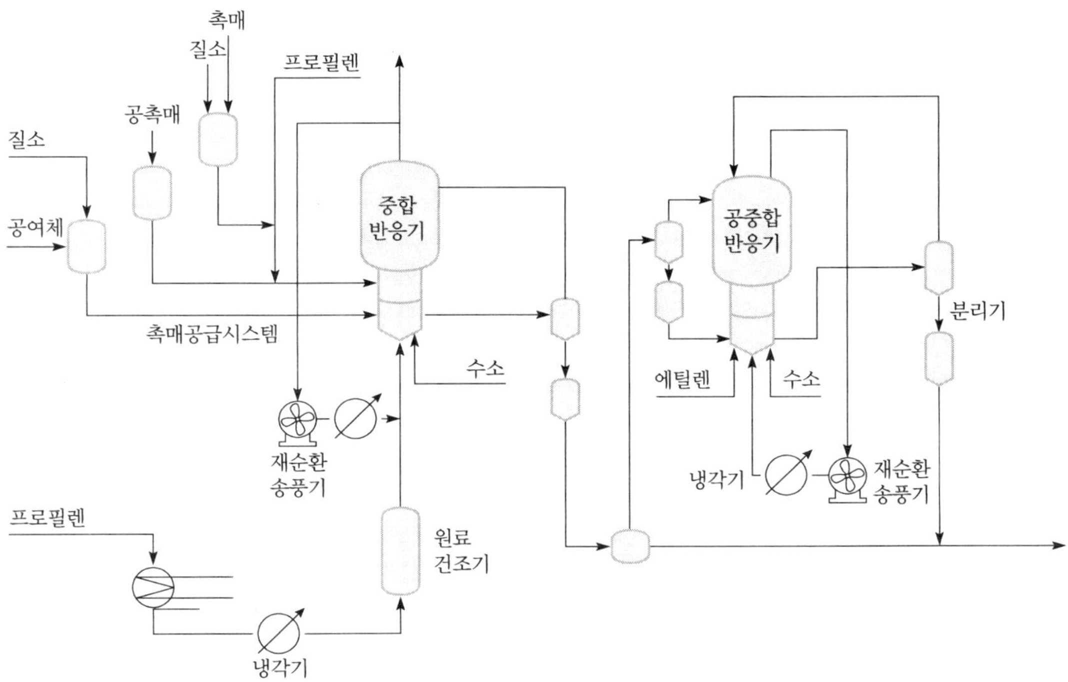

그림 7.8 • Unipol 공정(Fluidized Gas Phase)

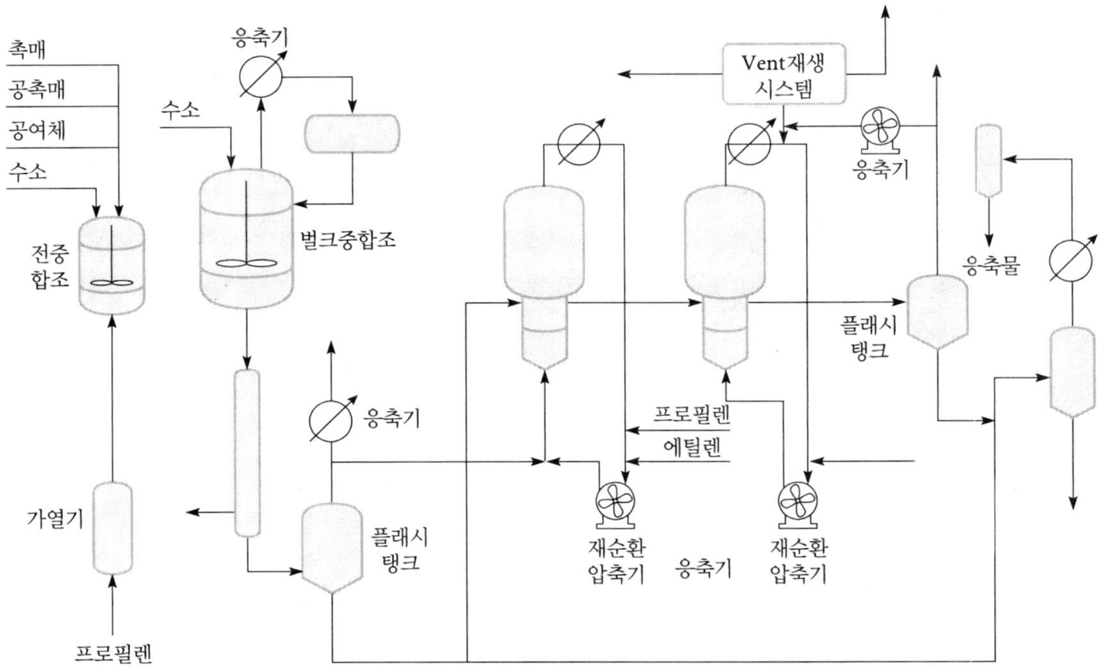

그림 7.9 • Hypol 공정(Bulk Process)

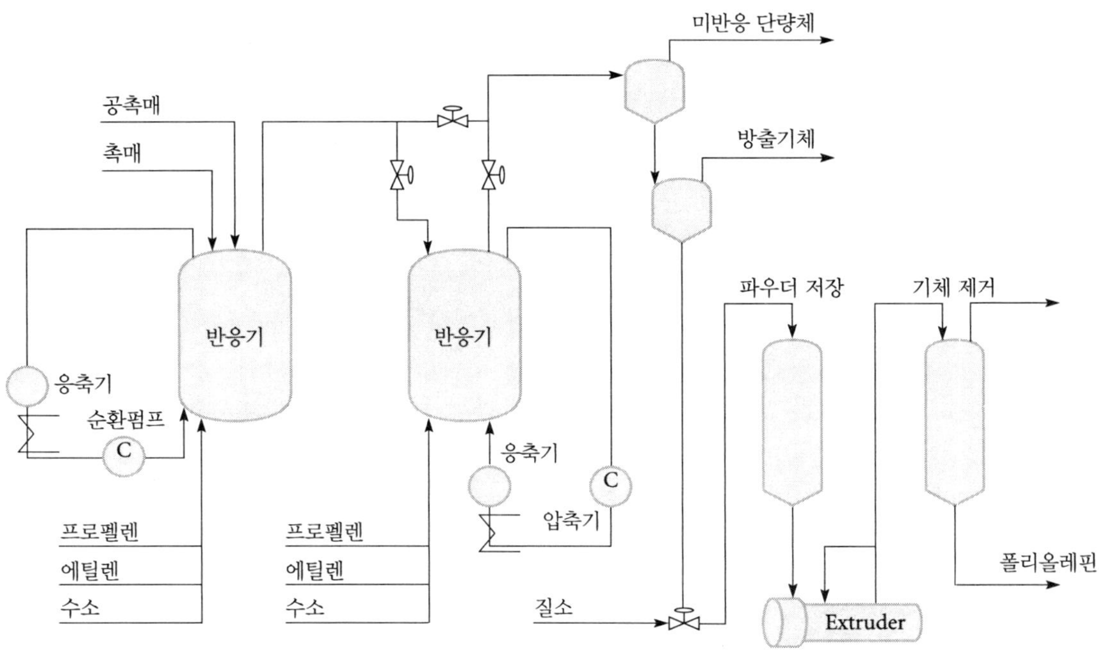

그림 7.10 • Novolen 기체공정

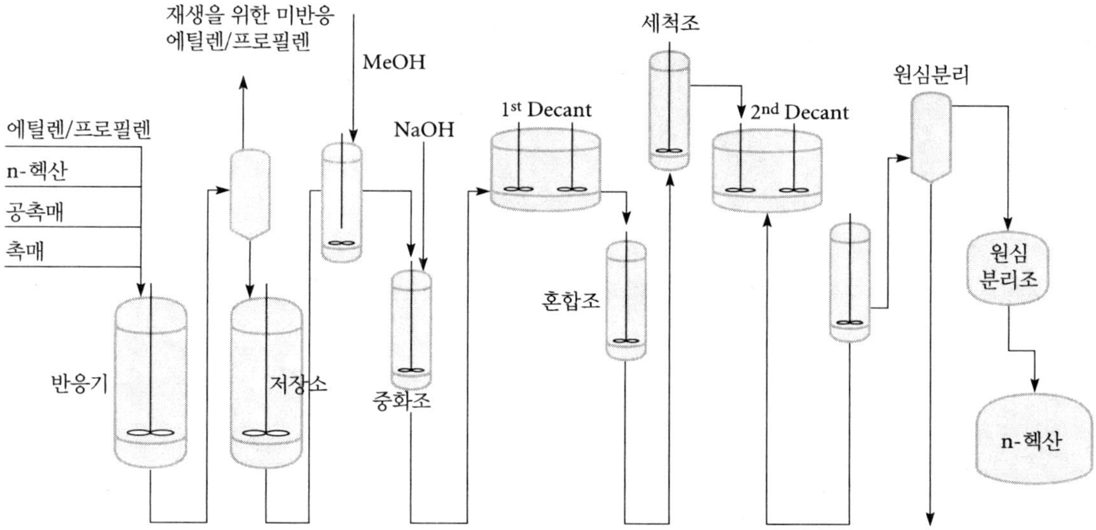

그림 7.11 • Slurry 공정

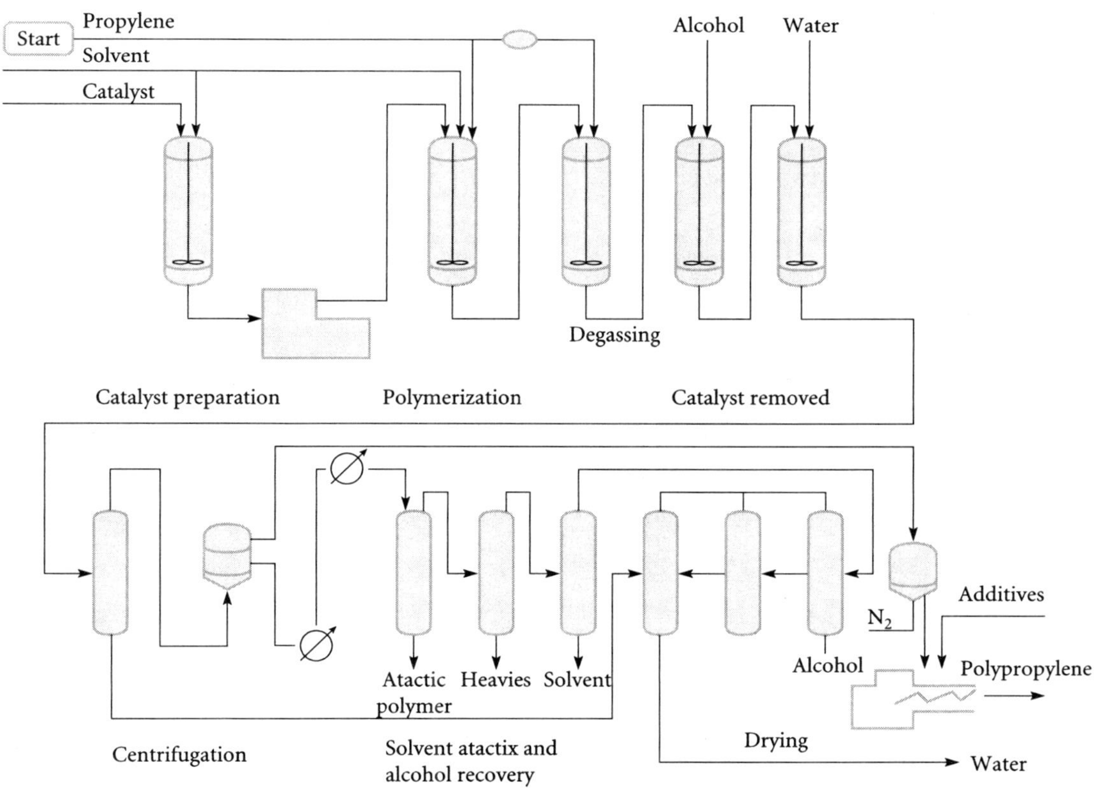

그림 7.12 • Montendision의 전형적인 Slurry법 폴리프로필렌 제조공정

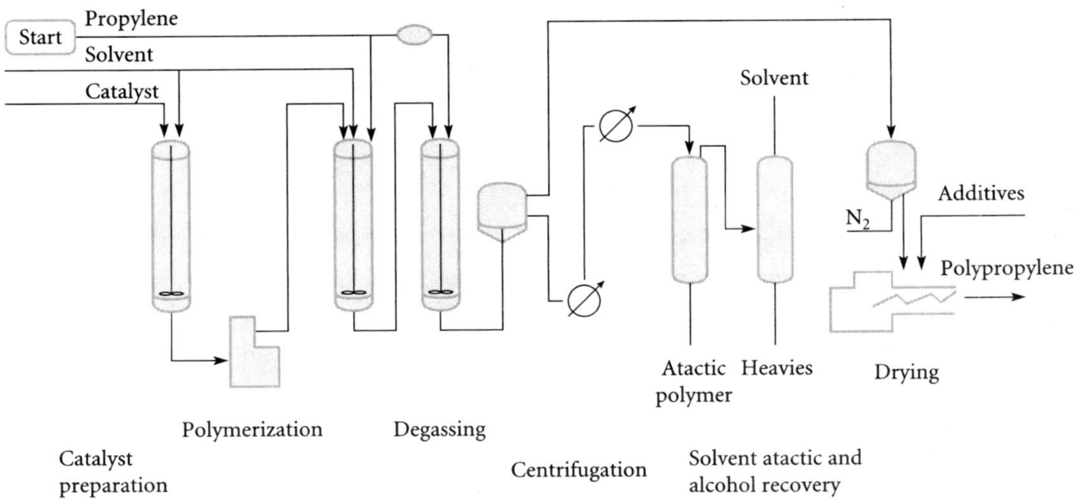

그림 7.13 • Montendision의 슬러리공정의 촉매잔사 제거 형태의 공정

3 고상(bulk)공정

용매를 사용하지 않고 액화된 프로필렌을 희석 용해로 사용하는 공정으로 PP 내에 헵탄에 녹는 성분이 적어서 슬러리공정이나 기상중합공정에 비해 입체규칙성이 뛰어나며 슬러리공정보다 유동성이나 물리적, 기계적 특성이 우수하다. Sumitomo, Phillips, Dart, Solvay, Montedison/Mitsui, Mitsui Toatsu 등이 고활성 촉매에 의한 고상공정을 채택하고 있다.

Sumitomo 공정은 직렬로 연결된 6개의 수평 중합기가 중합공정에 사용된다. 촉매와 프로필렌 및 수소가 중합기의 한쪽으로 투입되고, 수평 중합기는 수직 중합기보다 같은 부피일 경우 촉매의 활성이 약 10%가량 향상된다는 장점이 있다. Phillips 공정은 loop 형태의 중합기를 사용하는데, 순수 프로필렌과 회수 프로필렌이 중합기에서 반응한 후, 반응물은 중합기에 분리되어 상부로는 수소와 프로필렌이 나와서 분리된 후 프로필렌은 다시 중합기로 투입되며 하부로는 PP를 배출하여 제품단계로 진행된다.

Dart 공정은 중합공정, 촉매잔사와 아탁틱 성분을 제거하는 정제공정, 펠렛화공정 등의 3단계로 구성되어 있다. 고입체규칙성이고 고활성인 촉매를 사용하는 Solvay 공정은 생성되는 구형의 폴리프로필렌 입자를 펠렛화할 필요가 없다. 촉매 제조공정, 단일 중합체 중합공정, 공중합체 중합공정, 프로필렌 회수공정, 마무리공정 등의 5단계로 이루어져 있다.

Mitsui-Montedison 공정은 두 개의 연속적인 고상-슬러리공정으로 한 라인은 단일 중합체만 생상하고 다른 라인은 단일 중합체와 공중합체를 동시에 생산한다. 이 공정은 탄화수소 용제와 촉매를 넣은 교반 중합기에 프로필렌이 연속적으로 투입되면서 반응이 이루어진다.

4 기상중합공정

1962년 BASF에 의해 처음으로 개발되었으며 중합기의 형태에 따라 fluidized-bed, 수직 stirred-bed, 수평 stirred-bed로 분류된다. Fluidized-bed 공정은 Union Carbide, BP Chemicals, UCC & Shell Oil, Mitsui & Himont에서 채택하고 있으며 기존의 액상공정에 비해 에너지 소요가 적다. 수직 stirred-bed 공정은 BASF, El Paso가 채택하고 있으며, 수평 stirred-bed 공정은 Amoco가 채택하고 있다. 기상중합공정은 공정이 간단하여 설비비가 절감되며 또한 PP 제품이 다양한 장점이 있으나, 공중합체 제조 시 공단량체의 응축현상이 발생할 경우 기체상태의 각 단량체 농도 조절에 어려움이 있다. Amoco-Chisso 공정은 수평 stirred-bed 중합기에서 생성된 PP 입자를 압력 강하가 없이 용융 상태로 만들 수 있다. ICI 공정은 할로겐화 티탄 촉매를 사용하여 프로필렌 응축 온도보다 다소 높은 온도에서 중합시킨다. Shell 공정은 fluidized-bed 중합공정, 연속식 액상 단일중합체 제조공정, 촉매처리공정, 세척공정 등으로 구성되어 있다. Mitsui은 Mitsui/Montedison 공정으로 알려진 고상-슬러리 중합공정을 Mitsui 고유기술로 Hypol 공정을 개발하였다. 이 공정의 특징은 미반응된 프로필렌 회수공정을 최소화하여 에너지를 상당히 절감하였고, 촉매활성이 매우 높아 아탁틱 성분의 제거가 필요 없다는 것이다.

PP의 공업적 생산공정을 요약하여 표 7.5에 나타내었다. 또한 Himont, BASF, Amoco-Chisso 및 Union Carbide 사의 기상 중합공정 개략도를 그림 7.14에서 7.17에 나타내었다.

표 7.5 • 폴리프로필렌중합공정 요약

공정	Bulk (Liquid pool)		슬러리공정 (Diluent Slurry)	기상중합공정 (Gas-Phase Process)		
제조회사	Himont Mitsui	Montedison Sumitomo	Amoco Montedison	Sumitomo Union Carbide	BASF/ICI /USI	Amoco
용매 (solvent)	–	–	n-Hexane n-Heptane	–	–	–
촉매	담지된 Ti계 촉매	비담지된 or 담지된 Ti계 촉매	비담지된 or 담지된 Ti계 촉매	담지된 Ti계 촉매	비담지된 or 담지된 Ti계 촉매	비담지된 or 담지된 Ti계 촉매
반응 온도(℃)	60~80	60~75	60~80	60~80	70~90	70~90
압력(atm)	30~40	30~40	15~20	20	20	20
체류시간(hr)	1.0~2.0	2	3.0~4.0	3.0~5.0	4	4
분자량(MI)	0.1~800	0.1~800	0.1~100	0.1~750	0.1~100	0.1~100
분자량	小~大		小~大		小~大	

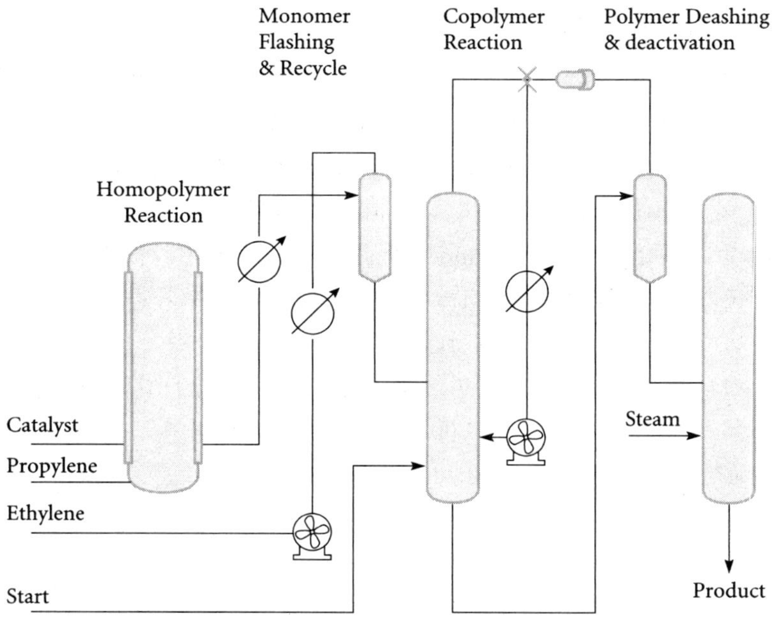

그림 7.14 • **Himont Spheripol 공정**

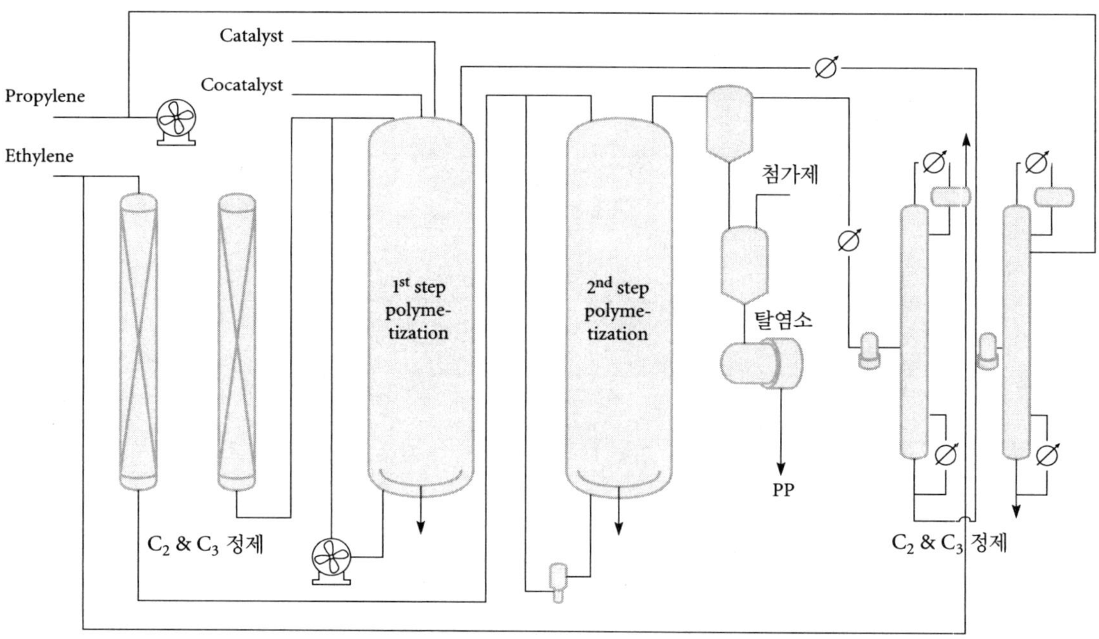

그림 7.15 • **BASF 공정**

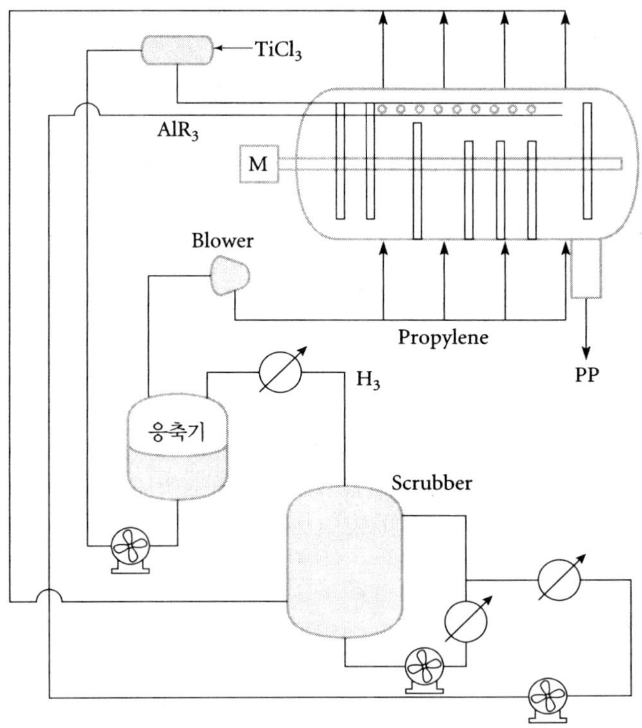

그림 7.16 • Amoco-Chisso 공정

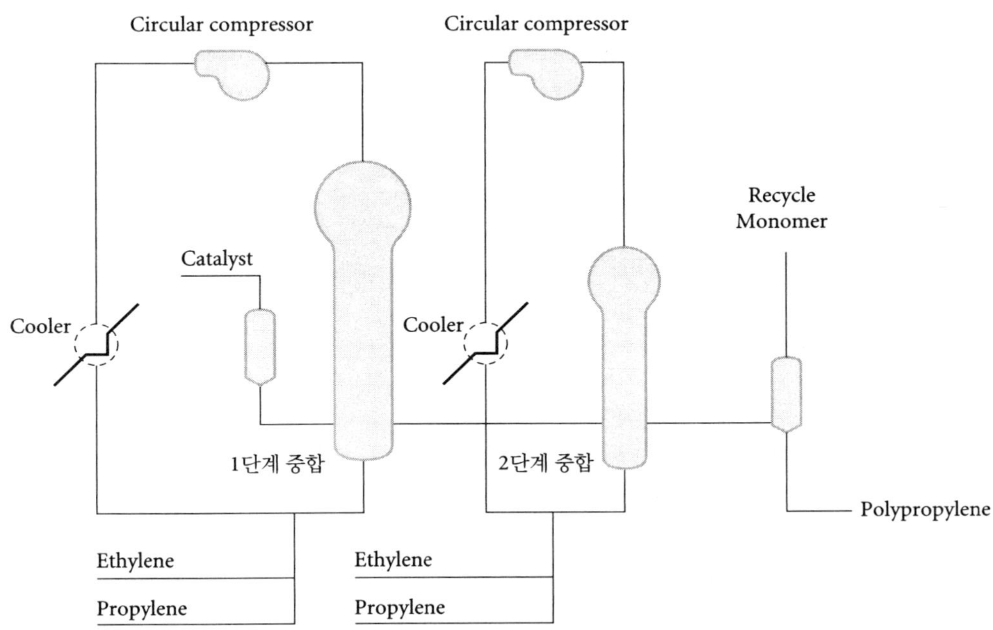

그림 7.17 • UCC 공정

3. 중합공정 조건

프로필렌중합공정에는 PP 물성에 영향을 미치는 많은 변수들이 존재하는데, 이들 변수들을 적절히 조절함으로써 원하는 물성을 얻을 수 있다. 이러한 변수들에는 중합온도, 중합촉매의 구성성분, 프로필렌의 분압, 수소/프로필렌의 비 등의 변수가 생산성 및 PP의 크실렌 가용성, 용융지수, 에틸렌 함량 등에 미치는 영향을 살펴볼 필요가 있다. 크실렌 가용성은 전체 PP에 혼합된 아탁틱 성분의 함량을 나타내는 값으로써 생성된 PP의 입체규칙성을 나타내는 척도이다. 용융지수는 용융된 고분자의 점도를 나타내며 고분자의 평균분자량과 연관이 있다. 전형적인 PP의 용융지수의 범위는 1~100 g/10min이다. 에틸렌 함량은 PP 내에 포함된 에틸렌의 양으로써 PP의 충격강도 및 투명성에 영향을 미친다. 촉매 중합활성은 kg-PP/g-Cat 단위로 표현된다. PP의 특성 및 품질을 조절하기 위한 변수로는 중합온도, 알킬 공촉매/전자공여체의 몰 비, 공촉매/Ti의 몰 비, 프로필렌 분압, 수소/프로필렌의 몰 비, 에틸렌/프로필렌의 몰 비, 촉매독 등이 있다.

1 중합온도

일반적으로 폴리프로필렌의 특성 제어에는 이용되지 않으나, 중합온도의 상승은 크실렌 가용성의 상승 및 촉매활성의 감소를 초래한다.

2 공촉매/전자공여체의 몰 비

공촉매와 전자공여체는 주어진 시간 동안에 중합반응기에 공급된 ED량에 대한 공촉매의 비율을 나타내며 PP의 크실렌 가용성을 조절할 수 있는 일차 제어변수이다. 즉, [Al]/[ED]의 비가 증가할수록 크실렌 가용성은 높아지고, 중합반응기 유동층에서의 흐름성이 불량한 sticky한 PP가 만들어질 수 있다. 이러한 크실렌 가용성의 증가는 아탁틱 성분의 함량이 증가하였다는 것을 의미하므로, 적절한 [Al]/[ED] 비를 조절해야만 높은 입체규칙성과 뛰어난 강성을 가진 PP를 생산할 수 있다. [Al]/[ED] 비는 촉매의 성능에 주된 영향을 주어 이 비가 감소하면 촉매활성은 감소하지만 입체규칙성은 증가한다.

3 공촉매의 농도

촉매에 대한 공촉매의 비는 원활한 공정 제어와 PP 물성 제어에 있어 제일 중요한 변수이다. [Al]/[Ti]의 비는 PP 물성 조절의 일차적인 변수는 아니지만 미세하게 크실렌 가용성, 용융지수 및 촉매활성에 영향을 준다.

4 프로필렌 분압

중합반응기의 프로필렌 분압은 촉매활성 제어에 있어서 일차적인 변수이고, 분압 증가는 촉매활성을 향상시킨다.

5 수소/프로필렌의 비

수소는 성장하는 PP의 분자량 조절제로 작용하여 PP의 용융지수 및 분자량을 결정한다. 프로필렌 농도에 비해 수소의 농도가 높을 경우 PP의 분자량은 낮아져서 용융지수는 높아지고 촉매활성은 미세하지만 감소하는 경향이 있다. 따라서 수소/프로필렌의 비는 PP의 용융지수를 조절하는 일차 제어변수이며 적절한 수소 및 프로필렌의 유량을 조절함으로써 원하는 용융지수를 가지는 폴리프로필렌을 생산할 수 있다.

6 에틸렌/프로필렌 비

에틸렌/프로필렌의 몰비는 랜덤 공중합체에서의 에틸렌 함량을 제어하는 이차적인 변수이다. 에틸렌은 반응기 순환 기체 중의 프로필렌 내에서 바로 조절된다. 원하는 에틸렌/프로필렌 몰비를 유지하기 위해 프로필렌 유량에 대해 에틸렌 유량을 단계적으로 조절해야 한다. 에틸렌/프로필렌 비의 증가는 크실렌 가용성 증가와 함께 촉매활성도 증가한다. 따라서 생산하고자 하는 PP의 요구에 맞는 적절한 조절이 요구된다.

7 촉매독

매우 높은 활성을 지닌 촉매에 있어서는 촉매독이 활성에 아주 민감하게 반응할 것임을 예측할 수 있다. 이러한 촉매독에 대한 평가는 종종 액상 중합 장치에서 진행되었으나 그 효과는 기상공정에서와 동일하다. 촉매독을 제일 먼저 고압반응기에 투입하고 프로필렌, 공촉매, 촉매 순으로 투입한 결과 카르보닐 구조를 가진 화합물이 촉매에 가장 해로운 촉매독 작용을 하는 것으로 나타났다. 가장 해로운 촉매독은 일산화탄소이며, 반응물 내에 약 1 ppm이 존재하면 90% 활성 저하를 가져온다. 또한 황 화합물 중에서는 디메틸디설파이드(dimethyldisulfide, DMDS)가 가장 해로운 촉매독이며 프로필렌 내 2 ppm 만 존재하면 수율이 25% 줄어든다. 산소화합물도 중요한 촉매독으로 작용하며, 수분이 2 ppm 존재하면 수율의 40%를 줄이고, 산소가 5 ppm이면 50% 활성저하가 나타난다. 이들 촉매독은 수율뿐만 아니라 입체규칙성에도 큰 영향을 미치는데, 0.5 ppm의 일산화탄소를 투입하면 PP의 크실렌 가용성이 5% 증가한다. 대부분의 촉매독은 아탁틱보다는 이소탁틱 활성점에 더 쉽게 공격하기 때문이다. 따라서 반응물에 있어서 불순물의 제거는 필수적이며, 표 7.6에서는 반응물로 투입되는 프로필렌 내에서의 불순물의 최대허용치를 나타내었다.

표 7.6 • 공급 단량체 순도 범위

성분	UCC 공정(기체)	Mitsui 공정(Bulk+기체)
H_2O	최대 0.2 ppm	최대 5.0 ppm
CO	0.5	4.0
CO_2	0.1	0.2
Aldehydes	2.0	–
$(CH_3)_2S$	0.2	1.0
CH_3SH	1.0	0.03
COS	0.5	0.1
PD	10	5.0
MA	10	5.0

참고문헌

1. L. Reich and A. Schindler, Eds., "*Polymerization by Organometallic Compounds*", Wiley–Interscience, New York, 1966.
2. T. Keii, "*Kinetics of Ziegler–Natta Polymerization*", Kodansha, Tokyo, 1972.
3. J. Boor, Jr., "*Ziegler–Natta Catalysts and Polymerization*", Academic Press, New York, 1979.
4. R. P. Quirk, H. L. Hsieh, and P. J. T. Tait, Eds., "*Transition Metal Catalyzed Polymerizations*", Part A & B, MMI Press, New York, 1983.
5. N. S. Allen, Ed., "*Degradation and Stabilisation of Polyolefins*", Applied Science Publishers, 1983.
6. Y. V. Kissin, "*Isospecific Polymerization of Olefins with Heterogeneous Ziegler–Natta Catalysts*", Springer-Verlag, New York, 1985.
7. T. Keii and K. Soga, Eds., "*Catalytic Polymerization of Olefins*", Kodansha, Tokyo, 1986.
8. J. P. Collman, L. S. Hegedus, J. R. Norton, and R. G. Finke, Eds., "*Principles and Applications of Organotransition Metal Chemistry*", University Science Books. 1987.
9. R. B. Seymour and T. Cheng, Eds., "*Advances in Polyolefins*", Plenum Press, New York, 1987.
10. K. J. Saunders, Ed., "*Organic Polymer Chemistry*", Chapman and Hall, 1988.
11. Z. Paal and P. G. Menon, Eds., "*Hydrogen Effects in Catalyst*", Marcel Dekker Inc., 1988.
12. R. P. Quirk, R. E. Hoff, G. B. Klingensmith, P. J. T. Tait, and B. L. Goodall, Eds., "*Transition Metal Catalyzed Polymerizations: Ziegler–Natta and Metathesis Polymerization*", Cambridge Univ. Press, New York, 1988.
13. R. H. Crabtree, Ed., "*The Organomatallic Chemistry of The Transition Matals*", John Wiley & Sons Ltd, 1988.
14. W. Kaminsky and H. Sinn, Eds., "*Transition Metals and Organometallics as Catalysts for Olefin Polymerization*", Springer-Verlag, Berlin, 1988.

15. T. Keii and K. Soga, Eds., "*Catalytic Olefin Polymerization*", Kodansha, Tokyo, 1990.
16. Y. Imamoglu, B. Zuemreoglu-Karan, and A. J. Amass, Eds., "*Olefin Metathesis and Polymerization Catalysts*", Kluwer Academic Publishers, Dordrecht, 1990.
17. Ser van der Veni, "*Polypropylene and other Polyolefins: Polymerization and Characterization*", Elsevier, New York, 1990.
18. G. Odian, Ed., "*Principles of Polymerization*", Wiley, 1991.
19. G. B. Butler, Ed., "*Cyclopolymerization and Cyclocopolymerization*", Marcel Dekker. Inc., 1992.
20. E. J. Vandenberg and J. C. Salamone, Eds., "*Catalysis in Polymer Synthesis*", Maple Press, 1992.
21. K. Weissermer and H. J. Arpe, Eds., "*Industrial Organic Chemisty*", VCH, 1993.
22. T. C. Chung, Edi, "*New Advances in Polyolefins*", Plenum Press, New York, 1993.
23. C. Vasele and R. B. Seymour, Eds., "*Handbook of Polyolefins*", Marcel Dekker, New York, 1993.
24. B. Imelik and Jacques C. Vedrine, Eds., "*Catalyst Characterization*", Plenum Press, 1994.
25. K. Soga and M. Terano, Eds., "*Catalyst Design for Tailor-made Polyolefins*", Kodansha, Tokyo, 1994.
26. G. Fink, R. Muelhaupt, and H. H. Brintzinger, Eds., "*Ziegler Catalysts*", Spring-Verlag, Berlin, 1995.
27. J. Karger-Kocsis, Edi, "*Polypropylene: Structure, Blends and Composites*", Vol. 1, 2 & 3, Chapman & Hall, New York, 1995.
28. S. Hosoda, Ed., "*New Trends in Polyolefin Science and Technology*", Research Signpost, Trivandrum, 1996.
29. S. Kobayashi, Ed., "*Catalysis in Precision Polymerization*", John Wiley & Sons Ltd., 1997.
30. Y. Imamoglu, Ed., "*Metathesis Polymerization of Olefins and Polymerization of Alkynes*", Kluwer Academic Publishers, Dordrecht, 1998.
31. A. Togni and R. L. Halterman, Eds., "*Metallocenes: Synthesis, Reactivity, Application*", Vol. 1 & 2, Wiley–VCH, New York, 1998.
32. W. Kaminsky, Ed., "*Metalorganic Catalysts for Synthesis and Polymerization*", Springer-Verlag, Berlin, 1999.
33. G. M. Benedikt, Ed., "*Metallocene Technology in Commercial Application*", Plastics Design Library, New York, 1999.
34. J. Karger–Kocsis, Ed., "*Polypropylene: An A–Z Reference*", Kluwer Academic Publishers, Dordrecht, 1999.
35. J. Scheirs and W. Kaminsky, Eds., "*Metallocene-based Polyolefins*", Vol. 1 & 2, John Wiley & Sons, New York, 2000.
36. P. Arjunan, J. E. McGrath, and T. L. Hanlon, Eds., "*Olefin Polymerization Emerging Frontiers*", Am. Chem. Soc., Washington, 2000.
37. T. Sano, T. Uozumi, H. Nakatani, and M. Terano, Eds., "*Progress and Development of Catalytic Olefin Polymerization*", Technology and Education Publishers, Tokyo, 2000.

38. V. Dragutan and R. Streck, Eds., "*Catalytic Polymerization of Cycloolefins: Ionic, Ziegler−Natta and Ring–opening Metathesis Polymerization*", Elsevier, New York, 2000.

39. I. M. Campbell, Ed., "*Introduction to Synthetic Polymers*", Oxford University Press, 2000.

40. M. Terano and T. Shiono, Eds., "*Future Technology for Polyolefin and Olefin Polymerization Catalyst*", Technology and Education Publishers, 2002.

41. C. E. Carraher, Ed., "*Polymer Chemistry*", Marcel Dekker, 2003.

찾아보기

ㅎ

기타

▶ 지은이 소개

윤 근 병

1997년 2월 경북대학교 공과대학 공학박사
1997년 4월 ~ 2001년 11월 삼성종합기술원 전문연구원
2001년 12월 ~ 2005년 1월 한국전자통신연구원 책임연구원
2005년 2월 ~ 현재 경북대학교 공과대학 고분자공학과 부교수

올레핀 중합용 유기금속 촉매

▌2012년 2월 15일 1쇄 발행

지은이와의 합의로 인지 첨부를 생략함

▌지은이 윤 근 병
▌발행인 박 종 성
▌발행처 사이플러스 Science plus
▌우 121-842 / 서울특별시 마포구 서교동 468-24
▌전화 332-6171 / 팩스 332-6185
▌등록 2005. 10. 20. 제 313-2005-00222 호

▌ISBN 978-89-92603-55-3 93430 값 20,000원